金融精英Word实操手册

——世界知名公司这样制作研究报告——

鲜磊 著

人民邮电出版社
北京

图书在版编目（CIP）数据

金融精英Word实操手册 ： 世界知名公司这样制作研究报告 / 鲜磊著. -- 北京 ： 人民邮电出版社，2020.11
ISBN 978-7-115-54031-7

Ⅰ. ①金… Ⅱ. ①鲜… Ⅲ. ①文字处理系统－手册 Ⅳ. ①TP391.1-62

中国版本图书馆CIP数据核字(2020)第085158号

内容提要

你知晓世界顶级报告的制作秘诀吗？你领略过金融精英们的研究报告的风貌吗？跟随我们一起来见证一份国际标准的研究报告的诞生吧。

本书基于金融实务，综合多家世界顶级投资银行、咨询公司及相关工作人员多年积累的丰富经验，结合当下文档设计制作领域的创新理念，通过浅显易懂的语言和丰富翔实的案例，手把手教你如何利用Word撰写一份精英级国际范的行业研究报告。

本书图文并茂、内容充实、逻辑严谨，适合有一定软件办公及金融知识基础的人士阅读和学习。

◆ 著　　　鲜　磊
责任编辑　恭竟平
责任印制　周昇亮

◆ 人民邮电出版社出版发行　　北京市丰台区成寿寺路 11 号
邮编　100164　　电子邮件　315@ptpress.com.cn
网址　https://www.ptpress.com.cn
天津图文方嘉印刷有限公司印刷

◆ 开本：700×1000　1/16
印张：16.5　　　2020 年 11 月第 1 版
字数：237 千字　　　2020 年 11 月天津第 1 次印刷

定价：69.80 元

读者服务热线：(010)81055296　印装质量热线：(010)81055316
反盗版热线：(010)81055315
广告经营许可证：京东市监广登字 20170147 号

前　言

在这个多变且高效的时代，是否还有人为从95分升到100分而不懈努力？在这个信息爆炸的时代，网络为人们提供了多到超乎想象的信息，如何从冗繁的信息流中准确地找出确实有用的信息，是未来生存的必备手段。不断地磨砺是经验积累较慢的途径，错误的方向会让人花费更多的时间，而我多年的经验将让您在短时间内发现Word应用的正确道路，并避开路上的荆棘……

Microsoft Office软件组是一个庞大的家族，其中每个成员的功能都强大到超乎您的想象。大多数人第一次接触Office的家族成员时，首先认识的往往是Word，因此，人们的潜意识中也会认为Word是最常用也是自己最熟悉的软件之一。但往往这个您最熟悉的软件，在实际工作中会变成您“最熟悉的陌生人”。大家是否精通Word的核心功能或其制作本质，在这里我们不妄加揣测，估计如果让大家对Word的功能优势做一个评述，答案应该也不尽相同。在Word中内容的自动更新、从其他文件中引用数据、高效快速地统一格式、设定格式细节需要考虑的各种参数……这些都是人们日常工作中可能遇到的问题，也是人们必备的能力。

本书没有软件基本功能菜单分解介绍，也没有文字排版、段落设置、表格搭建的基础知识；因为我们相信这些您已经了然于胸了。我们不会让您将宝贵的时间浪费在基础知识复盘上。本书以我们数十年的经验为基础，将多家投资银行和咨询公司的专业化规范意识化繁为简、浓缩精练后，通过深入浅出的语言，为您打开一扇完全不同的Word之门。这里是一流公司的标准，国际化上市公司研究报告或年报的规范；在这里您将发现世界知名公司的标准并不高，在未来的国际化竞争中您的文件制作能力将不再是您的短板。

本书致力于由整体到局部地阐述Word文档制作原理，让大家快速了解国际化规范标准和大家平时制作的Word文档有哪些区别。这里既有直观的案例，也有翔实的经验总结；对于制作过程中的整体意识、细节把控、理念提升、专业态度等，我们将为您一一拆解。本书以基本需求为起点，将投行常见工作需求融合，将大家对于Word的认识、使用方法、技巧和专业意识有机整合，让您发现这是一本真正契合国际化标准的实操参考手册。书中自有颜如玉，书中自有黄金屋；依靠自己双手雕琢"如玉"的文档，"黄金屋"则是自我价值不断提升后的体现。这是一本意识培养手册，一本练就眼力和专业性的必备教科书；同时，我们可以承诺：只要您真正掌握并能够灵活运用书中提及的那些技巧，您的Word文档制作水平必将会比那些从未看过此书的人高出许多。其实，Word并非"不听话"，而是您并未真正了解它。

鲜　磊

2019年11月

目 录

第1章

一份研究报告的诞生

Microsoft Office Word（以下简称“Word”）是现有文字编辑软件中应用最为广泛的软件之一，它具有强大的文字处理、图文混排及版式区分功能。利用它，人们不仅可以方便快捷地进行文字输入、文档排版和输出，还可以编辑各种报告、简历以及日常所需的各种静态文档。它不仅功能丰富、完整性强，而且普及率很高，在实际生活中大家均无法绝对地回避它。

虽然大家都用过 Word，而且在面试时填写的简历上最常写的技能就是熟练掌握Office软件；但遗憾的是，从我参与面试到主导面试，再到自主招聘面试，接触各类人员不下千人，没有一人的 Word 技能算是熟练的。这不能怪应聘者，因为纵观各类软件培训市场，大家往往强调软件全面的功能，即使结合实际案例也往往略显粗糙，且很多案例和实际工作中人们可能遇到的实际问题不太相符，这些均是让好学之人感到困惑和成长缓慢的原因。虽然在大多数人的心中 Word 是一个文字处理软件，但实际上 Word 最强大的是其排版功能。换言之，熟练掌握了 Word 字处理功能，那么恭喜您已经掌握了 Word 10% 的最基本功能。即使这样，乐观估计，真正熟练掌握 Word 字处理功能的人在 Word 使用者中占比也不超过 10%。

为什么这么讲呢？先向大家提几个问题，看看大家能否全部回答上来。

问题一：请说明软回车与硬回车的区别及其应用方式。

问题二：请列出几种影响文字间距离的因素。

问题三：请列出几种为文字上底色的方法。

问题一答案

回车在每一段文字的最后，是软件为识别段落结束、新起一段的符号。无论是在 Word 还是 PowerPoint 中均会遇到软回车、硬回车，这一点在 PowerPoint 中很少被提及，主要原因是二者的区别在 PowerPoint 中不够直观。在 Word 中，当显示段落标记时是可见全部回车符号的，这样就可以清晰、直观地区别硬回车和软回车。

硬回车又称段落标记（查找标记为“^p”，生成方式为按 <Enter> 键），在段落最后表现为一个向左弯曲的箭头；软回车也称手动换行符［查找标记为“^l”（小写 l），生成方式为按 <Shift+Enter> 快捷键］，在段落最后显示为一个垂直向下的箭头。硬回车代表了当前段落的段落结构的逻辑结束，后续段落将继承当前段落的段落间距和文本对齐方式的设定并沿用到新起段落之中。软回车则代表当前段落的视觉结束而逻辑未结束，即软回车之后的段落从逻辑上与此前文字仍属一段，共用段落间距和文本对齐方式；若对当前段落进行相应调整则同时影响以软回车相连的所有文本，且软回车相连的文本不受段落间距控制。简而言之，软回车是换行但不断开段落。

在文字排版时人们多以软回车进行同一段落间的强制换行控制，以保证最后一行的文字不孤立或标题处的词组不分离等。在不显示段落标记的情况下，如果发现同一段落文字增加段前间距后两行文字之间明显间隔增大，则说明此段文字因误用硬回车被分成了两段或多段，这时需要删除多余回车符进行段落合并。很多时候，人们从网上复制的文章有可能通篇均由软回车断开，这时可以通过查找标记的替换，完成全文软回车符和硬回车符的转换。

问题二答案

其实影响文字间距离的因素有很多种，如多余回车间隔、行间距设定、段落间距控制、表格高度占位、文本框制约、浮动图片挤压、网格影响、在修订状态反复调整内容以及旧版 Word 中的锚点等。不知您想到了几种？

在以上情况中有两种需要特别提醒大家注意。

（1）多余回车间隔是很多人在排版时最常用的一种段落间距增大方式，但这种增大方式其实是一种非常不专业的处理方法，因文档中增加了多余的无用回车符，称为“不干净排版”。实际上所有段落间距均应通过设置段前或段后间距进行控制，以保证每段之间没有任何多余元素。

（2）行间距设定亦会影响段落间距，因此在增大行间距的同时还要考虑是否需要缩小现有段落间距的参数，以保证各段间距视觉间隔效果不变。

问题三答案

设置文字底色的方式也有很多种，如填充底色、以不同颜色突出显示文本、设置文字底纹、单元格上色、正文文本中浮动带色形状或图片上色、页眉页脚中浮动带色形状或图片上色，以及嵌入对象之中等。

上文罗列出多种为文字上底色的方式，主要是想开拓大家在文件制作时的制作思路。要从 A 点到达 B 点不一定只有一条路径，同样一个效果也不一定是用最常用的那种方法实现的。因此，当进行排版和制作时如发现某种效果无法用常用方式调整，要充分考虑各种其他的实现方式，并做出正确的调整判断。没有“不听话”的软件，只有错误下达的指令。

不知看完上述 3 个问题的答案后大家有何感想？其实 Word 是一款上手易、用好难的软件，之所以难是因为其功能强大，而每一个为满足不同行业用户的需求而经过多年迭代的软件，其功能均不会太简单。就像人们无须掌握 Excel 的全部函数一样，就 Word 所提供的功能来讲，大家亦无须对其进行全面了解，也不用掌握那些非金融机构常规办公中不常用的功能。大家其实不用成为全能的 Word 使用高手，只要成为 Word 实用技能高手即可，但需要将这些实用技能研究得足够深、足够透，方可应对日常所需。热身完毕，下面一起正式开始 Word 的实用精进之旅。

最为大众所常见的证券公司文件之一就是研究报告，如何保证一份专业的研究报告是精美的、严谨的？就从下面这个案例（图 1-1、图 1-2 和图 1-3）来看看一份用 Word 制作的研究报告中涉及哪些关键技巧。

若要制作出这样一份研究报告，就要对 Word 的版式、段落、表格和图表功能进行全面了解。后面将对此研究报告所涉及的关键技巧为大家一一讲解。

2019年10月

A股份有限公司动态报告

契合战略步伐
市场前景预期广阔

买入 ↑ 首次评级

目标价格：26.70元

投资要点：

- 战略规划纲要明确提出创新是引领发展的第一动力，要不断推进科技、文化等方面的创新
- 市场前景广阔，目标客户群面对全行业，发展潜力巨大

报告摘要：

- **契合国家发展战略：**A公司业务范围与战略规划不谋而合，公司发展获得政策支持
- **公司现金流稳定，负债率低于业内平均水平：**A公司业绩表现良好，未来发展拥有充分的资金保障，运营得当及风控严谨
- **客户来源广泛：**A公司客户来源多元化，并无明显独大客户出现，客户结构合理，国有、外资、独资企业以及各级政府部门均有涉猎
- **传统业务板块趋于成熟，未来发展稳定：**A公司传统文件服务板块虽为创新行业，但经过多年发展已进入成熟期，但市场潜力仍非常大，未来仍会保持高速增长
- **翻译业务稳定增长，带来稳定现金流：**A公司翻译业务进入增长期，高品质保障、高专注服务，优于同业
- **培训业务进入发展期，未来盈利能力显著提升：**A公司培训业务契合战略规划，经过前期布局，已进入高速发展期
- **高端设计业务启动，契合未来市场需求：**为进一步提升品牌价值，A公司打造高端设计服务板块，为公司各业务领域整体提升保驾护航

市场表现

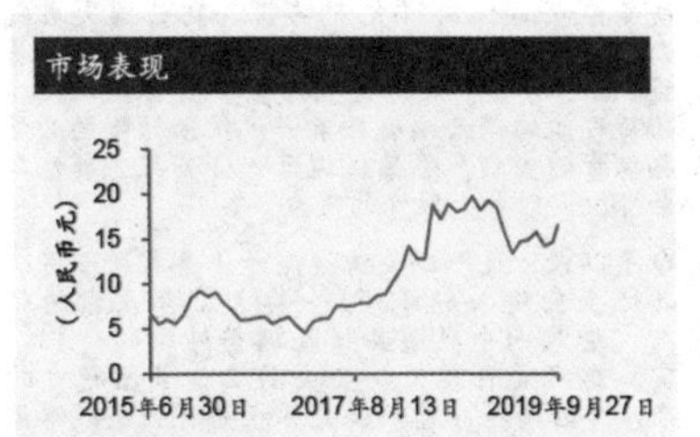

资料来源：万地资讯

股东户数

报告日期	户均持股数变化
2019年6月30日	10357
2018年12月31日	9791
2017年12月31日	8172
2016年12月31日	5158

资料来源：公司年报

公司数据

总股本（亿股）	8.9
总市值（亿元）	282.67
流通比例	100%
12个月最高（元）	19.75
12个月最低（元）	13.36

资料来源：公司年报

我们在诸多国家均拥有专业的设计人员与我们紧密合作。针对客户不同的需要，我们可随时调动遍布全球的人力资源，以全面综合各地专业设计人员创意、设计的工作方式完成项目，从而力求为我们客户专门定制一份具国际专业水准且经得起时间考验、符合地域差异化认知的产品。本报告信息纯属虚构，如有雷同仅为巧合。

图 1–1

A股份有限公司动态报告：契合战略步伐 市场前景预期广阔 2019年10月

一、行业公司动态追踪：业内企业面临转型，传统业务有待创新

大数据板块：天一公关——传统业务将面临调整

- 天一公关增发失败，但公司云端项目仍面临扩张转型。根据公司股东大会通过的12亿元的云端建设项目，其中，2.1亿元用于建设FHC13云端系统集成项目；约10亿元将投入到云端大数据项目，其中4亿元用于新建大数据抓取分析机房，近6亿元用于子公司大数据整合项目投入。这些项目可能均是云端项目下一步扩张转型的必需。再融资的失利，恐怕逼迫天一公关另寻其他路径融资，同时加大融资的压力
- 今年以来，天一公关传统翻译业务有所下滑，和其他企业进入翻译领域一样，3年左右的时间内，进入一个巩固品牌及调整转型的时机。其实，这也是目前天一公关面临诸多问题中的一个，今后两年，天一公关可能要有一个战略调整的过程。因此，能否转型成功还要看今后两年的业务发展

在线教育板块：鑫淼投资收购高学优教育，布局在线教育板块

- 2019年6月，鑫淼投资公告拟通过非公开发行方式募集不超过45亿元，其中22亿元用于收购高学优教育100%股权；投资9亿元设立国际素质学校投资服务公司；投资14亿元用于在线教育平台建设
- 由于2018年，高学优教育处于发力在线教育的转型期，全年为实施“e优秀”项目投资1350万美元购买平板电脑设备，从而影响了盈利情况。2014年二季报显示，高学优教育上半年营收2.18亿美元，净利润1370万美元。从营收结构看，2014年一对一营收2.98亿美元，占比87%。未来，高学优教育将继续发展O2O模式，线上持续推进“e优秀”生态
- 鑫淼投资搭建“青少年＋国际教育＋在线教育”业务框架，除高学优教育外，在国际教育方面，公司在北京地区规划有两个项目。计划与燕京附中开展合作，公司负责学校的建设、运营、服务，燕京附中输出品牌和师资

行业涨跌幅统计

2014年9月19日	上证指数	大数据	在线教育	PPP 概念	营销传播
当日涨幅 (%)	-0.53	-0.40	0.24	1.03	-0.26
近一个月涨幅 (%)	-1.58	-2.18	0.20	6.72	4.58
近12个月涨幅 (%)	-15.04	-22.95	-26.83	-10.53	-16.78

资料来源：万地资讯

二、A公司分析报告

契合国家发展战略：A公司业务范围与战略规划不谋而合，公司发展获得政策支持

- 文字待更新
- 文字待更新

公司现金流稳定，负债率低于业内平均水平：A公司业绩表现良好，未来发展拥有充分的资金保障，运营得当及风控严谨

- 文字待更新
- 文字待更新

客户来源广泛：A公司客户来源多元化，并无明显独大客户出现，客户结构合理，国有、外资、独资企业以及各级政府部门均有涉猎

- 文字待更新
- 文字待更新

传统业务板块趋于成熟，未来发展稳定：A公司传统文件服务板块虽为创新行业，但经过多年发展已进入成熟期，但市场潜力仍非常大，未来仍会保持高速增长

- 文字待更新

翻译业务稳定增长，带来稳定现金流：A公司翻译业务进入增长期，高品质保障、高专注服务，优于同业

- 文字待更新

培训业务进入发展期，未来盈利能力显著提升：A公司培训业务契合战略规划，经过前期布局，已进入高速发展期

- 文字待更新

高端设计业务启动，契合未来市场需求：为进一步提升品牌价值，A公司打造高端设计服务板块，为公司各业务领域整体提升保驾护航

- 文字待更新

1

图 1-2

A股份有限公司动态报告：契合战略步伐 市场前景预期广阔　2019年10月

近3周来大数据概念指数与沪深300对比

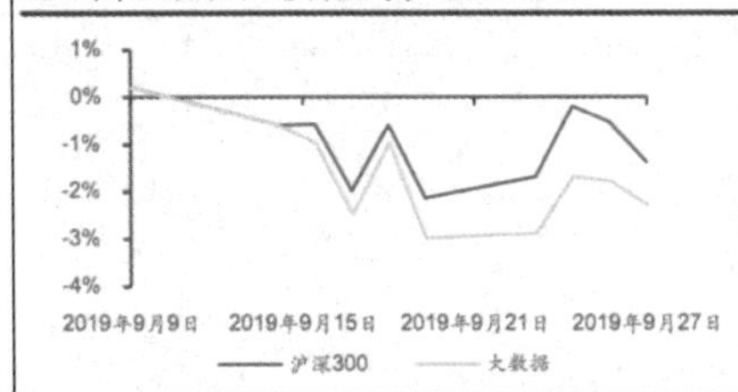

资料来源：万地资讯

近3周来在线教育概念指数与沪深300对比

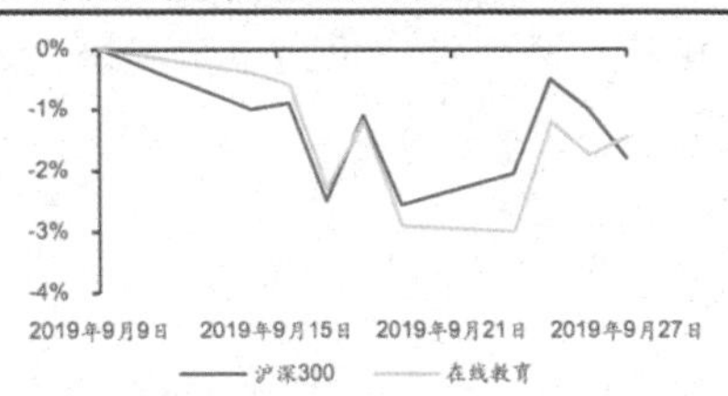

资料来源：万地资讯

近3周来PPP概念指数与沪深300对比

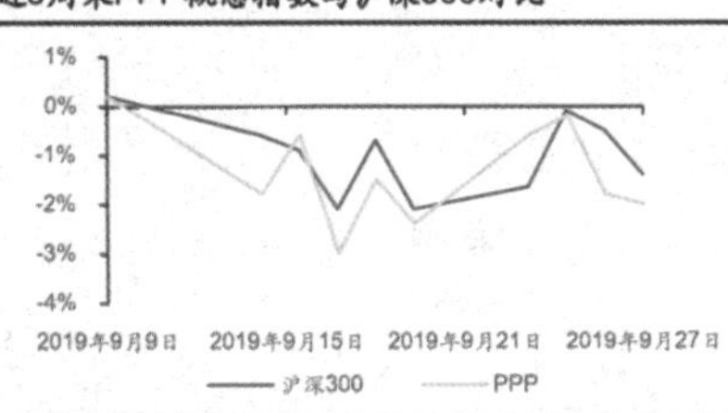

资料来源：万地资讯

近3周来营销传播行业指数与沪深300对比

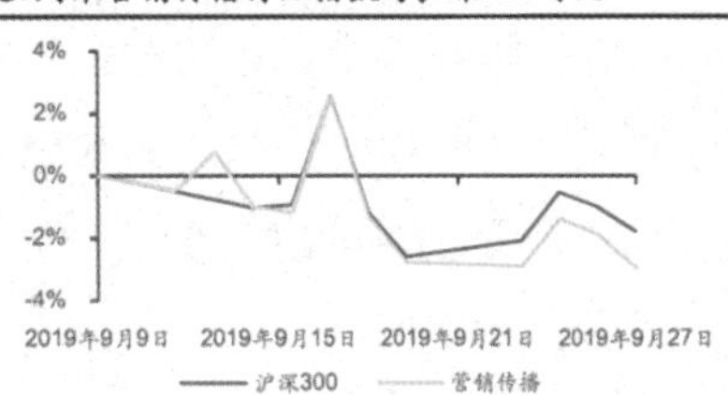

资料来源：万地资讯

评级分析

- 目前国内市场，创业潮初起，综合专业服务领域需求广阔；而技能职业培训行业全民关注度亦非常之高，在教育领域已达到五成，其次分别为语言教育、出国留学、在线教育、课外辅导和早教
- A公司积极推进员工持股计划、明确专业服务支持+教育作为主业方向，未来重点围绕综合性专业服务、技能教育、在线教育布局，将在“并购利润”和“产业布局”两方面实现突破，线下主要围绕专业服务支持进一步投资建设，线上技能培训领域前景广阔，在海外已具备技能教育的盈利模式，也出现以eFormat为代表的10亿美元级别的技能培训领域独角兽公司，从业技能教育将成为公司长期发展的看点。公司有望成为中国技能职业教育的新锐领跑者
- 鉴于A公司业务体系成熟、稳定，发展战略明确，资本运作合理，未来两年可预期盈利可观；且所属行业市场前景广阔，目标客户群面对全行业，发展潜力巨大。我们给予“买入”评级

2

图 1-3

1.1 页面设定

页面是 Word 呈现的基本浏览单位，虽然 Word 中的文章可以无限延伸，但其基本呈现单位仍为单页。因此合理设置页面，并将其合理规划是实现文档美观的重要因素之一。

1.1.1 纸张大小

设置纸张大小就是为文档选择纸张的大小。在文档中，您可以更改所有页面的纸张大小。纸张与页面是不同的概念，页面是您的出版物在纸张的一张纸中所打印的内容。您通过打印机确定打印的纸张大小。打印文档时要选择与页面尺寸匹配的纸张，必须确保页面尺寸和纸张大小相同。如果要在不同大小的纸张上打印文档（如要创建"出血"打印效果或在一张纸上打印多页），只需更改纸张大小。

（1）纸张大小。可供选择的常用的打印机纸张大小和信封尺寸有许多，单击"纸张大小"下面的下拉按钮出现关于纸张的下拉列表框，在下拉列表框中单击您所需要的纸张大小。若没有符合您要求的纸张尺寸，单击下拉列表框底部的"自定义大小"，可在下面"宽度"和"高度"文本框内输入您所需要的尺寸，如图 1.1–1 所示。

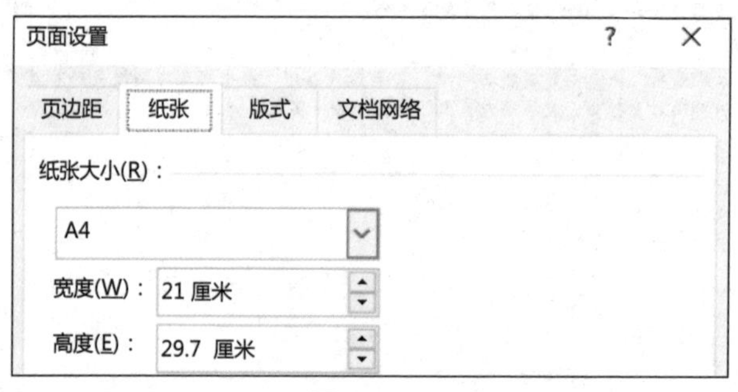

图 1.1–1

温馨提示

如果您在"纸张大小"下拉列表框中选择了标准的纸张大小，然后又对"宽度"或"高度"进行了调整，"纸张大小"下的文本框内的内容将自动更改为"自定义大小”。

（2）纸张来源。纸张来源是指连接的打印机所使用的纸张，分为“首页”和“其他页”，打印时的纸张或纸张大小均可设置为首页与其他页不同。“首页”和“其他页”下属内容又包括默认纸盒（自动选择）、自动选择和OnlyOne，可自行设置，一般选择“默认纸盒（自动选择）”，如图1.1–2所示。

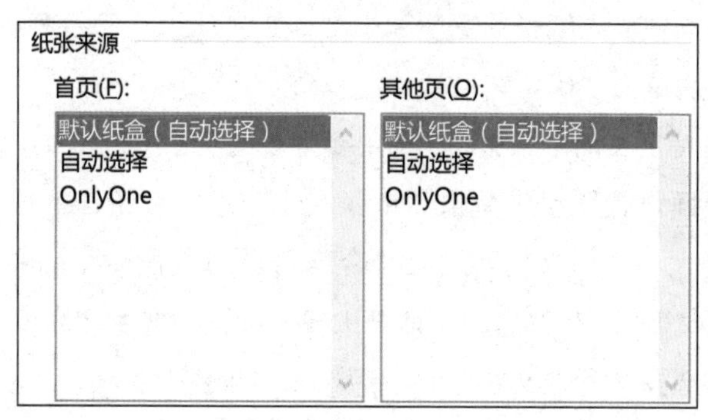

图1.1–2

（3）预览。预览是指“页面设置”对话框中的设置在没有单击“确定”按钮之前的一个预览，让您了解您所做的设置最终是什么状态。“应用于”下拉列表框中有“整篇文档”（文档全部做相应调整）和“插入点之后”（光标所在的位置后的全部文档做相应调整，光标之前的文档还是保留调整之前的状态）两个选项，如图1.1–3所示。

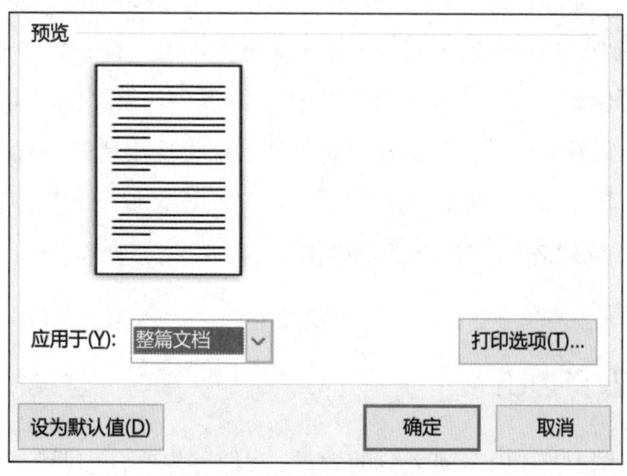

图1.1–3

创建新文档时，Word将应用默认纸张大小和页边距。如果经常使用自己设定的纸张大小，您可以把经常使用的纸张大小设置为新默认值。下面来介绍纸张大小应用于文档中不同范围的设置方法。

（1）更改所有页面的纸张大小。在“页面布局”选项卡的“页面设置”组中单击“纸张大小”下拉按钮，下拉列表框中会出现常用的纸张大小，如果里面没有符合您需求的纸张尺寸，可以选择最下面的“其他页面大小”。在弹出的对话框中输入纸张的宽度和高度，在“应用于”下拉列表框中选择“整篇文档”，然后单击“确定”按钮。

（2）更改特定页的纸张大小。选中要更改的页面上的文本，在“页面布局”选项卡的“页面设置”组中单击“纸张大小”下拉按钮，下拉列表框中会出现常用的纸张大小，如果里面没有符合您需求的纸张尺寸，可以选择最下面的“其他页面大小”。在弹出的对话框中输入纸张的宽度和高度，在“应用于”下拉列表框中选择“所选文字”，然后单击“确定”按钮。Word 将在您所选的文本后插入分节符，并更改该部分的纸张大小。

（3）更改新文档的默认纸张大小。当您创建新文档时，Word 将应用模板中存储的默认纸张大小和页边距。如果经常使用的纸张大小与 Word 系统默认的不同，可以在创建新文档时更改 Word 的系统默认。在“页面布局”选项卡的“页面设置”组中单击“纸张大小”下拉按钮，下拉列表框中会出现常用的纸张大小，如果里面没有符合您需求的纸张尺寸，可以选择最下面的“其他页面大小”。在弹出的对话框中输入纸张的宽度和高度，在“应用于”下拉列表框中选择“整篇文档”；单击“设为默认值”按钮，会弹出一个对话框询问您是否修改，然后单击“是”按钮。注意：如果您更改了 Word 页面纸张大小的默认设置，以后使用模板的所有文档都将使用新的设置。另外，在“页面布局”选项卡上，还可更改纸张方向，即在“页面设置”组中单击“纸张方向”下拉按钮，下拉列表框中会出现“横向”和“纵向”两个选项，可以根据需求进行调整。

1.1.2 更改页边距

若想做出图 1.1-4 中美观大方的效果，我们首先要合理调节文档的页边距。Word 2013 版的默认页边距是上、下 2.54 厘米，左、右 3.18 厘米。但是在实际的工作中大家可以根据不同的需要来调整页边距，以契合实际需求。在介绍具体的操作步骤之前先告知大家，页边距的设定有两种选择：一种是系统自动设置的，共6种，分别是“上次的自定义设置”“普通”“窄”“适中”“宽”“镜像”；还有一种是自定义设置，可以根据需要设置页边距。系统自动设置的参数往往和实际需求相差甚远，因此，建议大家采用自定义的方式进行页边距的设置。下面来看具体的操作步骤。

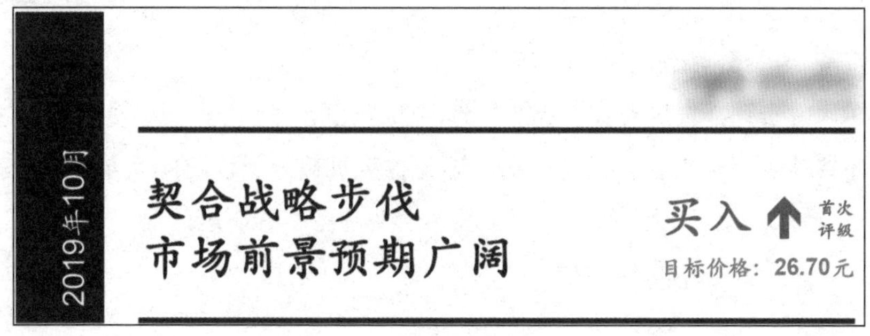

图 1.1-4

在“页面布局”选项卡的“页面设置”组中单击“页边距”下拉按钮，在下拉列表框中会出现系统自动设置的那6种页边距，在此下拉列表框的最下方可见“自定义边距”，选择“自定义边距”将弹出“页面设置”对话框，在这里可以对“页边距”“纸张方向”等进行设置，如图 1.1-5 所示。

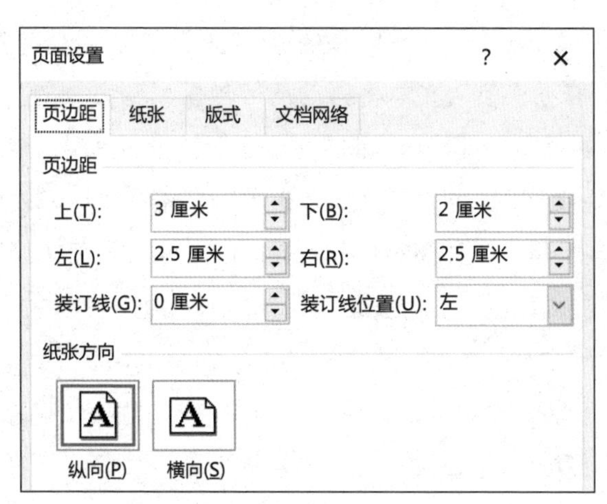

图 1.1-5

● 页边距：此部分设定中的上、下、左、右参数分别是指页面中文字等对象距离纸张边缘的距离，“装订线”默认为“0 厘米”与右边“装订线位置”

参数配合使用，若“装订线”设定为 1.5 厘米且位置在左，同时“左”设定为 1 厘米，则表示除左侧页边距以外还会保留 1.5 厘米的空间用于装订。这样页面在纸张上的实际位置将会整体右移，左侧实际页边距为 2.5 厘米，其效果有些像试卷。

- 纸张方向：可以通过此部分设定调整页面的幅面方向，即横竖版转换。在这里需要提醒大家的是，若要在同一文件中实现横竖版的混排，一定要和分节符配合，否则无法实现。

在这份研究报告的首页，我们要将左边让出一定空间给页面左侧的色块，顶部还要让出一定空间给公司标识，因此首页页边距的设定应为左：3 厘米，右：1.3 厘米，上：3 厘米，下：1.6 厘米，如图 1.1–6 所示。

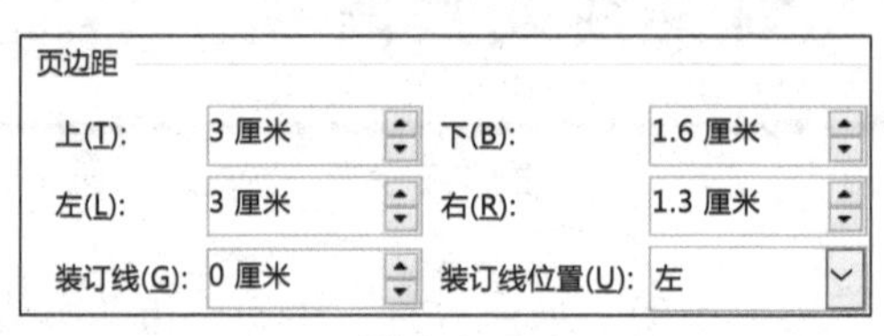

图 1.1–6

1.1.3 分栏

图 1.1–7 中的案例运用了分栏的效果，如果您在设置文档格式时将文档分为多栏（如新闻稿），那么文本将自动从一栏排列到另一栏。您也可以根据需要自行插入分栏符，以更好地控制文档的格式。将光标置于要分栏的位置，在“页面布局”选项卡的“页面设置”组中单击“分隔符”下拉按钮，选择“分栏符”。看到内容断开成两页，保持光标位置不动，在“页面布局”选项卡的“页面设置”组中单击“分栏”下拉按钮，在弹出的下拉列表框中可选择分栏数，也可选择“更多分栏”打开“分栏”对话框，如图 1.1–8 所示。若看不到分栏符标记，可在“开始”选项卡的“段落”组中单击“显示 / 隐藏段落标记”按钮显示它。注意：按 <Ctrl+Shift+Enter> 快捷键也可在光标所在的位置插入分栏符。

（1）预设。在分栏时，您可以在“分栏”对话框的“预设”选项组中选择所需要分的栏数和分栏位置。包括一栏、两栏、三栏、偏左和偏右 5 种情况。如果没有需要的，可在“栏数”文本框中输入所要分的栏数（范围为 1 ～ 11）。

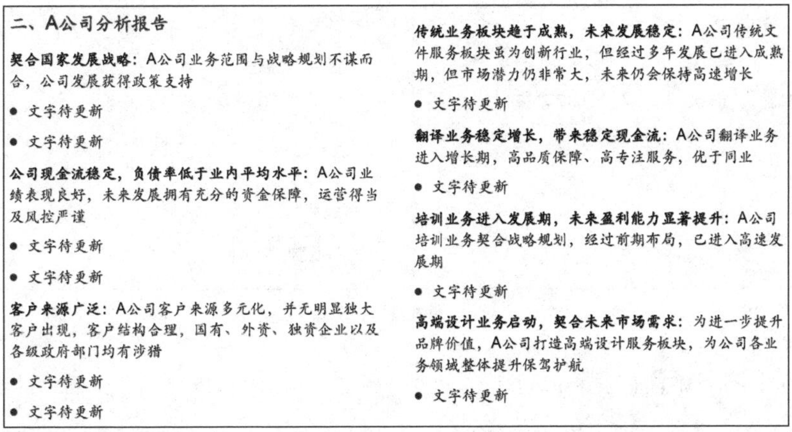

二、A公司分析报告

契合国家发展战略：A公司业务范围与战略规划不谋而合，公司发展获得政策支持

- 文字待更新
- 文字待更新

公司现金流稳定，负债率低于业内平均水平：A公司业绩表现良好，未来发展拥有充分的资金保障，运营得当及风控严谨

- 文字待更新
- 文字待更新

客户来源广泛：A公司客户来源多元化，并无明显独大客户出现，客户结构合理，国有、外资、独资企业以及各级政府部门均有涉猎

- 文字待更新
- 文字待更新

传统业务板块趋于成熟，未来发展稳定：A公司传统文件服务板块虽为创新行业，但经过多年发展已进入成熟期，但市场潜力仍非常大，未来仍会保持高速增长

- 文字待更新

翻译业务稳定增长，带来稳定现金流：A公司翻译业务进入增长期，高品质保障、高专注服务，优于同业

- 文字待更新

培训业务进入发展期，未来盈利能力显著提升：A公司培训业务契合战略规划，经过前期布局，已进入高速发展期

- 文字待更新

高端设计业务启动，契合未来市场需求：为进一步提升品牌价值，A公司打造高端设计服务板块，为公司各业务领域整体提升保驾护航

- 文字待更新

图 1.1-7

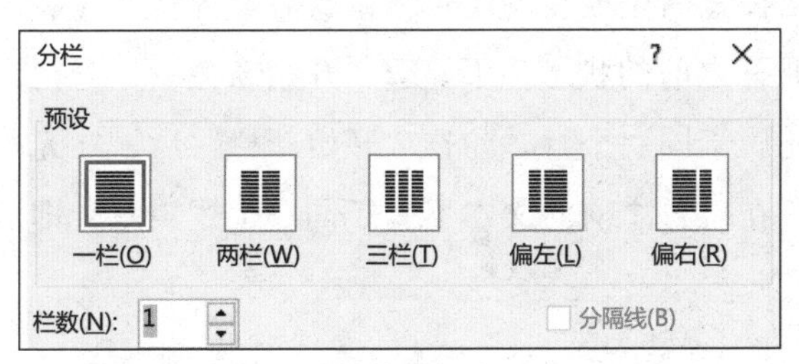

图 1.1-8

（2）分隔线（图 1.1-9）。所分割的栏与栏之间用默认的线隔开，可以根据自己的情况进行勾选。

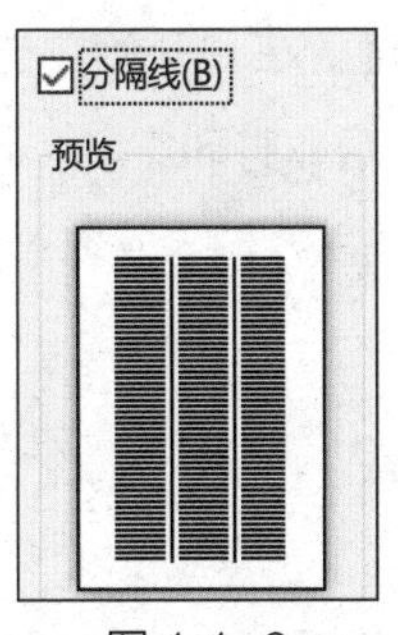

图 1.1-9

（3）宽度和间距（图 1.1-10）。勾选“栏宽相等”复选框，您所设置的每栏的宽度、两栏之间的间距都是相同的，调整第一栏的数据，其他栏的数据也会相应跟着变化；不勾选“栏宽相等”复选框，每栏的宽度和两栏之间的间距都可以根据整篇文档的格式进行调整。

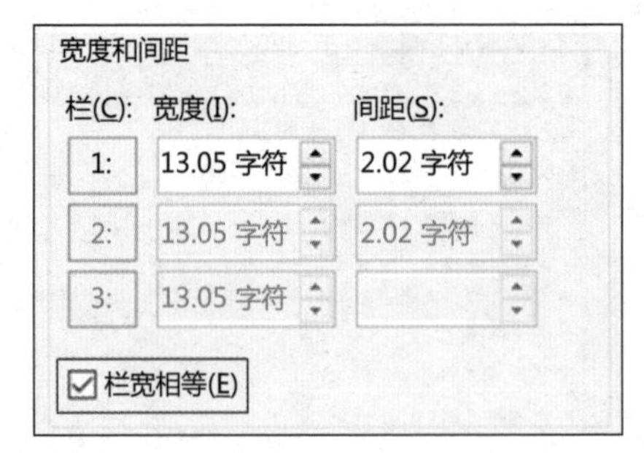

图 1.1–10

（4）应用于（图 1.1–11）。“应用于”下拉列表框中分为：本节，即当前逻辑章；整篇文档，即对文档中全部逻辑章页面做相应调整；插入点之后，即在光标所在的位置后生成新的逻辑章，其后全部文档做相应调整，光标之前的还是保留调整之前的状态。不勾选“开始新栏”，分栏设置断开但逻辑章是连续的，还属于同一个章。勾选“开始新栏”后，在光标所在位置之后的文本与光标所在位置之前的文本不属于同一个逻辑章，即从光标所在位置开始一个新的逻辑章。

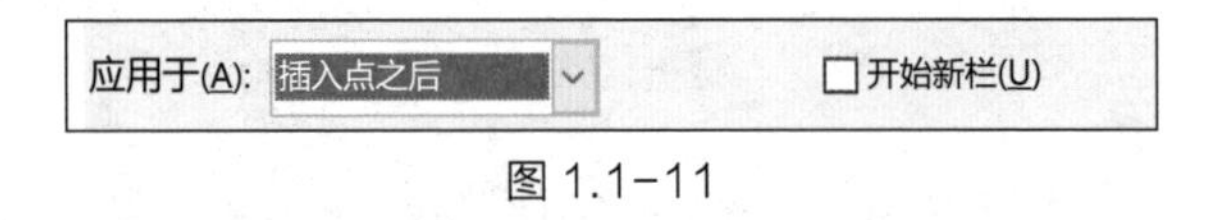

图 1.1–11

（5）删除分栏符。可以删除分栏符，无论是为创建分栏文档时自动添加的分栏符，还是自己插入的分栏符。在“开始”选项卡的“段落”组中单击“显示 / 隐藏段落标记”按钮，以显示非打印字符（包括分栏符）。要删除分栏符，可以双击以选中分栏符并按 <Delete> 键，或者单击分栏符左侧并按 <Delete> 键。

1.2 版式逻辑

Word 文档的基础是版式逻辑关系。人们使用 Word 进行文件撰写时往往是直接打开后便开始编辑，但若要完成一篇专业的连续文档的版式编排，则必须要谙熟 Word 页面的逻辑关系。在研究报告的制作过程中通常会遇到版式混排的需求，如横竖版混排、单列与多列的混排，以及前后页面不同版式的混排等诸多情况。在完成这些混排需求时大家有没有觉得 Word 不太“听话”？之所以会有这样的感觉，是因为您没有站在 Word 运算的角度去考虑问题，也可以说是因为您和 Word 之间的沟通出现了问题，进而造成 Word 并没有准确理解您的意图。要想做好版式控制，需要先理清 Word 的工作原理和版式逻辑关系。

1.2.1 物理章与逻辑章

大家在撰写论文和标书时均会用章节来分隔不同部分，即人为地将整篇文档进行章节划分，以便更加清晰地阐述观点、承上启下，并形成有逻辑性的文档结构。而这些章节是人为划分的，也是实际存在、肉眼可见的，我们把这些被划分出来的章称为“物理章”。基于 Word 是判断梳理版式而非判断文字信息所含内容的实际意思差异的工作特性，如果对这些内容各不相同的“物理章”不加特殊设定，这些“物理章”在 Word 看来则为一章内容。版式调整包含对页面大小、页边距、纸张横竖方向、分栏以及页眉和页脚等部分的调整控制。就版式而言，若要实现同一文件中页面横竖版的不同、页眉和页脚所含信息的不同等，就需要让 Word 对这些页面进行区别对待；要使 Word 能够准确了解和定位各部分页面的不同，就需要通过“逻辑章”的划分来实现。

若要理清文件版式的逻辑关系，必须准确辨识“物理章”与“逻辑章”，图 1.2-1 显示了物理章与逻辑章之间的关系，大家可以通过以下案例进一步体会。

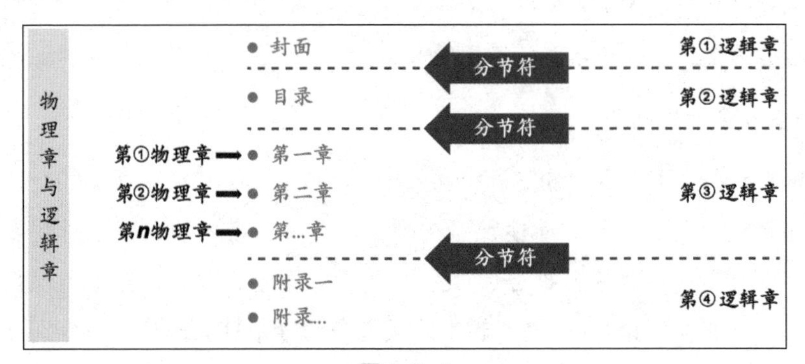

图 1.2-1

1.2.1.1 案例一

在前文的研究报告案例中，大家可以看到第 1 页和第 2 页页面最明显的不同是首页左侧部分的色带饰条，且页眉、页脚及页面宽度亦不相同，如图 1.2-2

所示，这就说明这 2 页分属不同逻辑章。

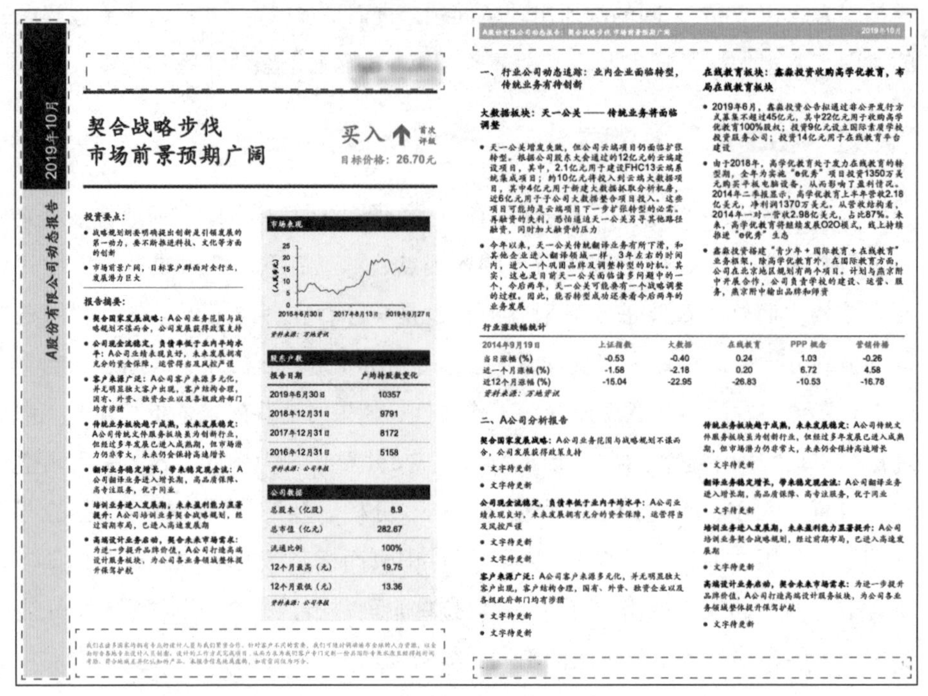

2019年10月

A股份有限公司动态报告

契合战略步伐
市场前景预期广阔

买入 首次评级

目标价格：26.70元

投资要点：

- 战略规划纲要明确提出创新是引领发展的第一动力，要不断推进科技、文化等方面的创新
- 市场前景广阔，目标客户群面对全行业，发展潜力巨大

报告摘要：

- **契合国家发展战略：**A公司业务范围与战略规划不谋而合，公司发展获得政策支持
- **公司现金流稳定，负债率低于业内平均水平：**A公司业绩表现良好，未来发展拥有充分的资金保障，运营得当及风控严谨
- **客户来源广泛：**A公司客户来源多元化，并无明显独大客户出现，客户结构合理，国有、外资、独资企业以及各级政府部门均有涉猎
- **传统业务板块趋于成熟，未来发展稳定：**A公司传统文件服务板块虽为创新行业，但经过多年发展已进入成熟期，但市场潜力仍非常大，未来仍会保持高速增长
- **翻译业务稳定增长，带来稳定现金流：**A公司翻译业务进入增长期，高品质保障、高专注服务，优于同业
- **培训业务进入发展期，未来盈利能力显著提升：**A公司培训业务契合战略规划，经过前期布局，已进入高速发展期
- **高端设计业务启动，契合未来市场需求：**为进一步提升品牌价值，A公司打造高端设计服务板块，为公司各业务领域整体提升保驾护航

市场表现

资料来源：万地资讯

股东户数

报告日期	户均持股数变化
2019年6月30日	10357
2018年12月31日	9791
2017年12月31日	8172
2016年12月31日	5158

资料来源：公司年报

公司数据

总股本（亿股）	8.9
总市值（亿元）	282.67
流通比例	100%
12个月最高（元）	19.75
12个月最低（元）	13.36

资料来源：公司年报

A股份有限公司动态报告：契合战略步伐 市场前景预期广阔　2019年10月

一、行业公司动态追踪：业内企业面临转型，传统业务有待创新

大数据板块：天一公关——传统业务将面临调整

- 天一公关增发失败，但公司云端项目仍面临扩张转型。根据公司股东大会通过的12亿元的云端建设项目，其中，2.1亿元用于建设FHC13云端系统集成项目；约10亿元将投入到云端大数据项目，其中4亿元用于新建大数据抓取分析机房，近6亿元用于子公司大数据整合项目投入。这些项目可能均是云端项目下一步扩张转型的必需。再融资的失利，恐怕逼迫天一公关另寻其他路径融资，同时加大融资的压力
- 今年以来，天一公关传统翻译业务有所下滑，和其他企业进入翻译领域一样，3年左右的时间内，进入一个巩固品牌及调整转型的时机。其实，这也是目前天一公关面临诸多问题中的一个，今后两年，天一公关可能会有一个战略调整的过程。因此，能否转型成功还要看今后两年的业务发展

在线教育板块：鑫淼投资收购高学优教育，布局在线教育板块

- 2019年6月，鑫淼投资公告拟通过非公开发行方式募集不超过45亿元，其中22亿元用于收购高学优教育100%股权；投资9亿元设立国际素质学校投资服务公司；投资14亿元用于在线教育平台建设
- 由于2018年，高学优教育处于发力在线教育的转型期，全年为实施"e优秀"项目投资1350万美元购买平板电脑设备，从而影响了盈利情况。2014年二季报显示，高学优教育上半年营收2.18亿美元，净利润1370万美元。从营收结构看，2014年一对一营收2.98亿美元，占比87%。未来，高学优教育将继续发展O2O模式，线上持续推进"e优秀"生态
- 鑫淼投资搭建"青少年＋国际教育＋在线教育"业务框架，除高学优教育外，在国际教育方面，公司在北京地区规划有两个项目，计划与燕京附中开展合作，公司负责学校的建设、运营、服务，燕京附中输出品牌和师资

行业涨跌幅统计

2014年9月19日	上证指数	大数据	在线教育	PPP 概念	营销传播
当日涨幅 (%)	-0.53	-0.40	0.24	1.03	-0.26
近一个月涨幅 (%)	-1.58	-2.18	0.20	6.72	4.58
近12个月涨幅 (%)	-15.04	-22.95	-26.83	-10.53	-16.78

资料来源：万地资讯

二、A公司分析报告

契合国家发展战略：A公司业务范围与战略规划不谋而合，公司发展获得政策支持

- 文字待更新
- 文字待更新

公司现金流稳定，负债率低于业内平均水平：A公司业绩表现良好，未来发展拥有充分的资金保障，运营得当及风控严谨

- 文字待更新
- 文字待更新

客户来源广泛：A公司客户来源多元化，并无明显独大客户出现，客户结构合理，国有、外资、独资企业以及各级政府部门均有涉猎

- 文字待更新
- 文字待更新

传统业务板块趋于成熟，未来发展稳定：A公司传统文件服务板块虽为创新行业，但经过多年发展已进入成熟期，但市场潜力仍非常大，未来仍会保持高速增长

- 文字待更新

翻译业务稳定增长，带来稳定现金流：A公司翻译业务进入增长期，高品质保障、高专注服务，优于同业

- 文字待更新

培训业务进入发展期，未来盈利能力显著提升：A公司培训业务契合战略规划，经过前期布局，已进入高速发展期

- 文字待更新

高端设计业务启动，契合未来市场需求：为进一步提升品牌价值，A公司打造高端设计服务板块，为公司各业务领域整体提升保驾护航

- 文字待更新

图 1.2-2

第 2 页中上部分为两列版式，中间部分则为一列版式，到下部分则又还原为两列版式，如图 1.2-3 所示。若这种效果以版式设定的方式实现，则说明此 3 部分分别属于 3 个不同的逻辑章。

1.2.1.2　案例二

再来看一个更加直观的案例，如图 1.2-4 所示。要将一个 2 页的会议纪要的第 1 页设定为竖版作为简述，而在第 2 页放一个横版项目进展时间表，这时虽然这 2 页内容并未被拆分成 2 个独立的"物理章"，但若要实现版式不同的调整则需要告知 Word 在逻辑上将其划分为 2 个独立部分，并分别进行版式设定。这 2 个独立部分就是 Word 的"逻辑章"。

1.2.1.3　案例三

在进行备忘录或标书排版时，备忘录或标书不可或缺的是封面、目录和内页 3 个主要部分。一个基本的共识思路是封面和目录及内页应有很大区别：封

面上公司标识的位置与大小可能和后续页面均不一样；而目录因过长往往需要多页显示，且每页既要在同一位置包含公司标识又不需要页码；而内页中各

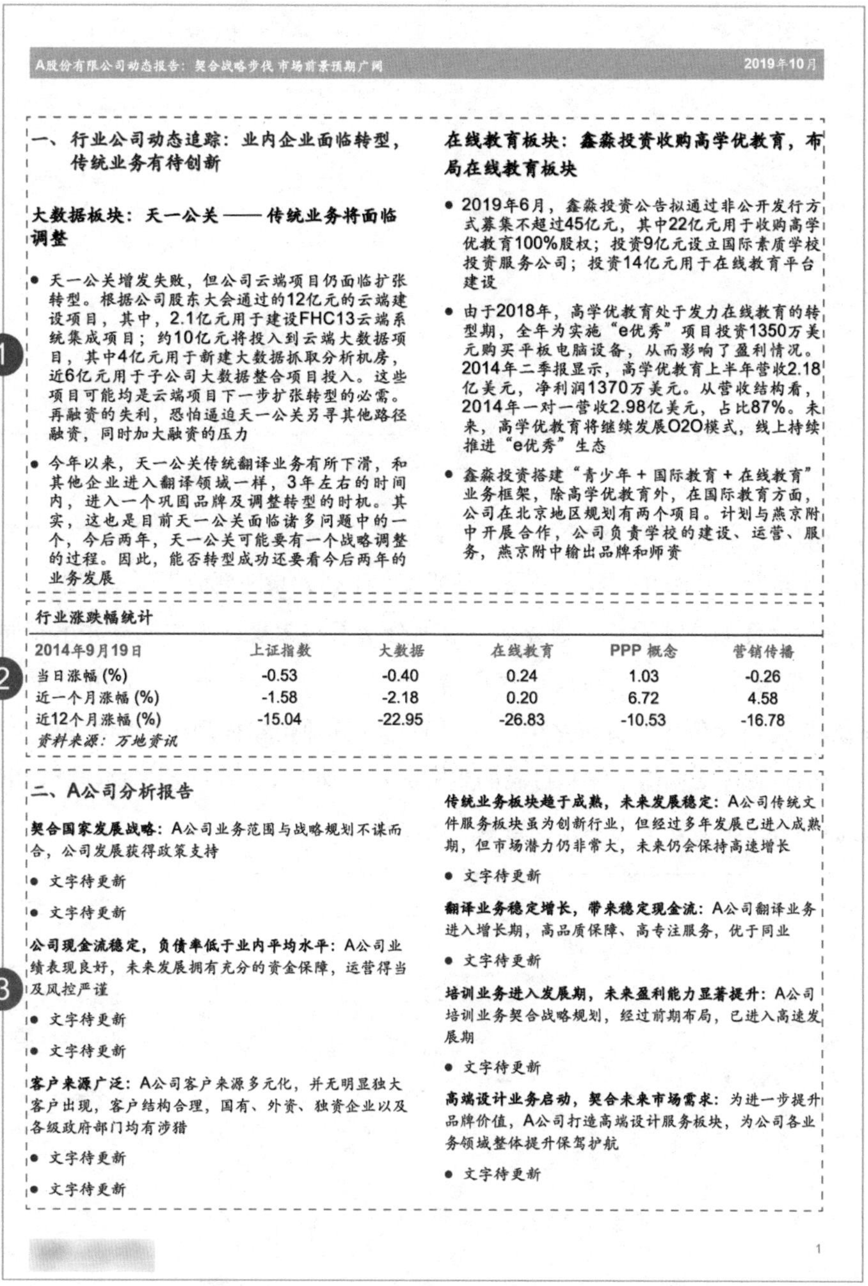

A股份有限公司动态报告：契合战略步伐 市场前景预期广阔　　2019年10月

1

一、行业公司动态追踪：业内企业面临转型，传统业务有待创新

大数据板块：天一公关——传统业务将面临调整

- 天一公关增发失败，但公司云端项目仍面临扩张转型。根据公司股东大会通过的12亿元的云端建设项目，其中，2.1亿元用于建设FHC13云端系统集成项目；约10亿元将投入到云端大数据项目，其中4亿元用于新建大数据抓取分析机房，近6亿元用于子公司大数据整合项目投入。这些项目可能均是云端项目下一步扩张转型的必需。再融资的失利，恐怕逼迫天一公关另寻其他融资路径融资，同时加大融资的压力
- 今年以来，天一公关传统翻译业务有所下滑，和其他企业进入翻译领域一样，3年左右的时间内，进入一个巩固品牌及调整转型的时机。其实，这也是目前天一公关面临诸多问题中的一个，今后两年，天一公关可能要有一个战略调整的过程。因此，能否转型成功还要看今后两年的业务发展

在线教育板块：鑫淼投资收购高学优教育，布局在线教育板块

- 2019年6月，鑫淼投资公告拟通过非公开发行方式募集不超过45亿元，其中22亿元用于收购高学优教育100%股权；投资9亿元设立国际素质学校投资服务公司；投资14亿元用于在线教育平台建设
- 由于2018年，高学优教育处于发力在线教育的转型期，全年为实施"e优秀"项目投资1350万美元购买平板电脑设备，从而影响了盈利情况。2014年二季报显示，高学优教育上半年营收2.18亿美元，净利润1370万美元。从营收结构看，2014年一对一营收2.98亿美元，占比87%。未来，高学优教育将继续发展O2O模式，线上持续推进"e优秀"生态
- 鑫淼投资搭建"青少年＋国际教育＋在线教育"业务框架，除高学优教育外，在国际教育方面，公司在北京地区规划有两个项目。计划与燕京附中开展合作，公司负责学校的建设、运营、服务，燕京附中输出品牌和师资

2

行业涨跌幅统计

2014年9月19日	上证指数	大数据	在线教育	PPP 概念	营销传播
当日涨幅 (%)	-0.53	-0.40	0.24	1.03	-0.26
近一个月涨幅 (%)	-1.58	-2.18	0.20	6.72	4.58
近12个月涨幅 (%)	-15.04	-22.95	-26.83	-10.53	-16.78

资料来源：万地资讯

3

二、A公司分析报告

契合国家发展战略：A公司业务范围与战略规划不谋而合，公司发展获得政策支持

- 文字待更新
- 文字待更新

公司现金流稳定，负债率低于业内平均水平：A公司业绩表现良好，未来发展拥有充分的资金保障，运营得当及风控严谨

- 文字待更新
- 文字待更新

客户来源广泛：A公司客户来源多元化，并无明显独大客户出现，客户结构合理，国有、外资、独资企业以及各级政府部门均有涉猎

- 文字待更新
- 文字待更新

传统业务板块趋于成熟，未来发展稳定：A公司传统文件服务板块虽为创新行业，但经过多年发展已进入成熟期，但市场潜力仍非常大，未来仍会保持高速增长

- 文字待更新

翻译业务稳定增长，带来稳定现金流：A公司翻译业务进入增长期，高品质保障、高专注服务，优于同业

- 文字待更新

培训业务进入发展期，未来盈利能力显著提升：A公司培训业务契合战略规划，经过前期布局，已进入高速发展期

- 文字待更新

高端设计业务启动，契合未来市场需求：为进一步提升品牌价值，A公司打造高端设计服务板块，为公司各业务领域整体提升保驾护航

- 文字待更新

1

图 1.2-3

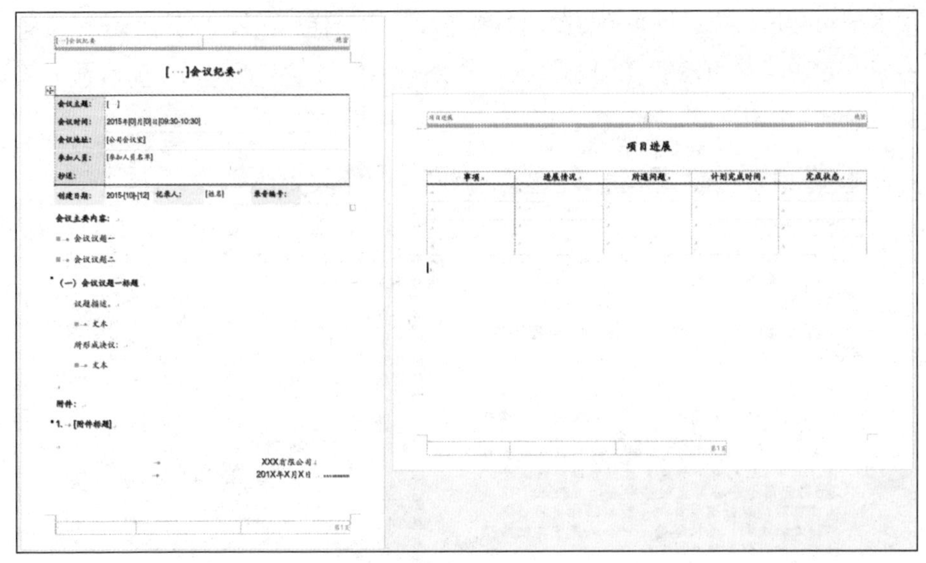

图 1.2–4

章节的每一页均应有连续页码，以便翻阅查找。在我们看来，目录之后的各个章节才是所定义的文章章节分隔，而要实现上述效果需要分析版式需求，对文档进行合理的“逻辑章”划分，一般划分结果与常规认知的划分并不相同。

版式分析：鉴于目录设计存在同位置有公司标识的需求，最好的解决方式是将公司标识放到页脚之中；而封面已在其他位置体现了公司标识，因此封面的页脚版式也就不能和目录的版式一致，如图 1.2–5 所示。这样就得出了封面和目录不能处于同一“逻辑章”的结论。

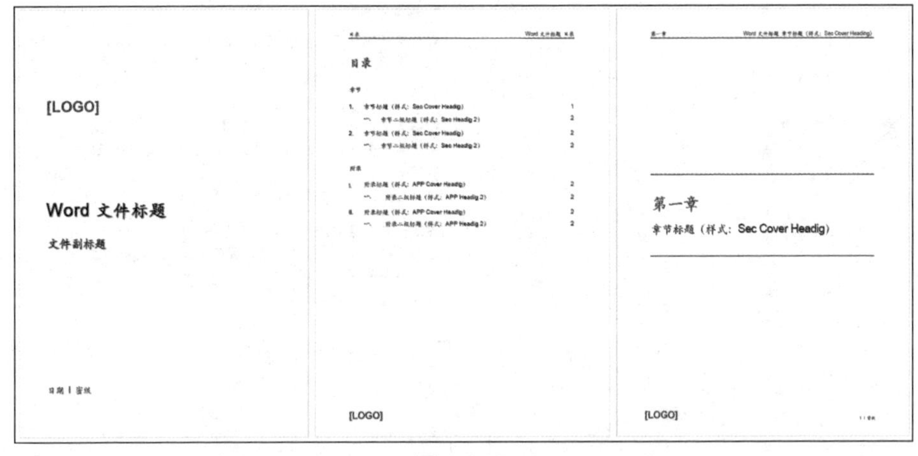

图 1.2–5

继续分析：鉴于目录不需要页码，但正文各章节均需要页码，且连续以同一格式自动生成页码是通过在页脚或页眉某处的域代码实现的，因此目录和后续正文不能使用相同页脚。这样又得出了目录和后续正文不能处于同一“逻辑章”的结论。相对正文而言，虽然每页页脚中的页码不同，但其是以一个域代码实现的，从实际内容上看并无区别，且内页版式并无其他额外特殊需求。因此正文部分无须再次进行逻辑章划分。

结论：经过以上版式分析，最终得出了当前文档需要划分出 3 个逻辑章，分为封面、目录和正文 3 部分的结论。

1.2.2 逻辑章划分工具及使用方法

“逻辑章”的划分是通过在Word文档中插入分节符实现的，在“页面布局”选项卡的“页面设置”组中可以找到“分隔符”下拉按钮。

单击“分隔符”下拉按钮可弹出下拉列表框，相信大家对于下拉列表框中的上半部分信息并不陌生。“分页符”功能组中的“分页符”是指在当前段落之后强制新起一页，由于插入分页符后会占用一行空间，因此不建议使用此种方法分页；“分栏符”是指强制将当前文档之后的内容在页面新的一栏中显示，用于多栏版式，在单栏版式中其效果与分页符相同；“自动换行符”大家听起来也许陌生，但它的另一个名字大家一定很熟悉——“软回车”。

言归正传，在梳理分节符应用的基本逻辑之前，先来了解几个基本概念。

1.2.2.1 分节符的种类与作用

“分节符”功能组分为“下一页”“连续”“偶数页”“奇数页”4种功能。

- 下一页：将当前分节符以后到下一分节符之前的内容划分为一个新的逻辑章，新分出的逻辑章页眉、页脚以及相关版式设定继承当前逻辑章的属性，同时当前分节符之后的内容从新的一页起始。使用“分节符”功能组中“下一页”后的效果从表面上看与使用“分页符”功能组中“分页符”后的效果是一样的，都是将当前光标之后的内容放到下一页的起始，我们在工作中也经常见到将分节符当作分页符使用的情况。其实这是完全错误的，二者有着根本的区别。直观来讲，分页符的作用只有分页，而分节符除了分页以外还会将页眉、页脚进行拆分，分节符的“下一页”使用不当会造成的最主要问题为页码不连续。相信大家都遇到过类似100多页的文档最后一页的页码却是30，查看后发现页码在60多页后又从1开始的情况吧，这就是“下一页”分节符使用不当造成的。鉴于分节符新分逻辑章的特性，使用不当还会造成版式混乱。

- 连续：插入“连续”分节符后，分节符后面的内容不会新起一页显示，而是紧跟在当前分节符之前内容的后面，这种方法可以满足同一页中既有多栏内容又有单栏内容的版式需求。

- 偶数页：插入“偶数页”分节符后，其后内容新起一页显示，且无论当前分节符前的页面页码是奇数还是偶数，此分节符后起始页面页码均以偶数开始，所空出的页码页面在打印预览和输出时会以白页显示，所显示的白页在文档的编辑状态下不会显示。

- 奇数页：与“偶数页”分节符效果相反，插入“奇数页”分节符后，其后内容在新起一页显示的同时，无论当前分节符前的页面页码是偶数还是奇数，此分节符后起始页面页码均以奇数开始，所空出的页码页面在打印输出时也以白页显示。

后两种分节符多与页眉、页脚的“奇偶页不同”的页面设置相结合，用于双面版式的排版。

1.2.2.2 版式

页面版式是逻辑章设定的又一关键设置点，可以通过调整版式将当前逻辑章页面的页眉、页脚及排版位置进行预设，也可以通过调整版式改变当前逻辑章分节符的功能种类，而无须删除后重新插入新的分节符。可以单击“页面布局”选项卡下的“页面设置”组右下角的箭头按钮，或者直接双击分节符设置版式，如图1.2-6所示。

（1）节。

“节的起始位置”下拉列表框中包含分节符的5个种类选项，当前项为当前逻辑章分节符的种类，通过单击即可完成切换。

（2）页眉和页脚。

此选项组中包含两种逻辑章中页眉、页脚版式的复选框，通过勾选与否形成 3 种版式状态。

● 勾选“奇偶页不同”复选框代表逻辑章中奇数页的页眉、页脚采用一种版式，而偶数页的页眉、页脚则可采用另一种版式；若初次设定前为普通版式，那么设定后奇偶页版式均会先继承普通版式，另一版式需要后期自行调整。此设定可用于双面文档的奇偶页页码对调等版式需求。

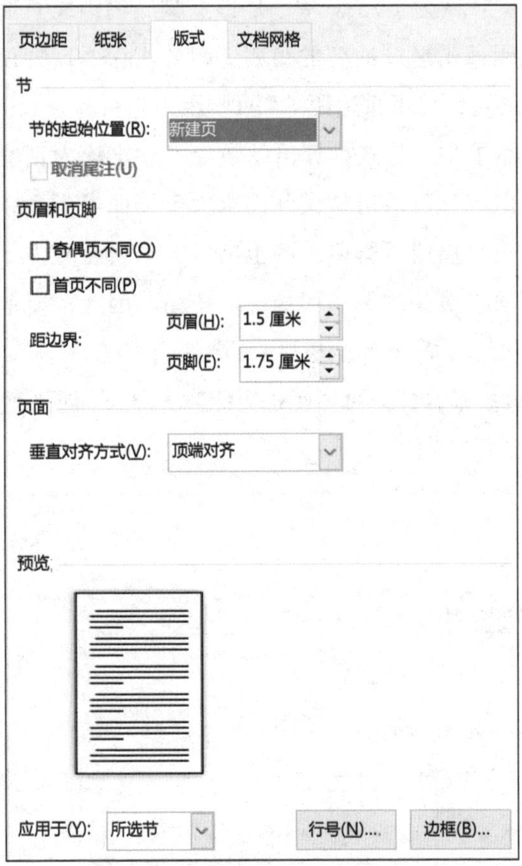

图 1.2-6

● 勾选“首页不同”复选框后，效果为逻辑章中首页的页眉和页脚可与后续页面的完全不同，所选逻辑章中的首页的页眉和页脚将为空白，换言之，首页的页眉和页脚需要在勾选“首页不同”复选框后重新定义。若取消勾选，则逻辑章中首页页眉和页脚将被当前逻辑章后续页面的页眉和页脚代替。

若二者均不勾选，则逻辑章中的每一页均共用一个版式。

- 距边界。

页眉距边界：默认为 1.5 厘米，是指页眉顶端距离页面顶端距离。如果要推算页眉底端距编辑区域内容的距离，则公式为：页眉底端距编辑区域内容距离 = 页面顶端边距（上页边距）– 页眉距边界距离 – 页眉元素高度。

页脚距边界：默认为 1.75 厘米，是指页脚底端距离页面底端距离。如果要推算页脚顶端距编辑区域内容的距离，则公式为：页脚顶端距编辑区域内容距离 = 页面底端边距（下页边距）– 页脚距边界距离 – 页脚元素高度。

在实际排版需求中，公式推算出的数值不一定均为正值，即页眉和页脚的距边界数值和内容高度均可按实际需求大于页面上下边距的设定值。当数值为负数时则代表页眉或页脚所占的范围已到编辑区域内了，同时页面可编辑区域将会因页眉或页脚的调整而相应被压缩。因此，要推算这时的编辑区域高度就不能仅仅看页面的上下边距，而要综合考虑。

图 1.2–7 所示效果，即为页眉距边界距离大于页面顶端边距（上页边距）的版式效果。

图 1.2–7

（3）页面——垂直对齐方式（图 1.2–8）。

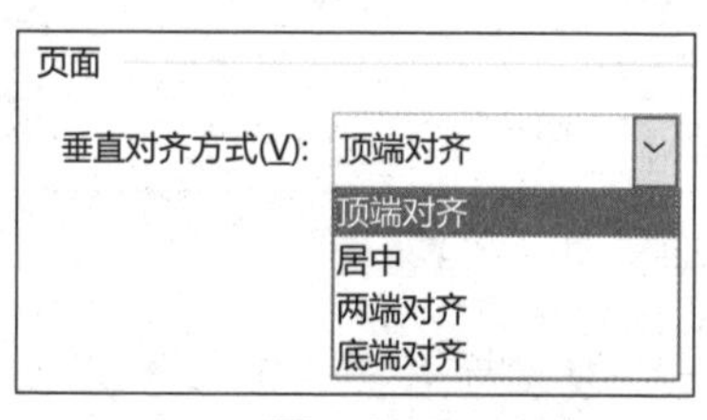

图 1.2–8

- 顶端对齐：从页面顶端开始，按从上至下的顺序排列页面内容。这是最常见的常规 Word 页面的对齐方式，也是新建文档后的页面排版默认设定。
- 居中：从页面中间开始，向上下两端展开排列页面内容。

● 两端对齐：为当前页面元素在页面的顶端和底端增加各段元素之间的段后距离，最终形成与页面的两端对齐。此功能应用相对较少，因为这样的设定不利于页面规范化调整时的段落间距控制。

● 底端对齐：从页面底端开始，按从下至上的顺序排列页面内容。

4 种对齐方式中，顶端对齐和居中相对而言比较常用，顶端对齐为最常用版式，应用于 90% 以上的文档之中，居中对齐可应用于设计编辑区域较小且上下留白较多的文档之中。

（4）应用于（图 1.2–9）。

图 1.2–9

● 本节：当前版式参数的调整仅应用于当前逻辑章，调整后不会影响其他逻辑章的版式设定。

● 插入点之后：自当前分节符之后的全部逻辑章均按此版式进行设定。

● 整篇文档：当前文档中所有逻辑章的版式设定均按当前方案执行。此功能参数一定慎用，当不完全了解每一个逻辑章的不同之处时，贸然使用此参数将会触发全局调整，以致覆盖掉其他逻辑章的特殊设置。

"本节"为默认选项，其目的在于将各逻辑章版式完全独立，相同处可调整为同样版式，但在调整设定时为避免因逻辑混乱而误调整，不建议大家使用联动调整。

"应用于"下拉列表框中的参数不仅仅存在于版式设定之中，在页边距、纸张等设定中也会存在，其道理是完全相同的。一旦发现界面中有"应用于"的参数选择，则代表是在对逻辑章进行操作。

小结：

各分节符之间间隔出不同的逻辑章，每个分节符均可代表一组不同的页面版式参数的设定。因此，在排版中不要因分页等简单需求而插入无用分节符，这样不但会影响通篇文档的版式逻辑关系，也会给后期调整和修复造成困扰和诸多不便，甚至可能因此而不得不进行通篇文档逻辑章的重新梳理。

分节符看似复杂，但只要理清其中的版式逻辑关系，了解逻辑章的工作原理，以及对应调整后展示效果的不同，就会发现分节符并不复杂；而且 Word 的页面版式控制会因此对您“言听计从”。

如图 1.2-10 所示，只要理清逻辑章的版式逻辑关系，并有效运用表格搭建框架，则可以轻松完成大多数文档的架构搭建。

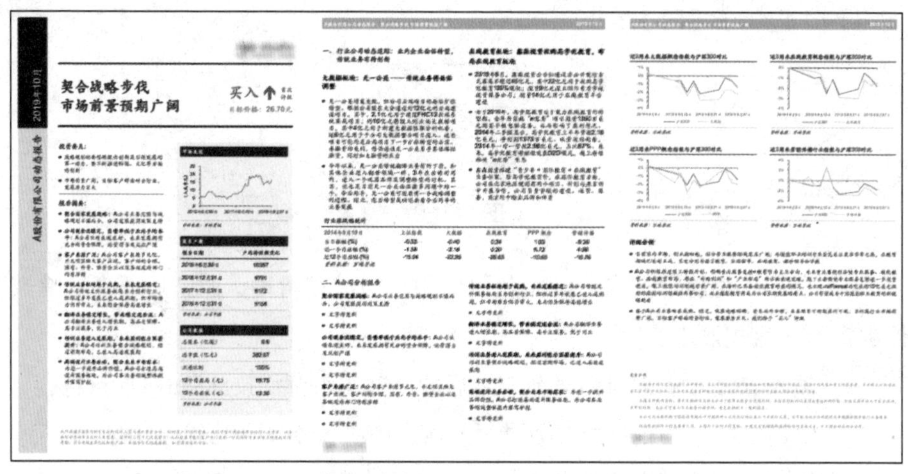

图 1.2-10

1.3 域代码

当撰写很长的研究报告时，Word 的一大自动功能“域代码”就会显得十分重要。举个最简单的例子，它可以在同一逻辑章的不同物理章中显示页面所在物理章的章节名称，以便读者随时掌握所阅读部分在通篇文档中的位置；同时它也是 Word 目录自动生成的核心工作原理。

Word 提供了非常实用的一系列域代码，其中一个比较为大家所知的就是“目录获取”域代码。后面我们就以标书中的“目录获取”域代码为例，为大家介绍一些应用域代码的常见问题，进一步揭开域代码的神秘面纱，域代码的结构如图 1.3-1 所示。

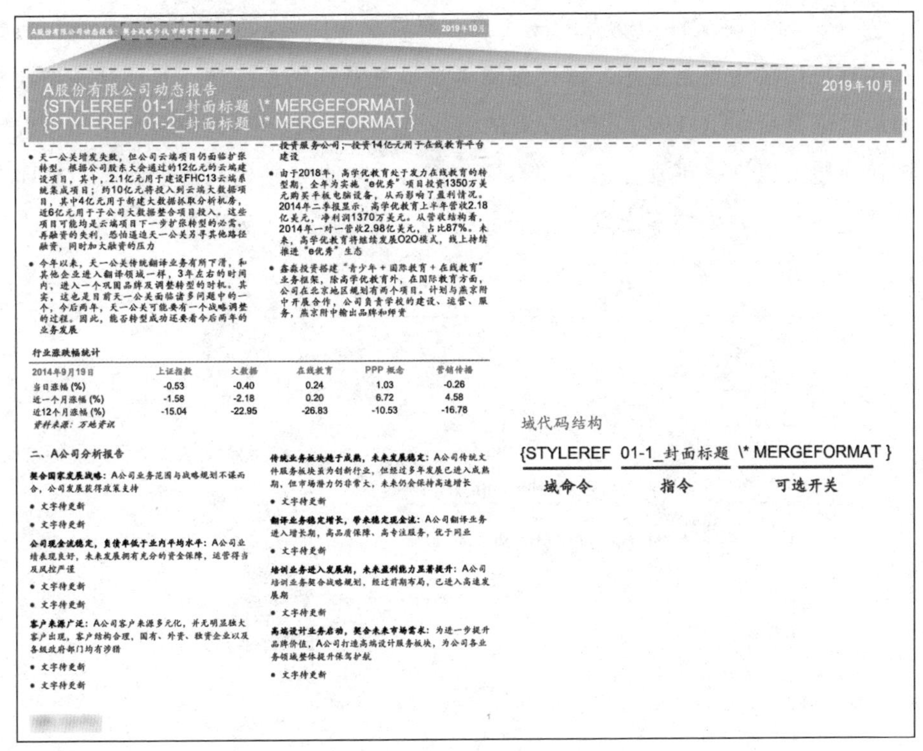

图 1.3-1

1.3.1 通篇代码切换

设定逻辑章后最常见的域代码就是页眉、页脚和目录中的域代码，在应用域代码时可能会遇到一些问题，来看看图 1.3-2 中的 Word 文档怎么了。

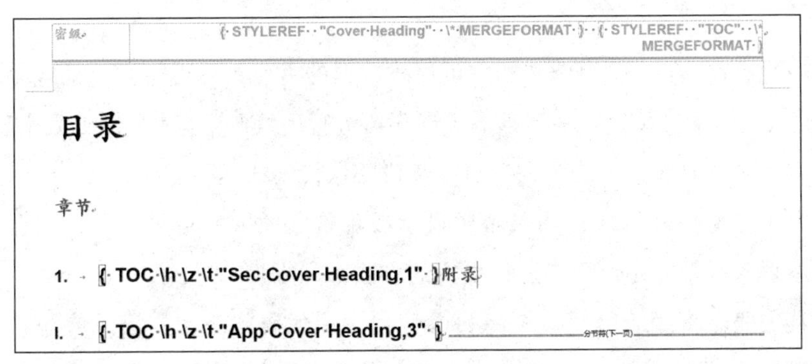

图 1.3-2

这些代码到底是什么呢？这些代码就是我们提到的域代码。

Word 可以将文件中所有的嵌入式对象显示为代码，如图 1.3-3 所示，再次执行可切换为正常显示，以便编辑者通篇查看代码正确性，实现这一切换的快捷键就是 <Alt+F9>。值得注意的是，当按 <Alt+F9> 快捷键后如果不再次按该快捷键以恢复正常显示，那么该文档将会一直处于代码显示状态，打印时亦是如此。如果您下次发现一个文档的页码变成了代码形态，不用着急，按 <Alt+F9> 快捷键就可以解决。

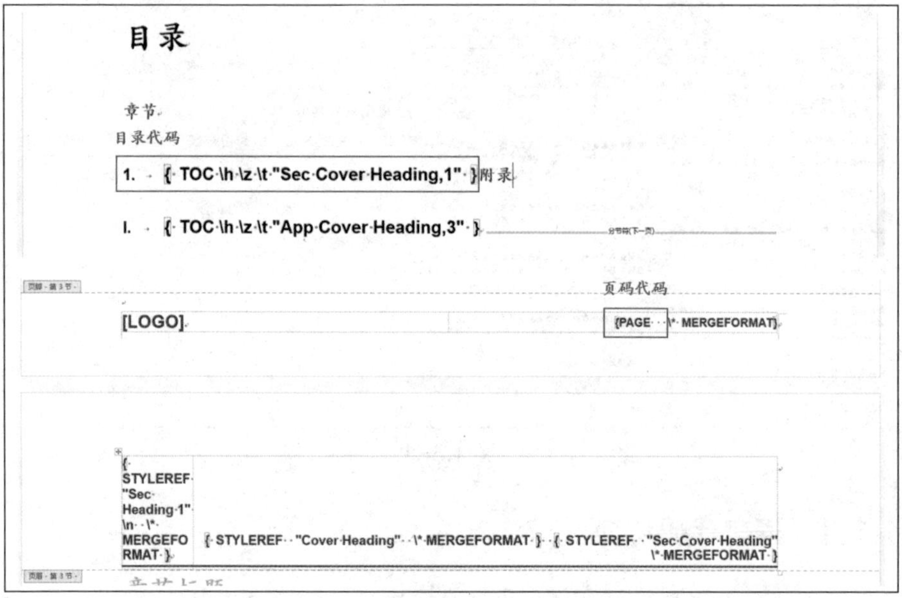

目录

章节

目录代码

1. { TOC \h \z \t "Sec Cover Heading,1" }附录

I. { TOC \h \z \t "App Cover Heading,3" }

页码代码

[LOGO] {PAGE * MERGEFORMAT}

{ STYLEREF "Sec Heading 1" \n * MERGEFORMAT } { STYLEREF "Cover Heading" * MERGEFORMAT } { STYLEREF "Sec Cover Heading" * MERGEFORMAT }

图 1.3-3

1.3.2 域代码调整

域代码在 Word 里用作文档中可更改数据的占位符，可按需自动或手动插入。插入文档中的域代码根据参数不同还可进行后续调整。为了便于大家理解，下面以目录页码参数为例为大家进一步说明域代码的调整方法。

大家都会插入目录，如果希望显示或隐藏已插入的目录页码，您会选择用重新插入目录并在过程中进行设定的方法来完成吗？

其实完全不用。您只需要将目录切换为域代码状态，并删除或添加页码控制参数“\n”即可；添加参数为不显示页码，反之则为显示。

```
{ TOC \h \z \n \t "Sec Cover Heading,1" }
```

目录域代码的扩展还有很多，表 1.3-1 为各个参数的详细功能和说明。

表 1.3-1 TOC 域代码表格

TOC域代码
{ TOC [开/关] }
所谓“开/关”就是域代码里面配置的参数，域代码参数决定域显示的内容。域结果是对域代码进行计算后文档中显示的内容。若要在域代码和域代码结果之间切换，请按<Alt+F9>快捷键
TOC域代码开关
\a 标识符
列出通过“题注”（在“引用”选项卡的“题注”组中单击“插入题注”按钮）添加题注的项目，并省略题注标签和编号。标识符与题注标签相对应。例如，虽然第12页上的题注是“图 8：专业文件制作的优势”，但域{TOC \a figures}将项显示为“专业文件制作的优势…………12” 温馨提示：使用 \c 开关可创建包含标签和编号的题注目录
\b 书签名
仅从文档中由指定的书签标记的部分收集项
\c SEQ 标识符
列出由SEQ（序列）域编号的图表或其他项目。Word使用SEQ域为使用“题注”（在“引用”选项卡的“题注”组中单击“插入题注”按钮）添加题注的项目进行编号。SEQ标识符与题注标签相对应，它必须与 SEQ 域中的标识符相匹配。例如，{TOC \c"tables"}列出所有已编号的表格
\f 项标识符
从 TC 域创建目录。如果指定了项标识符，则仅从具有相同标识符（通常为一个字母）的 TC 域创建目录。例如，{TOC \f t}从 TC 域（如{TC"Entry Text"\f t}）创建目录
\h 超链接
将 TOC 项作为超链接插入
\n 页码
省略目录中的页码。将省略所有级别中的页码，除非指定了项级别范围。例如，{TOC \n"1-1"}省略级别1中的页码。删除此开关可以包括页码
\o 标题
从使用内置标题样式设置格式的段落生成目录。例如，{TOC \o"1-3"}仅列出使用样式“标题 1”到“标题 3”设置格式的标题。如果未指定标题范围，则列出文档中使用的所有标题级别。用引号将标题范围引起来

续表

TOC域代码开关
\p 分隔符
指定将项与其页码分隔开的字符。例如，域{TOC \p"—"}（带有长划线）会显示结果，如“选择文本—53”。默认设置是带有前导圆点的制表位。最多可以使用 5 个字符，必须用引号将它们引起来
\s 标识符
在页码前面包括一个数字，如章或节号。必须通过 SEQ 域对章节或其他项目进行编号。标识符必须与 SEQ 域中的标识符相匹配。例如，如果您在每个章节标题前面插入{SEQ chapter}，{TOC \o "1-3" \s chapter}就会将页码显示为“2-14”，其中“2”是章或节号
\d 分隔符
在与 \s 开关一起使用时，指定用来分隔序列号和页码的字符数。用引号将这些字符引起来。如果没有指定 \d 开关，Word 就会使用连字符（-）。在由{TOC \o"1-3"\s chapter \d":"}生成的目录中，“：”（冒号）将章节号与页码分隔开，例如“2:14”
\t样式,级别,样式,级别…
从使用内置标题样式之外的其他样式设置格式的段落生成目录。例如，{TOC \t"dpb Heading 1,1,dpb Heading 2,2"}从使用样式“dpb Heading 1”和“dpb Heading 2”设置格式的段落创建目录。每个样式名称后面的数字指示与该样式相对应的目录项级别。 可以同时使用 \o 开关和 \t 开关通过内置标题样式和其他样式创建目录
\u
通过使用已应用的段落大纲级别创建目录
\w
保留目录项中的制表符项
\x
保留目录项中的换行符
\z
隐藏 Web 版式视图中的制表符前导符和页码

域代码的功能非常强大，熟练掌握后可让 Word 文档趋于半自动化处理状态，其他 Word 域代码的详细说明，可参见附录 A。

1.4 与 PPT 和 Excel 混搭

要用 Word 做出专业的文档，不仅仅要掌握 Word 的基本排版技能，还需要熟练掌握 PowerPoint（以下简称“PPT”）的图形绘制方法和 Excel 的图表制作技巧，以便我们可以在文档中呈现图 1.4–1 中的效果。Word 是一个图文混排的工具，很多商用文件中均会存在图形及图表的嵌入需求。因此，使用最稳妥的方式插入这些对象是利于后期调整的基本保障。

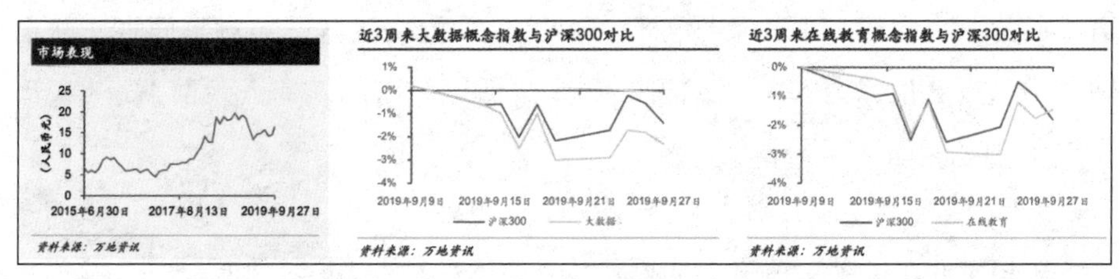

图 1.4–1

在前文的研究报告案例中就涉及了 Excel 图表的应用，这里应用的 Excel 图表并非在 Excel 中制作后复制进来的。说到嵌入 PPT 图形和 Excel 图表对象，先来看几种错误的方式。

（1）直接在 Word 文档中插入其他软件制作的对象。例如直接复制 PPT 页面中的对象或 Excel 工作表中对象到 Word。这样貌似可以轻松达到目的，同时 Excel 还能通过共享原始文档来完成再次修改，但嵌入后的 PPT 图形对象可能会出现与文本显示错位等问题，嵌入 Word 中的组合图形对象中的各个元素相对松散的结构，更不利于后期调整；而此方式对于 Excel 图表而言，所插入的对象存储在另一个其他表现形式的文件之中，而 PPT 图形对象则会转变为 Word 中的图形对象，后期可以直接进行编辑。如果插入对象的所属文件不调整存储位置或改名，可以直接在 Word 文档中通过插入对象直接打开插入对象所属文件进行调整。要实现此操作，必须保证支持文件存储路径和名称不能改变，如果是多方共同制作文件，或者其他同事后期接手继续完善文件，均有可能出现因支持文件存储系统不统一而丢失或查找不到文件的情况，这时图形或图表就变成了一个无法再次修改的“死”对象。

（2）以图片方式插入对象。既然上一种方式存在那么多问题，那么若把做好的 PPT 或 Excel 以纯图片形式插入 Word 之中又如何呢？试想，每当要对目标对象进行修改或调整时，要查找到当时所做的 PPT 或 Excel 原始文件，修改以后重新插入。这种方式被很多人采用，却不是最安全的方式。此方式的所有插入对象均需要其他文件作为当前 Word 文档的支持文件而同时存在，若没有系统的管理规则再加上后期人员离职文件交接不完全，很多图片也将永远变成“死”图片。

正确思路：其实最稳妥的方式是完全抛开支持文件，将所有的图形和图表均作为当前 Word 文档的一部分嵌入其中，这样只要当前文件存在就可以编辑里面的所有内容，而不需要任何其他文件的支持。就图形对象而言，其正确的插入方式应为直接将可编辑的 PPT 页面以对象方式插入当前 Word 文档之中。

（1）插入 PPT 页面对象。

在 PPT 的左边预览窗口中选择要插入的幻灯片页面，回到 Word 中，在“开始”选项卡的“剪贴板”组中，单击“粘贴”下拉按钮，选择“选择性粘贴”，在弹出的对话框中选择“Microsoft PowerPoint 幻灯片对象”，如图 1.4–2 所示。一般情况下需要在 Word 中显示幻灯片页面的内容，因此在当前对话框单击“确定”按钮即可。若只是想将页面以图标形式显示则要勾选“显示为图标”复选框，然后再单击“确定”按钮。插入后的 PPT 对象将与原文件断开，即编辑原文件不会改变插入对象的内容。

图 1.4–2

更改所插入 PPT 对象内容。选中目标对象，右击选择“幻灯片对象”，选择“打开”，就会弹出相对应的 PPT 对象的使用程序，然后对其进行编辑。完成修改后，直接单击右上角的关闭按钮即可，返回 Word 就能看到 PPT 对象的修改效果。

所以使用这个嵌入对象的方式既方便又简洁，还能提高制作速度、节约时间，也能使您的文档提升一个档次。

温馨提示

在选中目标对象，右击选择“幻灯片对象”后，有 3 个选项，除了“打开”，选择“编辑”和“转换”虽然也可以进行编辑，但建议不要选择，因为对象是插入进来的，若内存不够庞大，使用这两个功能很容易出现死机的现象；我们不建议选择“编辑”的主要原因还在于，以编辑状态打开对象后再退出会造成所嵌入对象的显示效果变形。

（2）插入图表。

通过“插入”选项卡，可以插入所需图表，用此方式插入图表的制作和调整方式，我们将在后续章节中为大家展开讲解。

和插入 PPT 页面对象不同的是，无论插入的是 PPT 图形对象还是 Excel 图表对象，为方便排版均应将其嵌入 Word 的表格之中，以便对其进行更加精准的格式控制；同时还需注意对图形及图表对象的段落与行间距的控制。

第2章

研究报告设计案例

当您刚拿到一个文件之后，一定要先考虑如何展示这个文件的版式和内容样式，我们现在就一篇研究报告的基本内容进行系统分析。本案例仅为设计参考，并非实际上市流程的具体分析和建议。

2.1 内地企业红筹上市程序以及“买壳”上市分析（封面）

2.1.1 设计思路

本案例是把封面信息、概要、目录和免责声明4个模块有机结合在首页之中。页面上面1/3部分为页眉封面图片区域，紧接着是封面标题设计，再往下为文件概要（左）及目录区域（右），页脚为免责声明区域。

2.1.2 操作细节

当确定封面的设计思路以后，还要考虑它所需要的设计技巧和操作功能。以下为图2.1-1所示封面所涉及的关于Word的功能点。

2.1.2.1 页眉、页脚

在Word中页眉、页脚与常规概念的可编辑区域之间的关系就像是两张完全重合在一起的透明纸张，页眉和页脚在下层，而常规概念的可编辑区域则在其上。换言之，当正常编辑页面内信息时，页眉和页脚中的内容将完全不会被影响和挤压。我们正是借助了页眉与页脚的这一特性，将常量设计元素放置其中，作为Word模板的基本构成元素。

当我们搭建模板时，将本研究报告模板的首页中不变的常量元素设为封面图片和免责声明，而将变量元素设为封面标题、文件概要和目录等信息。由此判断，封面图片应置于页眉，而免责声明则应放于页脚。

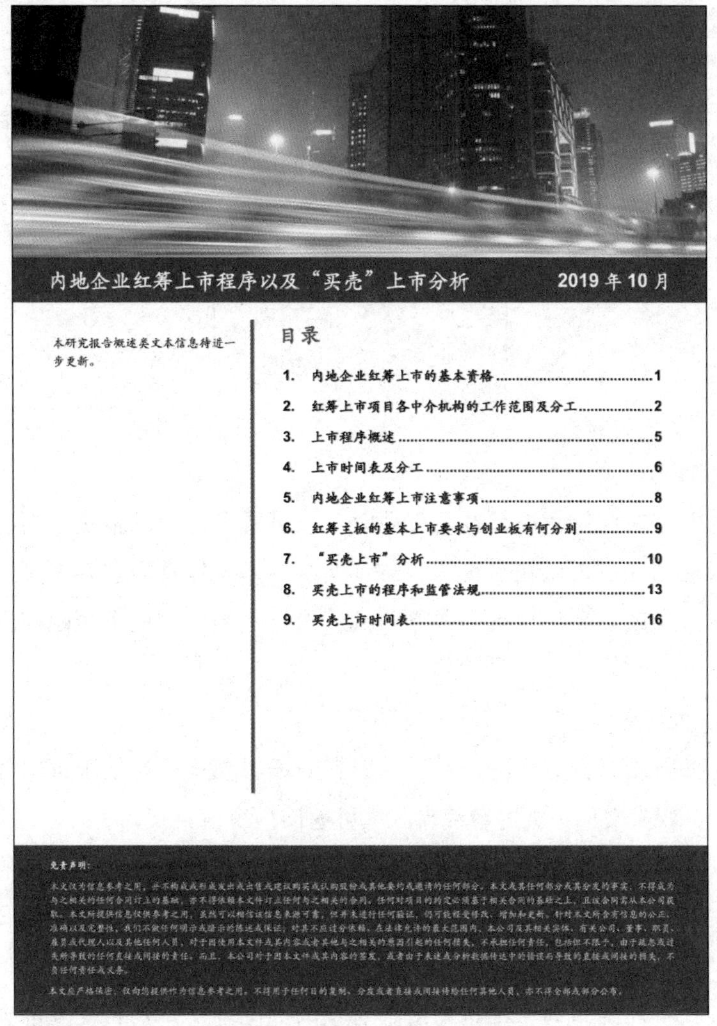

内地企业红筹上市程序以及“买壳”上市分析　　2019 年 10 月

本研究报告概述类文本信息待进一步更新。

目录

免责声明：

本文仅为信息参考之用，并不构成或形成发出或出售或建议购买或认购股份或其他要约或邀请的任何部分，本文或其任何部分或其分发的事实，不得成为与之相关的任何合同订立的基础，亦不得依赖本文件订立任何与之相关的合同。任何对项目的约定必须基于相关合同的基础之上，且该合同需从本公司获取。本文所提供信息仅供参考之用，虽然可以相信该信息来源可靠，但并未进行任何验证，仍可能经受修改、增加和更新。针对本文所含有信息的公正、准确以及完整性，我们不做任何明示或暗示的陈述或保证，对其不应过分依赖。在法律允许的最大范围内，本公司及其相关实体、有关公司、董事、职员、雇员或代理人以及其他任何人员，对于因使用本文件或其内容或者其他与之相关的原因引起的任何损失，不承担任何责任，包括但不限于，由于疏忽或过失所导致的任何直接或间接的责任。而且，本公司对于因本文件或其内容的签发，或者由于未述或分析数据传达中的错误而导致的直接或间接的损失，不负任何责任或义务。

本文应严格保密，仅向您提供作为信息参考之用，不得用于任何目的复制、分发或者直接或间接传给任何其他人员，亦不得全部或部分公布。

图 2.1-1

2.1.2.2 版式规划

版式规划包含对页面大小、页边距、纸张横竖方向、分栏以及页眉和页脚等部分的调整控制。就版式而言，若要实现同一文件中页面横竖版的不同、页眉和页脚所含信息的不同等，就需要让 Word 对这些页面进行区别对待；要使 Word 能够准确了解和定位各部分页面的不同，则需要通过“逻辑章”的划分来实现。“逻辑章”的划分是通过在 Word 文档中插入分节符来实现的，各分节符之间间隔出不同的逻辑章，每个分节符均可代表一组不同的页面版式参数的设定。

可以看出本案例中首页封面的页眉、页脚并不适用于后面的内容页面，内容页面的版式与首页的版式不同。因此，在版式规划时需要在设置首页前，先插入“下一页”分节符以划分逻辑章及新起页面，如图 2.1–2 所示，以备后续操作。

图 2.1–2

（1）页边距。

案例中对首页封面进行页面布局时，先设置页边距的上边距高度，即设置页眉封面图片所占区域高度为“8.75 厘米”，这样页眉内容与页面可编辑区域主要内容就不会出现重叠或遮盖的情况。页边距中的下边距高度也可按此思路设置。

（2）页眉部分。

双击页眉或页脚，可进入页眉、页脚的编辑模式；当处于页眉和页脚编辑状态时，双击文档正文内容编辑区域可返回内容编辑模式。

在页眉中插入已设计好的封面图片，若图片宽度超出了页边距的设定范围甚至占满页面时，则需将图片的布局方式调整为衬于文字下方的文字环绕布局，以便图片位置不受页边距的范围限定。Word 中除文本外的其他对象都可以设置文字环绕布局（该布局是指对象与周围的文本进行交互的方式），如图 2.1–3 所示，除嵌入型以外的文字环绕布局均是浮动在页面内的，可以随需求移动，不受页边距限制。此处图片使用“衬于文字下方”的文字环绕布局，以便在图片上面添加其他设计元素。

为了进一步突出显示封面标题，于页眉中添加蓝底色条于图片底部，以备衬托标题反白文字，进而将封面标题衬托成本页的亮点。

（3）页脚部分。

页脚的设计在此研究报告中相对简洁，以“插入形状”方式插入蓝底色块，并将其置于文字下方；而后在页脚编辑区域插入一个 1×1 的表格，并在其中输入免责声明段落文本。

图 2.1-3

对于页眉和页脚中文本的设置，通常需要注意页眉顶端距离和页脚底端距离的设置，如图 2.1-4 所示，这两个参数分别代表页眉嵌入段落的起始位置高度以及页脚嵌入段落最底端所处高度。而对无环绕的对象，若其所占高度超出了页眉和页脚部分，则会如图 2.1-5 所示改变实际页面边距，压缩页面可编辑区域。

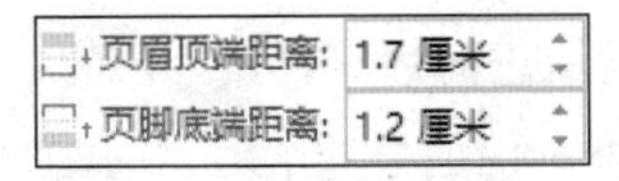

图 2.1-4

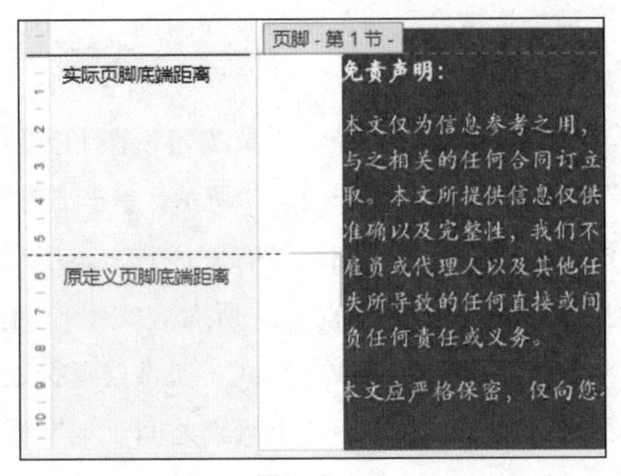

图 2.1-5

（4）内容可编辑区域。

在内容编辑模式下，即页面正文可编辑区域中，可通过表格搭建框架的方式放置封面标题、文件概要及目录。直接在正文中插入的表格默认文字环绕布局是“无”，即不可移动；若个别表格想要自由移动位置，就需要将“表格属性”中的“文字环绕”设置为“环绕”，如图 2.1-6 所示。本案例中封面标题需要移至顶端页边距之上，放于页眉蓝底之中，因此就用到了表格的环绕功能。表格的行列数由设计思路决定。在不同单元格放置相应文字或其他所需内容。

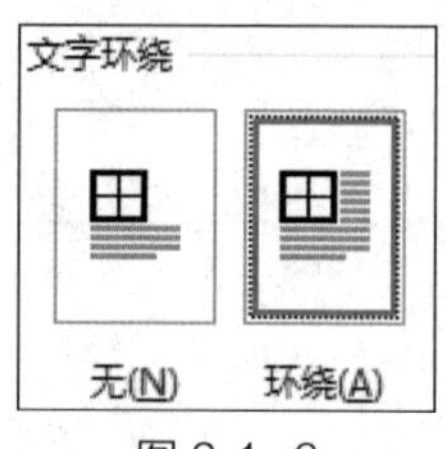

图 2.1-6

2.1.2.3　目录引用

目录的自动生成建立在文件样式完整或大纲级别清晰的基础之上。在 Word 中通常使用文档中的标题样式自动生成目录，更改标题文本、顺序或级别后，可以按 <F9> 键更新域进而达到更新目录的目的，存储时程序亦会提示更新目录；还可以在“文件”选项卡上单击“选项”，在弹出的“Word 选项”对话框的“显示”选项卡中勾选“打印前更新域”复选框，这样在执行打印操作前，程序会提示是否需要更新包括目录在内的文档中的所有域代码引用信息。

在“引用”选项卡上单击“目录”下拉按钮，在下拉列表框中选择“插入目录”，弹出“目录”对话框，如图 2.1-7 所示，单击“选项”按钮。在“目录建自”中的“样式”栏目，找到对应“有效样式”，于“目录级别”对应处填写阿拉伯数字可以确认引用当前样式所对应文本作为目录显示文本信息，并按后续阿拉伯数字设置目录文本样式（通常选择标题类样式）及对应等级，一般建议目录级别控制在 1 ～ 3 个级别之间。本案例中只选择了一级目录。

注意

如果使用“手动目录”样式，Word 将不会把标题用于创建目录，也不能自动更新目录；相反，Word 将使用占位符文本创建虚拟目录，而您需要手动在其中输入文字。

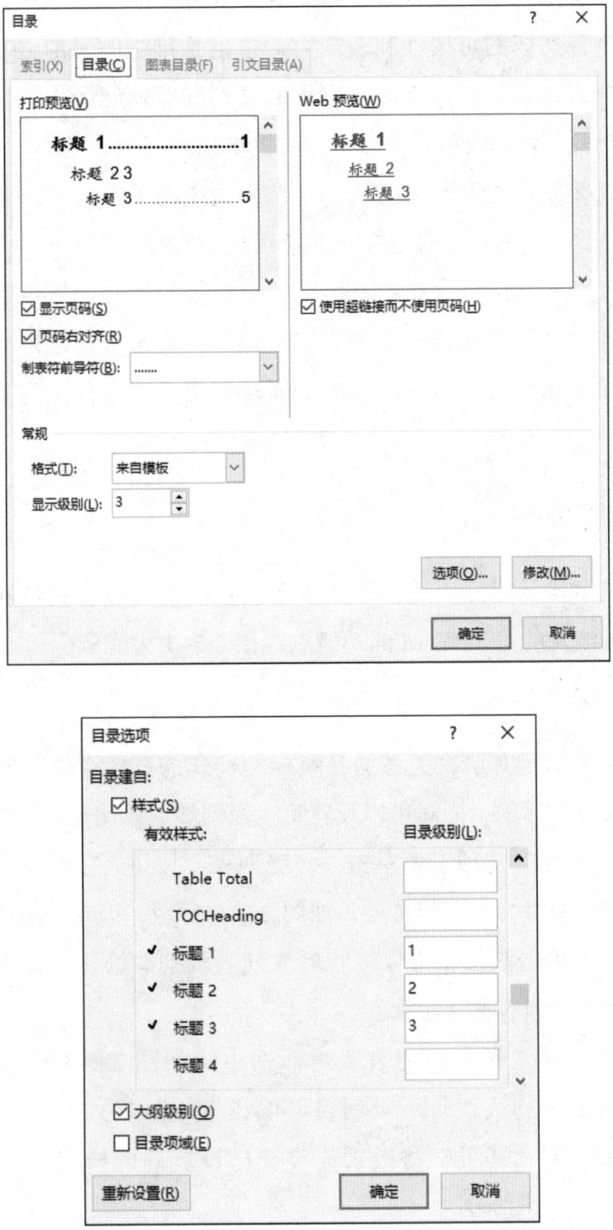

图 2.1-7

2.2 内地企业红筹上市的基本资格

2.2.1 设计思路

对包含大量文字的Word文档，需要通过不同级别的样式去通篇统一区分、划分层级，改善文档的可读性和表现力，这也是排版的目的之一。各级标题要与正文区分，主要可通过字体、字号的差别和段落间距进行区别，必要时可使用编号、多级列表或项目符号，让文档更加清晰、有条理。

案例中该章为内容页面，故页眉、页脚所占空间无须太多，且装饰要简洁、明了，否则会降低内容的主体地位，甚至可能喧宾夺主。

页眉可以显示文件标题和章节标题信息，以起到文件概要和目录书签的作用。考虑到这些信息在整个文档中有出现过，且章节标题可能会被修改或因为内容篇幅变动位置，最佳的办法是通过引用类别域代码的方法直接调用页眉。

2.2.2 操作细节

当确定该章设计思路以后，还要考虑它所需要的设计技巧和操作功能。以下是该章所涉及的关于Word的功能点，图2.2–1为完成图。

2.2.2.1 多级列表

多级列表多用于有层次关系的各级标题样式的链接，这样能生成可以自动产生连续编号的标题，同时可以设置每一级列表起始编号。

在Word“开始”选项卡上单击“多级列表”按钮，会展开预设列表库和出现“定义新的多级列表”等选项，如图2.2–2所示，而在已应用列表级别和样式的标题上，单击该按钮可以进行更改列表级别的操作，这一点通过项目符号列表以及编号列表都能实现。

在弹出的“定义新多级列表”对话框中，如图2.2–3所示，可以看到最多可以设置9级列表，每一级列表可以设置编号格式、编号样式、编号位置、起始编号等，还可以将级别连接到已设置好的样式，以便通篇统一修改。

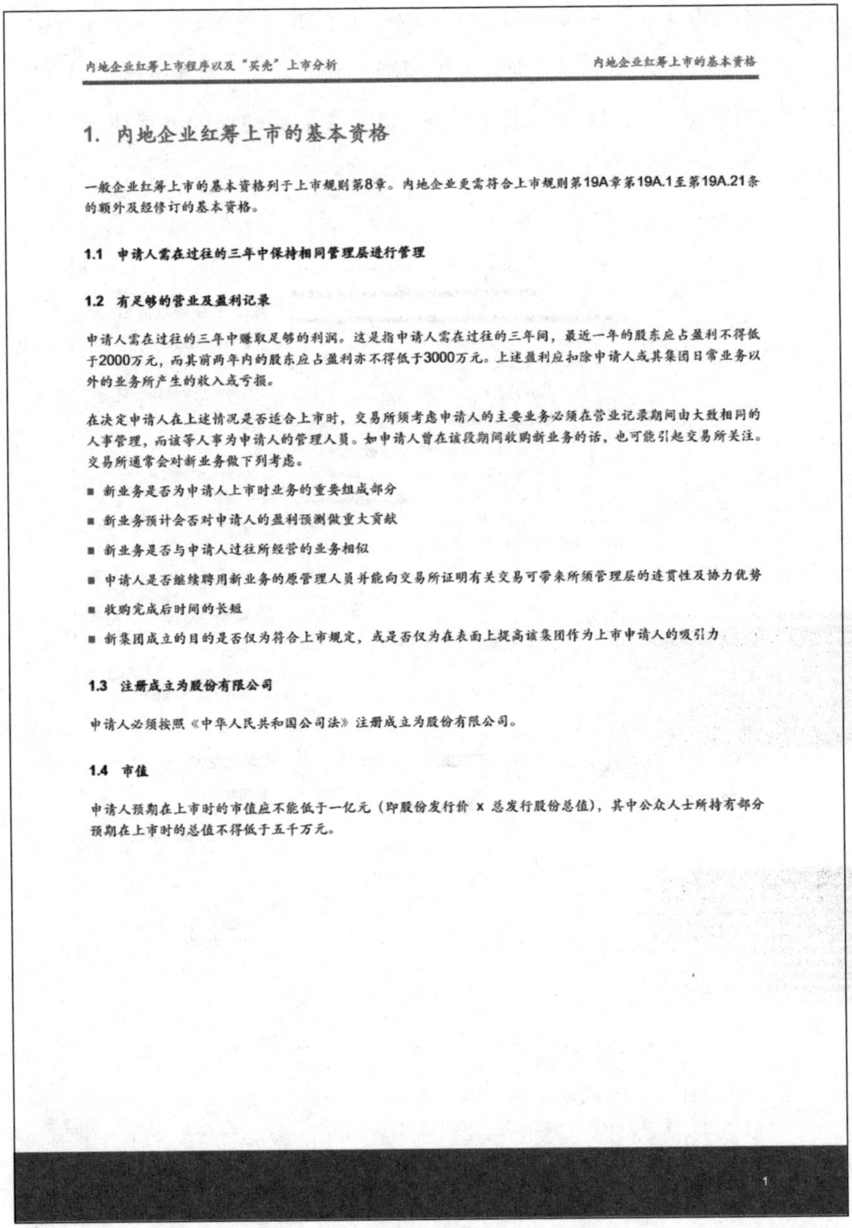

内地企业红筹上市程序以及"买壳"上市分析　　　　内地企业红筹上市的基本资格

1. 内地企业红筹上市的基本资格

一般企业红筹上市的基本资格列于上市规则第8章。内地企业更需符合上市规则第19A章第19A.1至第19A.21条的额外及经修订的基本资格。

1.1 申请人需在过往的三年中保持相同管理层进行管理

1.2 有足够的营业及盈利记录

申请人需在过往的三年中赚取足够的利润。这是指申请人需在过往的三年间，最近一年的股东应占盈利不得低于2000万元，而其前两年内的股东应占盈利亦不得低于3000万元。上述盈利应扣除申请人或其集团日常业务以外的业务所产生的收入或亏损。

在决定申请人在上述情况是否适合上市时，交易所须考虑申请人的主要业务必须在营业记录期间由大致相同的人事管理，而该等人事为申请人的管理人员。如申请人曾在该段期间收购新业务的话，也可能引起交易所关注。交易所通常会对新业务做下列考虑。

- 新业务是否为申请人上市时业务的重要组成部分
- 新业务预计会否对申请人的盈利预测做重大贡献
- 新业务是否与申请人过往所经营的业务相似
- 申请人是否继续聘用新业务的原管理人员并能向交易所证明有关交易可带来所须管理层的连贯性及协力优势
- 收购完成后时间的长短
- 新集团成立的目的是否仅为符合上市规定，或是否仅为在表面上提高该集团作为上市申请人的吸引力

1.3 注册成立为股份有限公司

申请人必须按照《中华人民共和国公司法》注册成立为股份有限公司。

1.4 市值

申请人预期在上市时的市值应不能低于一亿元（即股份发行价 x 总发行股份总值），其中公众人士所持有部分预期在上市时的总值不得低于五千万元。

1

图 2.2-1

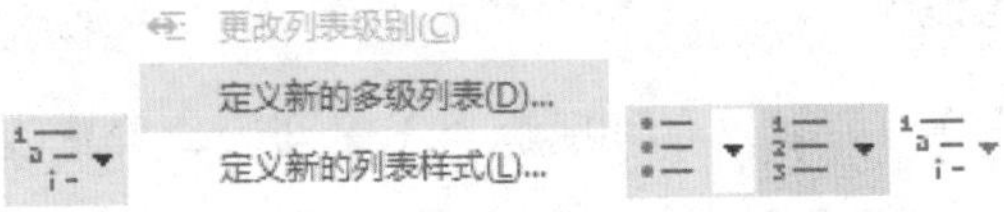

更改列表级别(C)

定义新的多级列表(D)...

定义新的列表样式(L)...

图 2.2-2

本案例中共设置了 5 级列表，实际应用了 3 级列表，如图 2.2-4 所示。

设置多级列表时一定要注意“将级别链接到样式”“输入编号的格式”“重新开始列表的间隔”，以及“编号对齐方式”4 个关键点的设置情况。

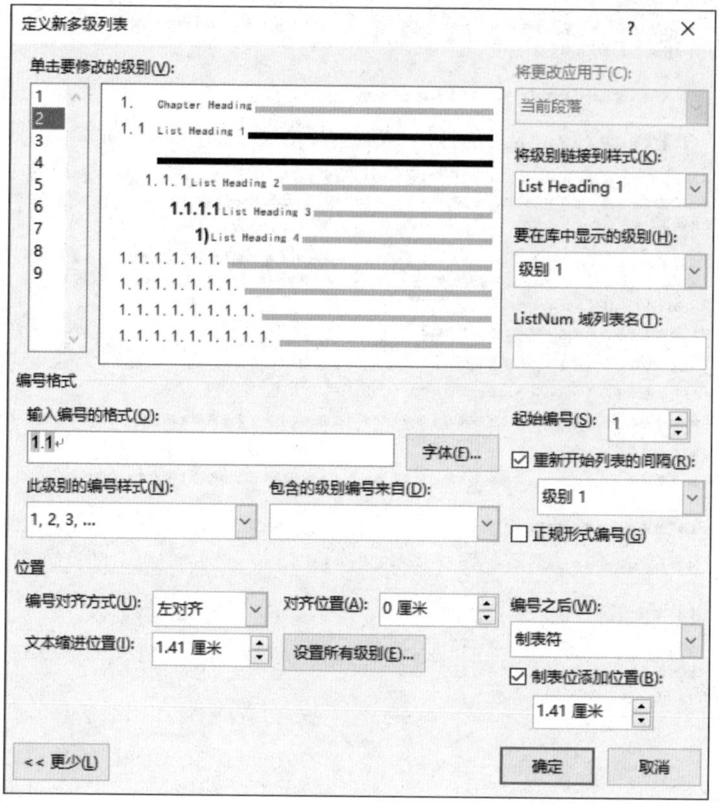

图 2.2-3

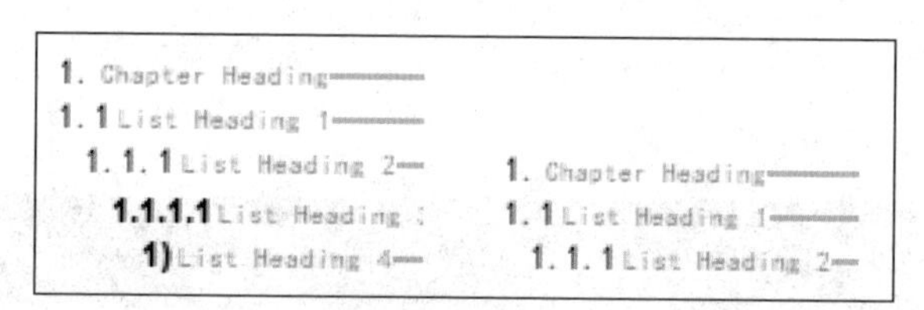

图 2.2-4

2.2.2.2 点句设定

点句就是项目符号列表，亦可理解为无序列表，着重表示的是该片段有几点内容，而并非有顺序之分及显示总数，即点句为并列枚举结构的文本信息。

查看图 2.2–5 中的段落，分析可知有关新业务不同方面的考虑，考虑内容可以作为点句处理。

在决定申请人在上述情况是否适合上市时，交易所须考虑申请人的主要业务必须在营业记录期间由大致相同的人事管理，而该等人事为申请人的管理人员。如申请人曾在该段期间收购新业务的话，也可能引起交易所关注。交易所通常会对新业务做下列考虑。

- 新业务是否为申请人上市时业务的重要组成部分
- 新业务预计会否对申请人的盈利预测做重大贡献
- 新业务是否与申请人过往所经营的业务相似
- 申请人是否继续聘用新业务的原管理人员并能向交易所证明有关交易可带来所须管理层的连贯性及协力优势
- 收购完成后时间的长短
- 新集团成立的目的是否仅为符合上市规定，或是否仅为在表面上提高该集团作为上市申请人的吸引力

图 2.2–5

在“开始”选项卡上单击“项目符号”按钮右边的下拉按钮，在下拉列表框中选择“定义新项目符号”，如图 2.2–6 所示。在“定义新项目符号”对话框中可见，Word 中项目符号包含符号及字体（因图片清晰度等潜在问题，一般不建议将图片作为项目符号）。

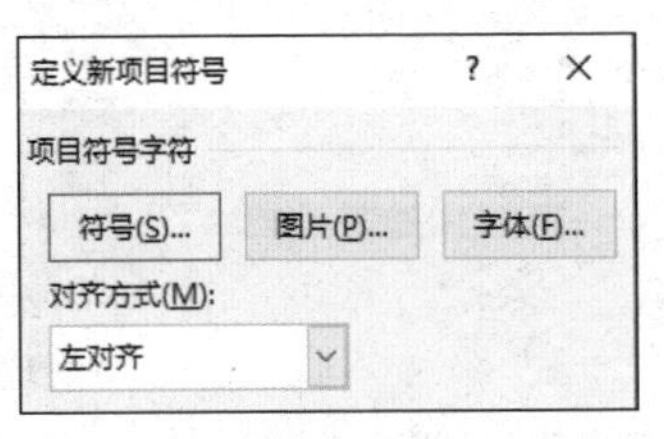

图 2.2–6

项目符号与其后续文本之间是一种段落缩进设置关系，通常设置左右缩进为 0，如图 2.2–7 所示，并辅以一定参数的悬挂缩进，这样才有点句的效果。

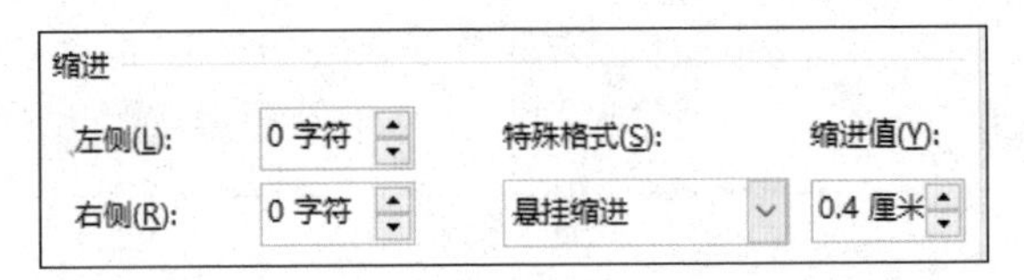

图 2.2–7

当需要对项目符号与其后续文本距离进行调整时，可以选择点句对应样

式，并对该样式的段落调整悬挂缩进的参数。若直接调整当前段落的悬挂缩进参数或直接将页面上水平标尺上的“悬挂缩进”滑块左右拖动至合适位置，将无法作用于对应样式之中，因此，切记不要直接调整已设定样式的段落格式。

2.2.2.3 页眉、页脚内容调整

本案例中页眉的设计为在文字下方使用简单线条装饰。将文件标题信息显示在左侧，章标题信息显示在右侧。鉴于有两栏信息且带有线条装饰，所以插入一个1行2列的表格，对其进行边线设置即可得到所需效果；而后分别在左右单元格中插入“StyleRef”域代码，并分别动态链接文件标题信息和章标题信息，如图2.2-8所示。

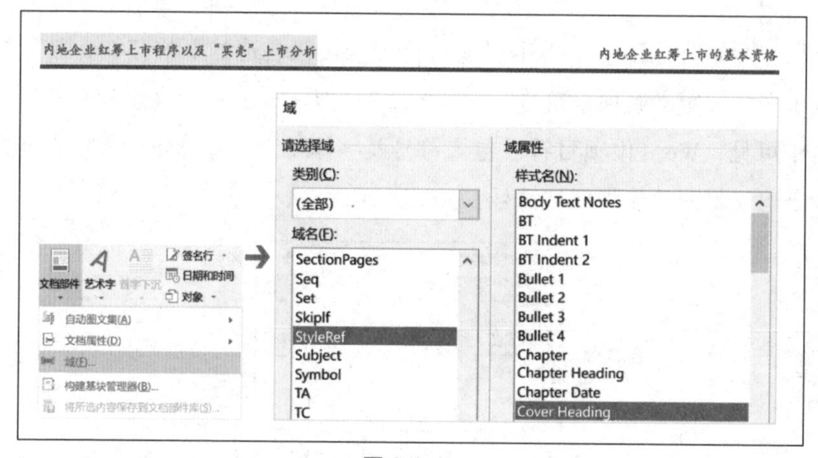

图 2.2-8

插入域代码后右击域文字，可以切换、查看相应域代码，如图2.2-9所示。再次切换会显示标题文字信息。

图 2.2-9

页脚插入的页码实际上也是一种域，如图2.2-10所示，直接输入的数字不算。页码属于编号类别，可以自动排序。

图 2.2-10

2.3 红筹上市项目各中介机构的工作范围及分工

2.3.1 设计思路

研究报告中本章的内容与上一章中的内容相比，总体文字及段落更多，而部分段落内容并不是很多。对于页面中的内容显示，两栏比一栏所利用的空间更多，因为避免了单行段落后的空间损失。在案例分析的封面部分里提到分栏属于版式的一种，版式转换意味着在上一逻辑章结束时，需要插入“下一页”分节符。如果页眉、页脚不需要变动，不需要断开默认设置的“链接到前一条页眉”，如图 2.3-1 所示。同样，如果相邻两节页眉、页脚需要变化，则需要断开这一链接，页眉、页脚的链接可以分开设置。

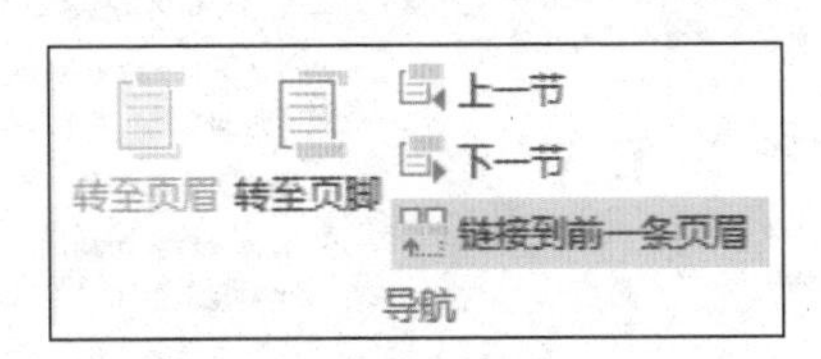

图 2.3-1

2.3.2 操作细节

当确定页面设计思路以后，还要考虑它所需要的设计技巧和操作功能。图 2.3-2、图 2.3-3 以及图 2.3-4 是本章节学习成果的完成图。

2.3.2.1 版式转换

在设计思路里已经提到要插入分节符，在插入本章分节符时需要注意的是：本章最后一段的注释是一栏版式而非两栏版式，因此需要插入两个分节符并将两个分节符之间的版式设为两栏。

内地企业红筹上市程序以及“买壳”上市分析　　红筹上市项目各中介机构的工作范围及分工

2. 红筹上市项目各中介机构的工作范围及分工

在红筹上市筹备工作中，首要环节为委任各上市中介机构，其中包括保荐人、包销商、公司红筹上市地区法律顾问、保荐人及包销商红筹上市地区法律顾问、会计师、中国律师、评估师、收款银行、股份过户登记处等。现把部分中介机构（特别是公司红筹上市地区法律顾问及保荐人及包销商的红筹上市地区法律顾问）之工作范围简括列述如下。

2.1 保荐人

上市规则规定，凡新发行人需由保荐人介绍上市。一般而言，保荐人为红筹上市地区的商人银行，即根据证券条例获发牌照，可提供财务顾问的财务机构。

在每个项目新上市中，保荐人都是顾问团中的关键要员，其主要工作范围如下。

- 负责全面组织及统筹整个上市过程，包括安排及协调工作进度
- 担任顾问团、交易所及任何其他有关监管机构间的联络管理人
- 负责草拟及撰写招股说明书及确保招股说明书内载有上市规则及公司条例规定需要刊载的资料，并且一般会统筹有关各方对文件编制的意见
- 就包销、公开发售及配售向发行人提供意见

新上市申请人的保荐人在新发行人成功上市后，一般都会继续担任新发行人的保荐人，为期一年

2.2 包销商

包销商及分包销商的责任为认购或促使他人认购所有向公众人士发售或配售的新股，及就股份的售价提供意见及协助厘定售价。如果发售或配售的股份的认购额不足，包销商有责任自行或促使他人认购发售或配售的新股中其承诺负责的部分，此举可保证公司可全数收到计划筹集的资金。

2.3 公司红筹上市地区法律顾问

公司红筹上市地区法律顾问从公司筹备上市的初期阶段便需积极参与有关上市的各项工作，包括对公司业务情况和经营模式进行初步了解后，按红筹上市地区法例及监管要求及内地监管要求，向公司及董事局就上市事宜提供相关法律意见，与公司及保荐人一起拟定上市计划。而在整个上市过程中，主要负责下述工作范围。

- 对公司展开初步尽职调查工作，包括向公司发出初步尽职调查问题清单（问题清单可以由公司红筹上市地区法律顾问独立出具，也可以由公司红筹上市地区法律顾问统筹综合其他中介机关的问题清单），审阅公司根据初步尽职调查问题清单提供的文件。上述尽职调查工作在整个上市过程中需持续进行，并会持续向公司发出一系列尽职调查问题补充清单及向公司收集有关尽职调查文件，根据公司提供的文件对招股说明书及公司重组文件进行修改及完善
- 与公司聘请的保荐人、审计师、评估师、收款银行、中国律师等中介机构及其他由包销商及保荐人所委任的红筹上市地区法律顾问共同对公司的上市重组方案进行讨论和编制，并在此过程中随时提供有关红筹上市地区法律的法律意见
- 负责审查公司上市申请文件
- 负责或协助公司重组事宜，包括组建上市公司，草拟、订立有关重组之所需文件（就涉及红筹上市地区法律的文件，由公司红筹上市地区法律顾问草拟。就涉及中国法律的文件，公司红筹上市地区法律顾问提供意见及协助制定）
- 将负责草拟上市重组过程中涉及红筹上市地区法律大部分文件，其中主要文件包括：
  - 关联交易豁免申请
  - 其他根据公司具体情况和上市规则要求需要提出的豁免申请
  - 草拟公司董事会会议记录
  - 公司章程符合上市规则的核对表
  - 确认公司章程符合上市规则的法律意见
  - 全部董事服务合同及监事服务合同
  - 公司股东及/或发起人的声明书
  - 全部董事责任书、利益声明和授权书
  - 有关红筹上市地区法律的法律意见书
  - 有关公司所拥有位于红筹上市地区（如有的话）的土地及房屋产权的报告
  - 安排公司董事就各种有关文件做出认证（如政府批文、企业法人营业执照等）

2

图 2.3–2

- 审阅修改招股说明书，《公司条例》附表3指定事项的核对表，并安排有关登记事宜
- 向公司介绍有关关联交易、同业竞争及管理层延续方面的监管要求，协助公司识别现存的及重组时产生的关联交易及同业竞争情况，与各方共同确定重组计划，确保按照红筹上市地区交易所的要求申请豁免，并在招股说明书中做恰当披露
- 审阅公司重大协议，包括已签订的土地权属文件、销售合同、其他主要文件，并对该等合同（文件）提供法律意见
- 审阅及就包销协议提供意见。若涉及其他地域配售，与其他地域法律顾问联系，并安排相关法律意见书及/或有关法律程序
- 确保公司上市活动符合上市规则，包括审阅公司与第三方签订的合约，包括租约、提单、代理协议、其他货物运输合同、贷款合约和第三方担保，以确保该文件的签订符合红筹上市地区交易所的要求
- 如有需要，就公司及其主要股东之间的关系建设适当安排（包括在有需要时协助起草承诺及赔偿保证），并拟定有关文件
- 编订银行家协议及其他相关的文件
- 编订保荐人协议
- 就股份过户登记的协议提出意见
- 负责向公司及董事会说明他们在招股说明书内承诺负起的法律责任，尤其要解释每位董事均须对招股说明书中的全部内容负责
- 协助确保公司及其董事已知悉其上市后的持续义务，该持续义务载于其与交易所所签订的上市协议上
- 协助回复在上市过程中，交易所提出的书面查询。在有需要的情况下，陪同公司及保荐人出席与交易所举行的会议

2.4 保荐人及包销商的红筹上市地区法律顾问

保荐人及包销商的红筹上市地区法律顾问的主要工作范围包括：

- 查阅上市公司及其下属公司所提供的文件，审查上市集团状况及需要披露之文件，做法律尽职调查；草拟及安排各方签订验证记录；与上市公司召开验证会议；确保在验证招股说明书中所载的每项说明和意见均准确无误
- 审阅上市公司的上市申请文件
- 协助上市公司保荐人回答交易所就上市事宜的书面查询
- 审阅上市集团重组方案及对设立上市公司及有关文件为保荐人提供意见
- 草拟及安排签订与包销事宜有关的包销协议、包销商之间的包销协议、分包销协议及承销团邀请函
- 与上市公司所聘请的公司红筹上市地区法律顾问、会计师、评估师、收款银行、中国律师等中介专业人士共同对上市公司上市事宜及包销事宜进行商讨、并出席有关会议及在此过程中为包销商提供红筹上市地区法律意见
- 其他有关保荐人包销事宜的红筹上市地区法律事务
- 审阅、修改与包销事宜有关并按上市规则及红筹上市地区公司条例所编写的上市公司招股说明书

2.5 会计师

会计师的主要职责包括：

- 编制会计师报告，以供转载于招股说明书中
- 编制及审核其他财务资料
- 审核盈利预测

2.6 中国律师

在整个上市过程中，中国律师负责公司于内地的法律事宜，其中包括：

- 按中国有关法律对集团于内地的公司及业务重组提供意见及为重组准备有关法律文件
- 向中国证监会及有关部门申请及办理在红筹上市地区发行股票的有关手续
- 就上市事宜出具中国法律意见，例如：
  - 向中国证监会就上市及重组出具法律意见
  - 向红筹上市地区交易所就公司及集团成员的正式注册成立、法人地位及经营的合法性及公司的章程符合“相关上市公司章程必备条款”出具法律意见
  - 就公司于内地的土地厂房的权属性及合法性出具意见
- 就关联交易草拟有关的法律规范文件

3

图 2.3-3

内地企业红筹上市程序以及“买壳”上市分析　　红筹上市项目各中介机构的工作范围及分工

注：基于中国律师的负责范围，对公司及保荐人而言不存在明显利益冲突，因此红筹上市项目仅聘用一位中国律师，对较大型及复习的项目，公司及保荐人也可选择分别聘用中国律师。

2.7 评估师

招股说明书内需披露拟上市公司的资产、负债及营业记录的状况。为此目的，如公司的资产包括物业在内，有关物业须经独立估值，因此如公司拥有包括红筹上市地区及内地的物业，则须聘用一名红筹上市地区的评估师及一名内地的评估师。招股说明书通常会刊载评估师就其评估公司物业的价值而发出评估证书及报告。

2.8 收款银行

负责收取公众人士交来的申请表格及认购股票的支票。

2.9 股份过户登记处

其职责包括：

- 与收款银行联系编制所有有效申请的名单
- 协助保荐人/包销商及公司分配股份予获接纳的申请人
- 编制最后的股东名单及寄发股东股票证书及退款支票
- 保管公司的股东名册
- 登记股份的过户事宜及于发出新股票时注销旧股票

注：本章所列的工作范围仅为涵盖的介绍，在上市过程中，可能会涉及其他工作，需要各中介机构共同协作解决。而且若干工作亦没有明确订明负责的中介特发性机构，可以负责的中介机构可能会多于一家。

4

图 2.3-4

即插入对应分节符后，将光标放在当前节页面任一段落处，在“页面布局”选项卡上单击“分栏”下拉按钮，如图 2.3–5 所示，可将这一节所有段落分为两栏，光标所处节的上一节及下一节仍为一栏显示。此刻会发现，设计逻辑章并不像写文章一样自上而下按顺序书写设置即可，而是要从整体布局审视，将前后文的需求统一考虑。

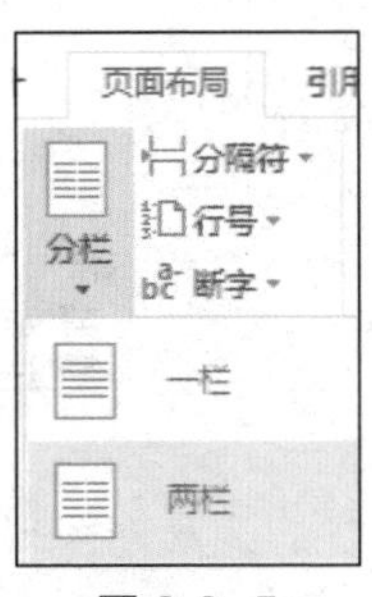

图 2.3–5

当设定好两栏，且文字信息已尽数输入后，若想要在特定的段落位置分栏，将光标放在指定位置，再插入分栏符即可，如图 2.3–6 所示。

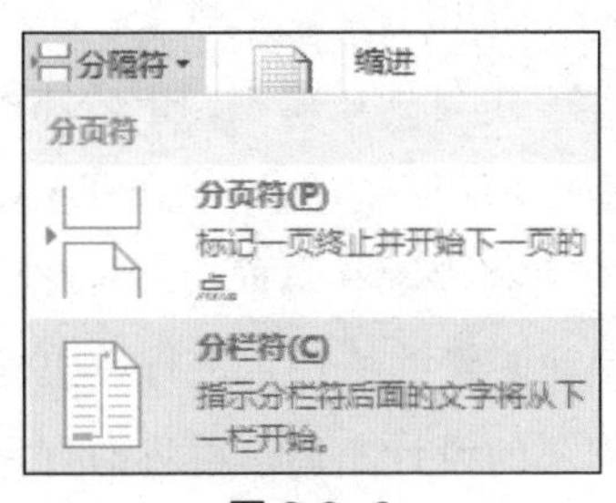

图 2.3–6

2.3.2.2 一、二级点句位置关系

点句段落也存在多级表述的需求，如一级点句后还需要展开几个次级点内容进一步表述，则需要使用二级点句，那么就涉及一、二级点句位置设置的规范。如图 2.3–7 所示，这是规范的一、二级点句效果，从图 2.3–8 及图 2.3–9 可以发现一级点句与二级点句的位置关系并通过缩进进行设置。一级点句设置左缩进为 0，与正文左侧对齐，设置悬挂缩进为一个常量参数，缩进的单位可以按习惯定义为厘米或字符。而二级点句的左缩进值要与一级点句的悬挂缩进值相等，这样才可以实现二级点句项目符号与一级后续文本对齐，而悬

挂缩进值与一级点句的悬挂缩进值相同；进而实现一级点句及二级点句项目符号与其后续文本间距的一致性，使得整体表现更具有规范性和严谨性。

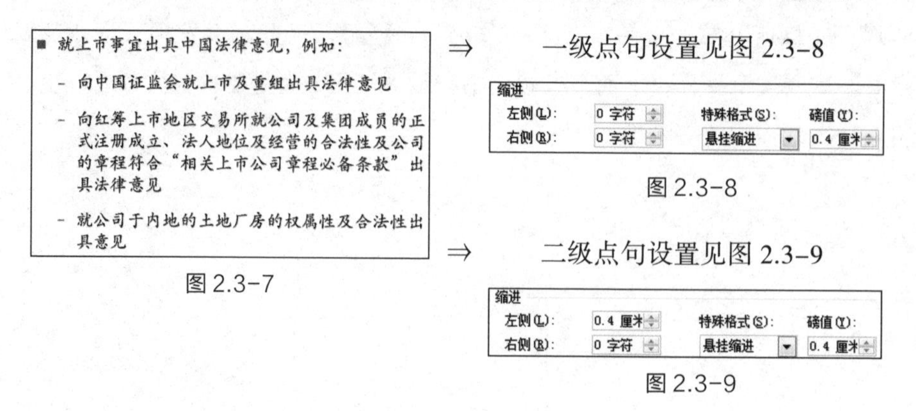

图 2.3-7

图 2.3-8

图 2.3-9

2.4 上市程序概述

2.4.1 设计思路

考虑到上市流程包含 16 个分项，流程图中必然包含指向性连接箭头，多项连接又涉及浮动对象的均分排布等需求，不便在 Word 文档中直接编辑制作。而 PowerPoint（PPT）具有可将浮动在页面上多样化的图形、表格、文本框、线条等对象快速组合、浮动调整的特性，进行更快捷的丰富视觉化表达。所以在 PPT 软件中进行流程图的设计布局，再将幻灯片页面以幻灯片对象的形式选择性粘贴进 Word 页面里是一种好的思路。

2.4.2 操作细节

当确定页面设计思路以后，还要考虑它所需要的设计技巧和操作功能。图 2.4-1 为本章教程的完成图。

2.4.2.1 插入 PPT 对象

在 PPT 中复制目标对象，在 Word 中的“开始”选项卡上单击“粘贴”下拉按钮，在下拉列表框中选择“选择性粘贴”，如图 2.4-2 所示为插入形式。PPT 目标对象通过此方式插入 Word 文档之中，有以下几点优势。

内地企业红筹上市程序以及“买壳”上市分析　　上市程序概述

3. 上市程序概述

3.1 上市流程表

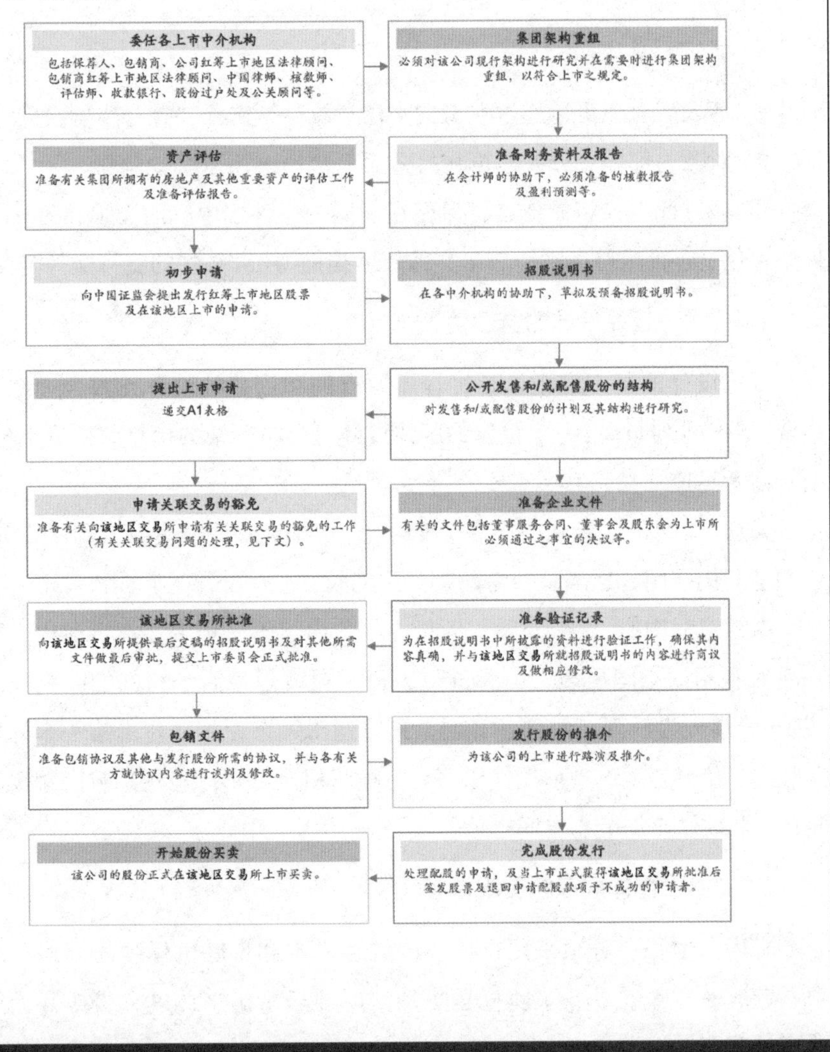

5

图 2.4-1

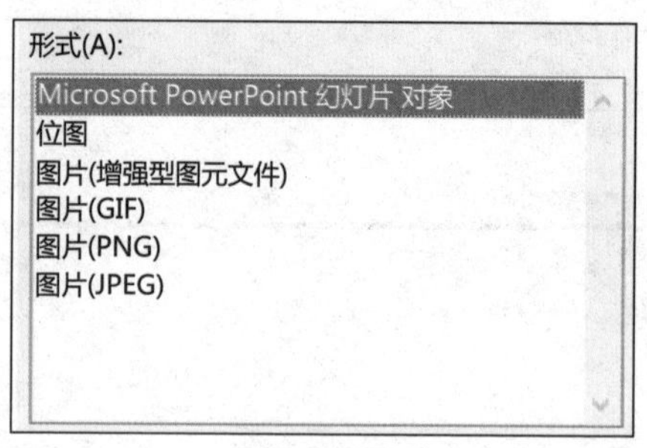

图 2.4-2

- 插入后对象可以通过右击“文档对象”，选择“打开”再次进行编辑。
- 对象内部信息或元素可在打开后复制出来用于其他制作。
- 通过此方式将制作素材保留在了同一文件之中，而无须在另一 PPT 文件中存储，进而无须将原始 PPT 文件作为当前 Word 文件的支持文件与其并存。

2.4.2.2 版式设计的合理性

版式设计的基本准则，是将程序原有的和创造的设计元素合理地与内容结合，进行排列布局。一个优质的版式设计可以将复杂的信息编排得十分合理，便于读者迅速地找到其所需要的内容。

受众群体不同，版式的形式千变万化，但都应该同时具备实用性和美观性。合理地利用空间，适当地留白，都是好的技巧。

本章流程图有 16 个分项，且每一项的内容不是很多，在页面中，两栏比一栏所利用的空间更多，因为避免了每一项段落最后一行的空间损失。所以将 16 分项分为两列，每列各 8 项，连线逻辑关系使用从左上第一个开始，从左往右、从上至下的 S 形衔接顺序。此顺序相比 U 形顺序更加符合阅读习惯，相比 I 形顺序更加节省空间。

2.4.2.3 整体展示的美观性

流程图中每一分项采用在框线内放置文本和带底色标题的形式，使每一项看起来是一个整体，又将标题更加鲜明地显示出来，进一步提升了页面的美观性和可读性。

每一分项采用相同尺寸与类似的格式，均分排布，横向间距与纵向间距相等，而后使用两种颜色间隔区分，更加提升流程图的设计感和辨识度。

2.5 上市时间表及分工

2.5.1 设计思路

上市工作事项众多，且涉及多方协调，若要有效、清晰表述整体工作和各方的关系，简单的文字罗列显然不是一个有效的表述方法。在本章中需要构建上市项目与各机构职责分工联系，使用表格能简洁、明了地表达这一联系。

通常表格第 1 行为横向维度标题（也可能有双标题行），第 1 列为纵向维度项目，这两个维度项可交换显示。规划思路：在第 1 行罗列执行方，在第 1 列枚举事项，并在事项中添加时间范围作为二级标题以确定每个时间范围内所需完成的事项；第 1 行横向维度标题之下的单元格是项目数据或内容区域，同一列的横向维度标题和同一行的纵向维度项目交叉点为对应关联项。

最后还需要考虑表格的搭建和设计要符合模板配色及页面风格。

2.5.2 操作细节

在确定该章设计思路以后，还要考虑它所需要的设计技巧和操作功能。以下是该章所涉及的功能点，图 2.5-1 及图 2.5-2 为完成图。

2.5.2.1 表格搭建

首先根据上市项目及涉及的中介机构确定插入表格的行列数，由于该表格还包含注释，所以需要在表格最后加一行放置注释文本。一般来说文件表格中大多数项目均是由现有信息复制而来的，应先将表格设置好并调整好表格样式，而后将信息粘贴至表格中并确认对应文本样式。

表格标题行通常会有带底纹和无底纹两种，这两种标题行格式的处理方法是完全不同的：带深颜色底纹的标题行应设置反白文字、加粗；无底纹标题行则加粗文字并辅以底边线。

该章表格标题行带深颜色底纹，同时添加了浅蓝边线作为装饰。当标题行有底纹时，该行单元格的垂直对齐方式为居中，这样于视觉上美观。当标题行无底纹、有底边线时，该行单元格的垂直对齐方式为底端对齐，因为线条具有对齐效果，如果文字底端不齐，于视觉上不整齐的感觉会更强烈。

4. 上市时间表及分工

以下是一个典型及简单的上市时间表框架及各中介机构的职责分工：
（下述预计时间框架是假设上市项目并不涉及复杂重组而做出）

	公司	保荐人	会计师	公司 红筹上市地区法律顾问	保荐人 红筹上市地区法律顾问
上市前至少15个星期前					
委任各中介机构	●	●			
落实上市资产结构	●	●			
进行资产评估	●	●	（中国境内评估师）		
制定详细的上市时间表		●			
对拟上市的资产开始进行尽职调查	●	●	●	●	●
考虑上市过程中可能遇到的重大事项并研究解决方案	●	●	●	●	●
研究集团架构重组	●	●	●	●	
开始审核公司账目及准备财务报告	●		●		
向中国监证会提供在红筹上市地区发行股票的申请	●	●			
上市前至少10-15个星期前					
准备集团重组并开始草拟有关文件	●		●	●	
开始物业评估	●	（物业评估师）			
开始撰写招股说明书	●	●	●	●	●
继续准备会计师报告	●		●		
准备盈利预测及现金流量预测	●		●		
与交易所初步接触（若有需要）		●			
上市前至少5-10个星期前					
召开招股书起草会议	●	●	●	●	●
向交易所递交上市申请	●	●	●	●	●
与交易所预定上市委员会聆讯		●			
取得物业业权文件				●	
完成盈利预测及现金流量预测	●	●	●		
草拟及传阅中国法律意见书（包括上市申请程序、公司资产及物业）	●	（中国律师）			
上市前至少0-5个星期前					
审阅会计师报告及各预测文件	●	●	●	●	●
联络交易所及回复交易所提问	●	●	●	●	●
召开招股书起草会议	●	●	●	●	●
草拟承销协议及定稿	●	●		●	●
公共关系工作及向投资者推介	●	●			
开始对招股书进行验证	●	●	●	●	●
上市委员聆讯	●	●			
确定发售条件	●	●			
承销、分销及路演	●	●			
取得交易所对招股书内容无意见函	●	●			
上市发售					
招股书登记				●	
取得交易所初步批准上市函件	●	●		●	

6

图 2.5-1

内地企业红筹上市程序以及“买壳”上市分析　　上市时间表及分工

	公司	保荐人	会计师	公司 红筹上市地区法律顾问	保荐人 红筹上市地区法律顾问
发出招股书		●			
确定分配基准	●	●			
确定认购者名单	●	●			
寄出股票及退款支票	●				
取得交易所批准申请上市函，及其他上市规则豁免函（若有）	●	●			
股票于交易所正式开始买卖					

注：

向交易所递交申请表以前的预备工作所需的时间，视乎公司的情况而定，就较复杂的企业而言，所需的时间可能长达 6 至 12 个月之久。虽然根据《上市规则》，上市申请可以在大约 20 个营业日内到达上市委员会聆讯的阶段，实际上，由于交易所审批需时，期间就交易所提出的查询往还所涉及的时间，往往需要最少 2 个月，才能到达上市委员会聆讯的阶段。

由上市委员会聆讯到正式公开招股期间所需的时间、所募集的资金的规模，及路演所需的时间而定。在大型募集资金的项目中，在上市委员会聆讯后 5 至 7 天，公司、保荐人及承销团都会先根据当时的招股书内容，制定红鱼招股书 (Red Herring Proof)，以便进行路演。红鱼招股书与招股书的内容不能有重大偏差。

路演所需的时间，一般为期数天至两周不等。完成路演后，仍需取得交易所就招股书的内容确认无意见，方可进行大量印刷。至于取得交易所就招股书确认无意见所需时间，为 3 天至 1 星期，视乎对交易所查询回复的速度。

7

图 2.5-2

除标题行外的其他单元格无底纹，并用横向淡灰色细线条将行分隔，使文字内容突出、明了，单元格垂直对齐方式使用居中对齐，第 1 列项目中时间范围作为二级标题，使用蓝色文字加粗格式与项目区分。最后一行注释合并单元格，不加底边线，文字使用斜体，字号为 7 磅。

上述步骤为搭建表格时的思路，也应是开始制作前就已然存在于脑中的基本步骤，只有做到这点当开始制作时才能一气呵成。

2.5.2.2 符号插入

代表上市项目和各中介机构二者联系的符号可以自定义更换，Word 中内置了很多项目符号可供选择，可以设置项目符号大小、颜色，和设置文字的大小、颜色一样。这里使用蓝色圆点，圆点所用符号字体为“Wingdings”，该符号在此字体中的序列编号为 108，如图 2.5-3 所示。在此，该符号对应常用字体还有“Wingdings 2”“Wingdings 3”“Symbol”。

图 2.5-3

2.5.2.3 Word 的页面连续性

当一个表格在一页中放不下，延至下一页时，需要注意页面的连续性。

当表格过长而出现跨页时可以通过两个复选框的设置体现页面连续性，这两个复选框可以通过在表格单元格内右击选择“表格属性”，弹出“表格属性”对话框，再切换到“行”选项卡看到，如图 2.5-4 所示。

“允许跨页断行”是指在某一单元格的多行文字在出现跨页的情况下，被分成两部分出现在不同页面里。

如图 2.5-5 所示，跨页断行后同一单元格的内容会被拆分显示于不同页面之中，第 2 页起始虽然显示了当前单元格的后续内容却无右侧各列的对应信息点显示，这样将为读者带来不必要的信息混淆和困扰，给人以断裂的视觉体验。因此，我们建议若需要多页显示表格，一定要取消勾选“允许跨页断行”

复选框，以呈现图 2.5-6 的显示效果。

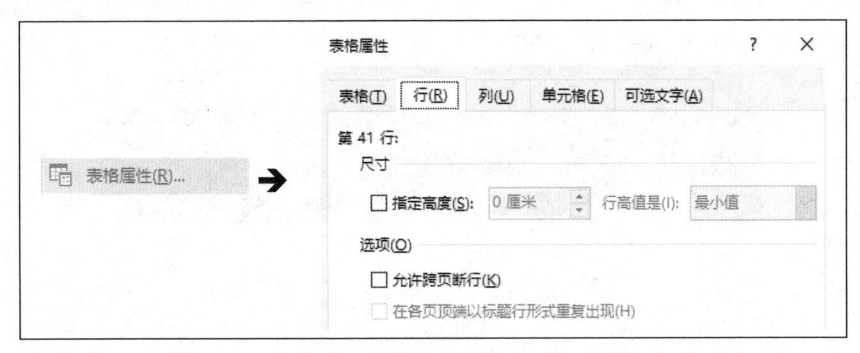

图 2.5-4

在这里需要注意的是，不要仅取消当前行的跨页断行而不顾及整体表格的统一设置，统一设置表格属性将避免当前表格增加行数或文字信息后，该表格的其他行置于页面末端时跨页断行设置未取消的潜在风险。

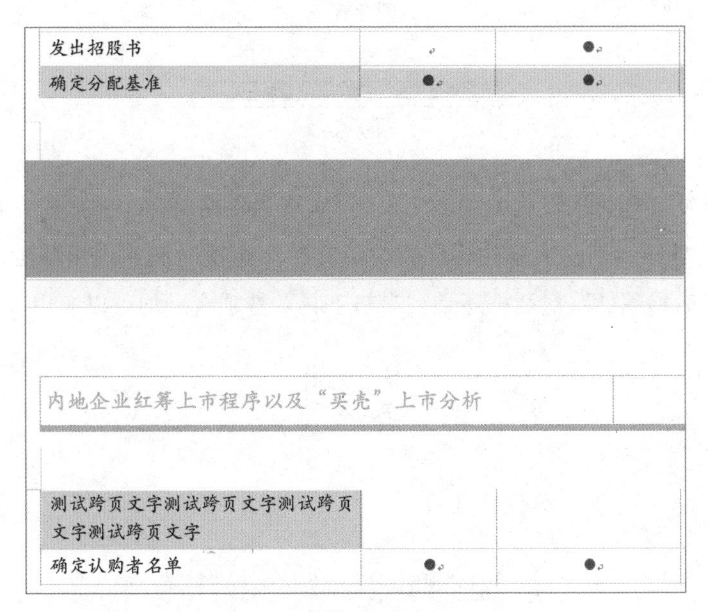

图 2.5-5

勾选“在各页顶端以标题行形式重复出现”复选框（图 2.5-7）也是一个保证表格连续性的重要方式。将光标置于表格首行，即标题行，勾选此复选框相当于单击了“表格工具”的“布局”选项卡上的“重复标题行”按钮。

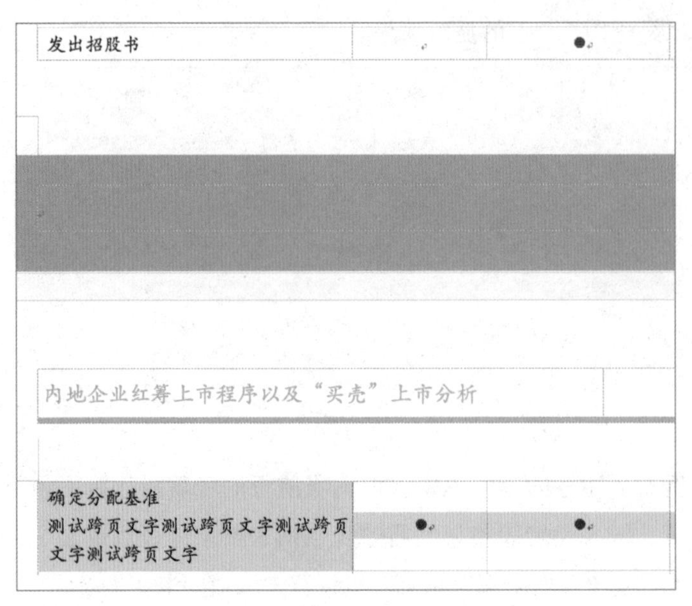

图 2.5-6

☑ 在各页顶端以标题行形式重复出现(H)

图 2.5-7

“重复标题行”设置（图 2.5-8）可实现当表格跨多个页面时，每一页表格首行重复显示当前表格的标题行，以便跨页浏览时起到提示参考的作用。无论是“表格属性”对话框还是“表格工具”选项卡，均可以实现该效果。

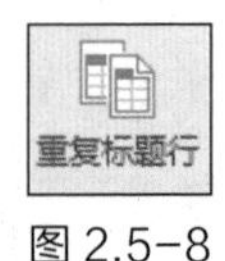

图 2.5-8

2.6　内地企业红筹上市注意事项

2.6.1　设计思路

对于纯文字页面要考虑文字内容的层级，每一个层级用什么样式来表现，数字页面看上去最舒服。本章和上一章相比，版式由一栏转换为了两栏，因此本章是另一个逻辑章了。

2.6.2 操作细节

当确定本章的设计思路以后，还要考虑它所需要的设计技巧和操作功能。以下是本章所涉及的功能点，图 2.6-1 为完成图。

内地企业红筹上市程序以及“买壳”上市分析　　内地企业红筹上市注意事项

5. 内地企业红筹上市注意事项

5.1 非经营性资产的剥离

由于过往我国很多企业均为国家所有，一般都拥有及管理非经营资产作为对职工提供福利，例如职工食堂、娱乐设施、职工培训学校及医疗中心等。为使企业在上市时提高对投资者的吸引力，这些非经营性资产必须从上市公司划出并通过协议合作关系，按有偿原则，由上市公司接受非经营性质资产所提供的服务，作为对原职工在上市前提供相应的福利。

5.2 资产评估，产权清晰

资产评估的主要作用是对企业现时所拥有及使用中的资产做一次全面性的财产核资，并且将有关的资产的产权明确界定。国有企业在过往一般都没有对资产有很明确界定，因过往的概念是所有资产都属国家所有，但在上市的过程中，企业的发展前景及资产净值对其股份的投资者至为重要，因此企业必须在上市前搞清其拥有的资产值及所有权等问题。

企业资产进行评估以后，还需将有关的资产评估报告向国有资产管理部门及国家土地管理部门报批，一般而言，在获得这两个部门就资产评估报告发出的确认书后，企业方可成立股份有限公司。

5.3 关联交易的处理

关联交易指上市公司或其子公司与关联人士之间的任何交易。就我国发行人而言，关联人士指我国发行人或其附属公司的发起人、董事、监事行政总裁或主要股东，或任何该等人士的联系人。《上市规则》对此有特别规定，目的是防止上市公司的关联人士利用其在上市公司的权力或影响，在上市公司进行关联交易中牟取不当利益。如果公司在申请上市时不能解决有关问题，可能被视为不适合上市。

一般而言，上市规则将关联交易分为三类：

- 已获取的股东批准而无须予以批露的关联交易
- 只需在下一次刊发的周年报告及账目内，以及在报章公告内予以披露的关联交易
- 必须在股东大会上获独立股东批准后方可进行的关联交易

关联交易的存在对许多大型国企来说，往往是不可避免的，交易所理解内地企业的特点和处理关联交易的特殊性，只要能遵守交易所的有关规定，并不会影响到企业的上市，这与存在同业竞争情况有所不同，但是，如果在企业经营过程中经常大量发生关联交易，且不能获得交易所的豁免，那么对上市公司及其主要股东乃至其附属企业，将增添很多工作与不便，要花费相当的时间、精力、金钱来处理有关事务，不仅大大增加交易成本，而且使其经营的迅速、灵活受到一定限制。所以，企业在上市之前，均应尽量减少关联交易的发生，并使可能发生的交易大部分符合能取得交易所限制豁免的条件，或能适用较为宽松的限制措施。

根据我们过往经验，我国发行人在业务经营中涉及持续进行的关联交易的情况较多，特别是大型国企集团内的其他企业与上市公司之间大多存在长期业务合作关系，就中外运集团而言，中外运集团下属的船队、汽车运输公司、仓储公司、代理及配送公司之间存在长期业务合作，集团公司同时向上市公司提供电力、水、后勤服务、宿舍/住房等等，上诉交易均构成持续进行的关联交易。

在重组过程中，我们需要通过全面尽职调查，在尽早阶段发现任何存在/可能存在的关联交易，取得全面资料后做出分析判断，以根据交易所和上市规则的要求规范有关交易文件，做出重组安排并向交易所提出豁免申请，同时把有关的关联交易在招股书中做出披露。

8

图 2.6-1

2.6.2.1 理清思路，提前划分逻辑章

逻辑章的划分并非一成不变，而是根据版式需求随时调整和变化的，因此要随时按需添加对应的逻辑章，删除或合并无用的逻辑章。在这里可以考虑一下，在“2.3 红筹上市项目各中介机构的工作范围及分工”一节中已使用过两栏版式，此后才又将两栏版式转换为一栏版式。试想如果提前做好预判并打好腹稿，是否可以清晰地梳理清楚每一章所需版式？如果可以，则无须不断插入新的逻辑章并不断转换版式，而仅需在开始时以最简单的一栏逻辑章为基础，添加所需的各个两栏逻辑章并调整版式即可，这样各个两栏逻辑章之间间隔的逻辑章就是单栏逻辑章，也就无须反复调整各个新增逻辑章的分栏版式了，如图 2.6–2 所示。

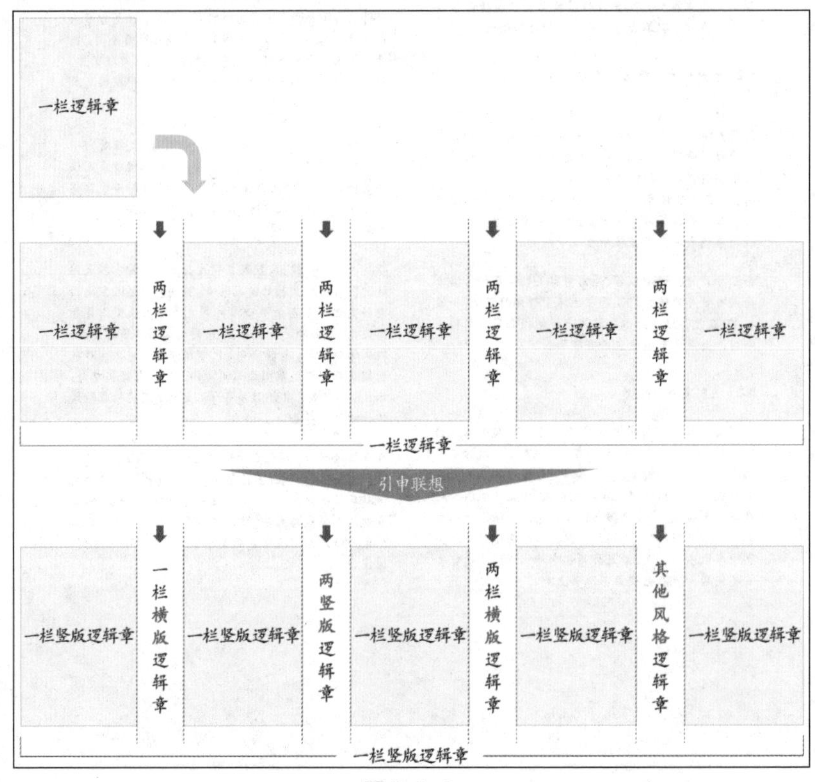

图 2.6–2

核心思路是认定一种逻辑章为当前文件的主逻辑章，而其他各种类型的逻辑章均为在此主逻辑章上演化而得。这样在文档架构搭建时将会节省很多

时间。比如，因未定义主逻辑章而按顺序搭建，而后不得不在衍生逻辑章后重新搭建主逻辑章格式所花费的时间。

逻辑章的添加和合并很简单，但一定要注意其中蕴含的逻辑性。在添加时，要考虑页眉与页脚的连续性；而在合并时，要考虑页眉与页脚内容的变化性，即所显示页眉和页脚信息是否为所需逻辑章信息，或者是否为所删除逻辑章的信息。

2.6.2.2 层级清晰

在制作 Word 文件时，为文件中的标题、文本、表格等设置样式是必不可少的操作。有效的层级划分将使纯文本文件显得更加干净整洁、富有逻辑性。

该章中有 4 个层级，分别为一级标题、二级标题、正文文本和一级点句。要注意，在设定样式时，一级标题和二级标题之间的距离要大于二级标题和所对应正文内容之间的距离，每个二级标题与前一段文本的距离要大于该标题所对应正文内容之间的距离，这样会使层级看上去更加清晰。正文中有点句时，若正文首行并未空两格亦要把点句左侧缩进清零，因为文本左边是没有边距的，且首行也未缩进，这样点句和文字左边看上去更加整齐、规范。

2.7 红筹主板上市的基本上市要求与其创业板有何分别

2.7.1 设计思路

本章与上一章结构相同，为了保证整个文件的统一性，本章内容所采用的样式和上一章相对应内容样式保持一致。已经在模板里设置过样式了，只需要选中相应内容，直接应用相应样式即可。

本章和上一章版式相同，均为两栏显示，因此从逻辑章上考虑，本章与上一章应属于同一逻辑章。进而可以判断出本章和上一章之间不存在分节符。

2.7.2 操作细节

当确定页面设计思路以后，还要考虑它所需要的设计技巧和操作功能。以下是本章所涉及的功能点，图 2.7-1 为完成图。

内地企业红筹上市程序以及"买壳"上市分析　　红筹主板的基本上市要求与创业板有何分别

6. 红筹地主板的基本上市要求与创业板有何分别

6.1 业绩记录和盈利要求

主板上市公司须至少有三年业绩记录（若干情况例外），在最近财政年度录得2000万元溢利，并在再之前两个财政年度总共录得3000万元的盈利。

创业板则无盈利记录要求，但公司须于申请上市前24个月有活跃业务记录（规模及公众持股权方面符合若干条件的公司，则可减免至12个月）。

6.2 主营业务

主板并无明确规定公司须有主营业务，但创业板上市的公司则须拥有主营业务。

6.3 聘用保荐人

有关聘用保荐人的要求于主板公司上市后即告终止（H股发行人除外：H股发行人须至少聘用保荐人至上市后满一年）。

创业板公司则须于上市后最少整整两个财政年度持续聘用保荐人担当顾问。

6.4 委任独立非执行董事

主板公司须委任至少两名独立非执行董事，交易所亦鼓励（但非强制要求）主板公司成立审核委员会。

创业板公司则须委任独立非执行董事、合资格会计师和监察主任以及设立审核委员会。

6.5 最低公众持股量

主板上市公司的最低公众持股量须为5000万元或已发行股本的25%，以上市时两者中较高者为准（如果发行人的市值超40亿元，则该比例可由交易所酌情降低至不少于10%）。

创业板方面，市值少于40亿元的公司的最低公众持股量须占25%，涉及的金额最少为3000万元；市值相等于或超过40亿元的公司，最低公众持股量须达10亿元或已发行股本的20%（以两者中之较高者为准）。2001年10月1日之前上市的公司则须遵守公司上市之时的最低公众持股规定，有关规定内容与上文所述略有不同。

6.6 财务报表的时间要求

主板上市公司须于公司股东周年大会召开日期至少21天前，及有关财政年度结束后4个月内发表年报，另须就每个财政年度的首6个月编制中期报告。

创业板上市公司则须于财政年度结束后3个月内发表年报，并于有关期间结束后45天内发表半年报告及季度报告。

9

图 2.7-1

在具体操作时，常规操作一般是依次选中内容设置样式。为了节约时间，可以考虑同一类别样式统一设置的方法，运用 <F4> 键来操作即可。<F4> 键的功能是重复上一操作，先选中一个二级标题并设置其样式，而后再选中下一个二级标题并按 <F4> 键以设置其样式，此后以此类推，这样将有效减少反复寻找样式所需的时间。在处理多页乃至上百页的文件时，此方法将会为您节约大量的时间。

2.8 “买壳上市”分析

2.8.1 设计思路

该章中包含文本、图形和表格等多种元素，在设计页面时，考虑到 PPT 图形的灵活性以及其以对象文件嵌入 Word 中的便捷性，我们选择在 PPT 中制作所需图形。为了进一步应用 Word 的表格功能，可以在 Word 中给带标题的图形插入表格，并将标题放到 Word 表格之中，而后将在 PPT 中制作的图形插入此表格之中。图形中的文字大小要与 Word 中文本文字大小相匹配，差距不宜过大。

2.8.2 操作细节

当确定本章的设计思路以后，还要考虑它所需要的设计技巧和操作功能。以下是本章所涉及的功能点，图 2.8–1、图 2.8–2 及图 2.8–3 为完成图。

2.8.2.1 图文混排

Word 中经常会有图文混排的情况，在排列的时候要保证图形撑满整个页面，并与文本内容同宽，图形中文字大小与正文文本文字大小相匹配。对组织结构图，尽量保证每个矩形的长宽一样，连接线要用折线而非斜线，这样看上去整齐。

图文混排不仅仅是图形、图片和文字的混排，也包括表格和文本的混排、表格和图形的混排等。在这里同样需要注意表格中文字大小和正文一级图形中文字大小的比例，切记表格不要“喧宾夺主”。同时应用好表格的特性，使之成为正文文本和图形之间过渡的有效媒介。

7. "买壳上市"分析

7.1 什么是"买壳上市"？

- "买壳上市"是指买壳方先取得一家已上市公司("壳公司")的控股权，并在获取控股权后向壳公司注入资产和业务。这样，买壳方既达到上市目的，又避免了资产、业务审查等繁复的上市申请程序
- 简单来说，买壳上市主要分为两个阶段，即控股权转让和注入/出售资产

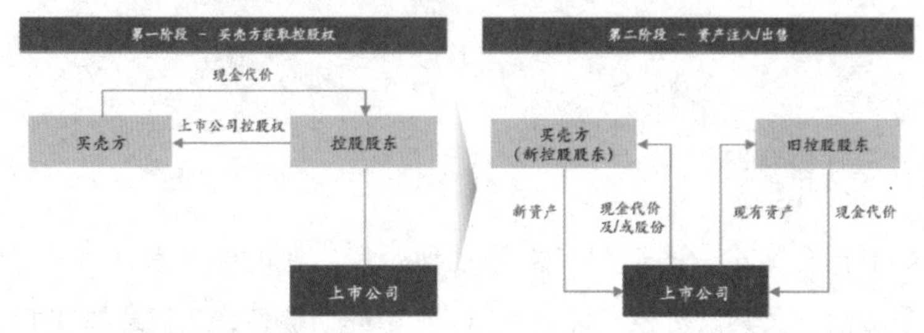

- 除注入资产外，买壳方也可以在取得控股权后选择性地向旧股东或第三方出售上市公司现有资产
- 完成买壳后，上市公司将成为买壳方在资本市场的有效工具，买壳方可以通过上市公司进行一切符合相关法规的收购和融资活动

7.2 为什么选择买壳上市？

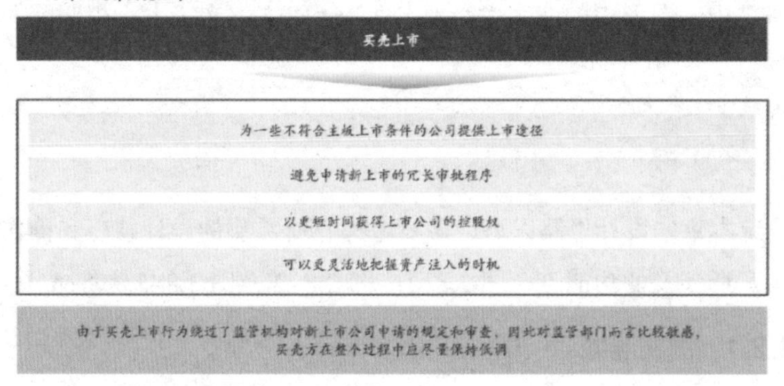

- 如果公司不符合主板上市申请条件，除了买壳上市以外，也可以考虑申请在上市要求比较宽松的创业板上市。下面列出买壳上市与创业板上市的比较

图 2.8-1

内地企业红筹上市程序以及“买壳”上市分析　　“买壳上市”分析

7.3 买壳上市与创业板上市的比较

买壳上市（主板）	创业板上市（创业板）
■ 通过收购上市公司控股权获得主板上市地位 ■ 买壳方需要支付收购溢价 ——“壳价”（通常壳价大约为4000万至6000万元，但实际数目需要根据壳公司的资产素质和负债情况由买卖双方来决定。双方也可以通过谈判，灵活地制定付款的办法和时间） ■ 由于可能存在或有负债，所以买壳上市的风险较高，尽职调查需要缜密、全面 ■ 可以很快获取上市公司的控股权，但鉴于注资的相关规定，完成整个买壳注资的时间可能比正式申请上市还要长（请参阅第二章） ■ 买壳方对壳公司股东诚信的依赖程度较高	■ 创业板的上市要求比较宽松。即使公司不能够申请主板上市，也可能符合创业板上市的条件 ■ 自创业板成立以来，声誉每况愈下，并且在该板上市的公司质量参差不齐，致使： – 很多投资者对创业板上市公司没有信心，这直接影响了创业板公司股票的价格和成交量 – 大部分银行都不接受创业板上市股票作为抵押品

7.4 选择壳公司的主要考虑因素

股权结构	■ 股权集中，资本结构简单，能够在最短时间内完成谈判过程，取得壳公司的控制权
风险	■ 选择一些风险低的公司 – 壳公司和控股股东记录良好，没有违反任何法规，也没有受到法规部门的调查 – 有“清洁”和经审核的资产负债表 – 存在隐藏负债/债务/或有负债的可能性较低的公司 – 营运风险低的公司
壳公司的规模	■ 如果是规模较小的壳公司，买壳方将能够以较低的成本获取上市公司的控制权 ■ 但如果壳公司的规模太小，未来注资计划可能需要较长时间才能实现，而且注资规模和能力也受到局限（请参阅第二章）
资金需求	■ 在目前的市场环境下，大部分壳公司的控股股东都希望尽快利用持有的股份套现 ■ 买壳方在收购控股股东的股份后，需要向壳公司的所有股东发出强制收购要约，要约的收购价格必须与向控股股东支付的收购价相同（请参阅第二章）。因此，买壳方在买壳上市初期需要为进行收购而准备足够的资金，这些资金可以在日后通过向上市公司注入资产逐步返还给买壳方 ■ 买壳方可以选择一些业务出现困难，财务（还款能力）出现问题的公司作为收购对象，这主要考虑到壳价较低，同时收购行为比较容易被监管部门接受。但这些公司的财政状况比较复杂，而买壳方在收购时也需要与债权人协商，制定一个合适的债务问题解决方案

相关银行可以协助挑选合适的壳公司并协助进行谈判、估值等一系列后续工作。

11

图 2.8-2

内地企业红筹上市程序以及"买壳"上市分析　　"买壳上市"分析

7.5 买壳上市的程序和监管法规

第一阶段 —— 获取壳公司的控股权

一般而言，有多种买壳和注资的方式可供买壳方选择。根据实际情况，买壳方可与壳公司大股东达成共识，采取一种为买壳方保留最大灵活性的方式，并使有关交易既可以符合监管法规的要求，也能够同时满足买壳方和壳公司股东的意愿。

■ 买壳方主要通过两种方式来获取公司的控股权

　— 购买新发行股份

　— 购买壳公司股东持有的旧股

7.5.1 方法一

买壳方可以利用现金和/或注入资产，大量认购壳公司发行的新股份。这样可以：

■ 避免进行全面收购。如果这项新股发售在股东大会通过，买壳方就不需要像所有股东提出强制性全面收购要约

■ 壳公司的股东将继续持有壳公司股份，但是股权比重会被显著摊薄

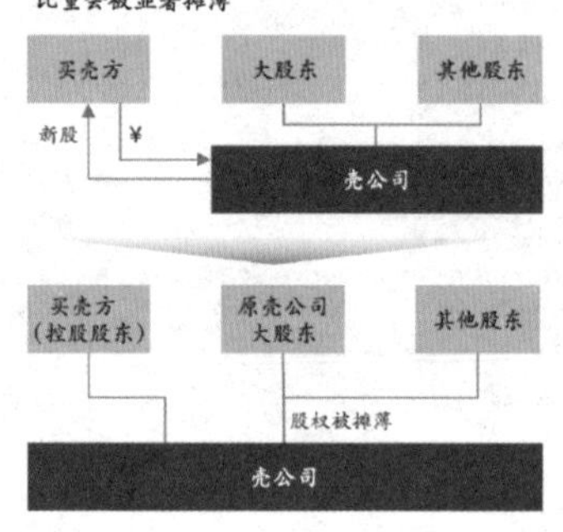

7.5.2 方法二

买壳方从壳公司的大股东购入控股权。

■ 收购及合并守则要求买壳方在购入壳公司的控股权后，必须向壳公司的所有股东提出强制收购要约

　— 所有股东均应获得买壳方提供给大股东的同样的收购条件（包括收购溢价）。这项规定禁止买壳方额外给予壳公司的大股东任何报酬作为出售控股权的条件

　— 因此，买壳方需要准备足够资金，作为进行全面收购的前提和基础。这些资金可以在日后进行注资时逐步返还给买壳方。若完成全面收购后，壳公司的公众持股比例低于相关法规要求（25%），则公司必须发行新股以保证足够的公众持股比例

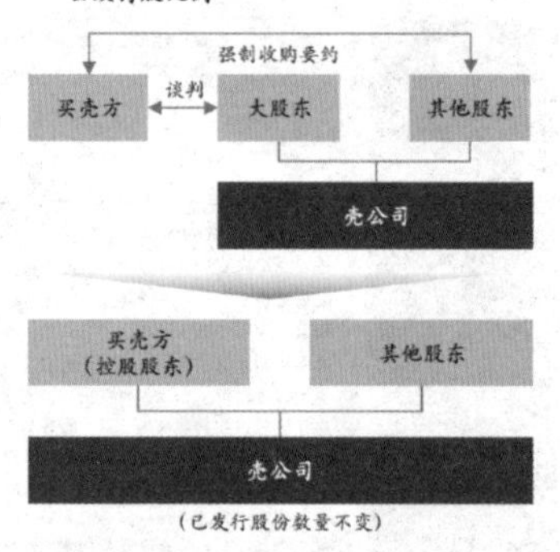

■ 当注资概念非常受市场欢迎的时候［如壳公司获得注入与我国有关的资产和业务（"染红"），或注入高科技业务］，壳公司的股东都比较愿意接受以第一种方法让出壳公司控股权，同时保留自己的股份，分享注资后股价上升带来的利润

■ 但是，在目前的市场环境下，大部分壳公司的控股股东都希望尽快向买壳方出售手上股份，获取现金。所以，第二种方法更符合目前大部分壳公司股东的意愿和现有的市场环境

进行买壳时，买壳方必须对外公布将来注入/出售资产的计划。

12

图 2.8-3

图文混排中的图形是文档中的增色部分，也是文档制作水平的加分项，因此要审慎地对待文档中的各个图形，使之成为可以辅助理解、解析逻辑关

系的关键信息点，亦成为提升当前页面设计感与整体美观度的必要元素。

2.8.2.2 表格的多样性

Word 中表格展现方式很多时候取决于边框和底纹的应用逻辑。为表格添加适当的底纹，既有助于标题与内容的区分与辨识，又可以起到美观和风格统一的作用，如图 2.8-4 中的案例所示。熟练运用表格边框不仅可以增加表格的可读性，还可以辅助页面架构划分，体现页面工整格式。

7.3 买壳上市与创业板上市的比较

买壳上市（主板）	创业板上市（创业板）
■ 通过收购上市公司控股权获得主板上市地位 ■ 买壳方需要支付收购溢价——“壳价”（通常壳价大约为4 000万至6 000万元，但实际数目需要根据壳公司的资产素质和负债情况由买卖双方来决定。双方也可以通过谈判，灵活地制定付款的办法和时间） ■ 由于可能存在或有负债，所以买壳上市的风险较高，尽职调查需要缜密、全面 ■ 可以很快获取上市公司的控股权，但鉴于注资的相关规定，完成整个买壳注资的时间可能比正式申请上市还要长（请参阅第二章） ■ 买壳方对壳公司股东诚信的依赖程度较高	■ 创业板的上市要求比较宽松。即使公司不能够申请主板上市，也可能符合创业板上市的条件 ■ 自创业板成立以来，声誉每况愈下，并且在该板上市的公司质量参差不齐，致使： – 很多投资者对创业板上市公司没有信心，这直接影响了创业板公司股票的价格和成交量 – 大部分银行都不接受创业板上市公司的股票作为抵押品

图 2.8-4

在 Word 中，通常借用表格来插入图形或者图片，让图形或者图片更加规整地排列在 Word 文档中。另外可以通过表格来表现文字内容，通过设置表格底纹和边框让读者一目了然。标题可以放在左边第 1 列，如图 2.8-5 所示，也可以放在第 1 行，具体怎么放根据实际内容和需求来决定。

7.4 选择壳公司的主要考虑因素

股权结构	■ 股权集中，资本结构简单，能够在最短时间内完成谈判过程，取得壳公司的控制权
风险	■ 选择一些风险低的公司 – 壳公司和控股股东记录良好，没有违反任何法规，也没有受到法规部门的调查 – 有“清洁”和经审核的资产负债表 – 存在隐藏负债/债务/或有负债的可能性较低的公司 – 营运风险低的公司
壳公司的规模	■ 如果是规模较小的壳公司，买壳方将能够以较低的成本获取上市公司的控制权 ■ 但如果壳公司的规模太小，未来注资计划可能需要较长时间才能实现，而且注资规模和能力也受到局限（请参阅第二章）
资金需求	■ 在目前的市场环境下，大部分壳公司的控股股东都希望尽快利用持有的股份套现 买壳方在收购控股股东的股份后，需要向壳公司的所有股东发出强制收购要约，要约的收购价格必须与向控股股东支付的收购价相同（请参阅第二章）。因此，买壳方在买壳上市初期需要为进行收购而准备足够的资金，这些资金可以在日后通过向上市公司注入资产逐步返还给买壳方 ■ 买壳方可以选择一些业务出现困难，财务（还款能力）出现问题的公司作为收购对象，这主要考虑到壳价较低，同时收购行为比较容易被监管部门接受。但这些公司的财政状况比较复杂，而买壳方在收购时也需要与债权人协商，制定一个合适的债务问题解决方案

图 2.8-5

2.9 买壳上市的程序和监管法规

2.9.1 设计思路

本小节主要介绍组织结构图的制作。常规的组织结构图主要由矩形代表主体、连接线引出逻辑，主体要根据文字内容所表达的逻辑层级来区分颜色，连接线要逻辑清晰且尽量不要出现交叉，同时使用折线连接文档将显得更加规整。在当前 Word 文档中组织结构图要撑满整个页面，使页面看上去更加饱满，组织结构图中的相邻主体之间的距离要上下均分、左右均分，各个注释与连接线的距离和其与主体的距离应尽量相等，这样会使页面看起来更加严谨。

2.9.2 操作细节

当确定本章的设计思路以后，还要考虑它所需要的设计技巧和操作功能。以下是本章所涉及的功能点，图 2.9-1、图 2.9-2 及图 2.9-3 为完成图。

组织结构图是财务分析中最常见的基本图形之一。制作组织结构图时，首先应插入一个主体形状对象，修改其宽度、高度、圆角后作为表现主体的标准对象。之后通过复制粘贴快速构建相似对象，保证每个主体图形都是一样的大小。按照腹稿中的逻辑构架排版，接下来就是通过均分确定每一层级对象在页面中的准确位置，将主体元素均匀准确地分布在可编辑区域内。

要注意组织结构图的用色，我们一般根据主体的层级逻辑关系来使用不同的颜色进行区分。同一级别的内容使用同一种颜色。一般用色原则是根据模板规范来搭配。

组织结构图中需要用到连接线来连接各主体。在 PowerPoint 中插入绘制的线条，从形式上讲常用线条可分为 3 类：直线、折线与曲线。在线条一端添加箭头参数可绘制出带箭头的线条，因此带箭头的线条可忽略不计。在这 3 类之中，组织结构图连接线最为常用的是折线。因为当组织结构图中的内容较多时，折线比直线和曲线看起来更加规整。

8. 买壳上市的程序和监管法规

8.1 第一阶段 —— 注入新资产

- 为避免被视为绕过上市申请的规定和审查，很多买壳方都会在取得上市公司控股权后，等一段时间才进行注资
- 能够影响成功注资与否的监管规定包括：
  - “非常重大de收购事项”和“主要交易”的规定（请见下文）
  - “关联交易”的规定（请见下文）

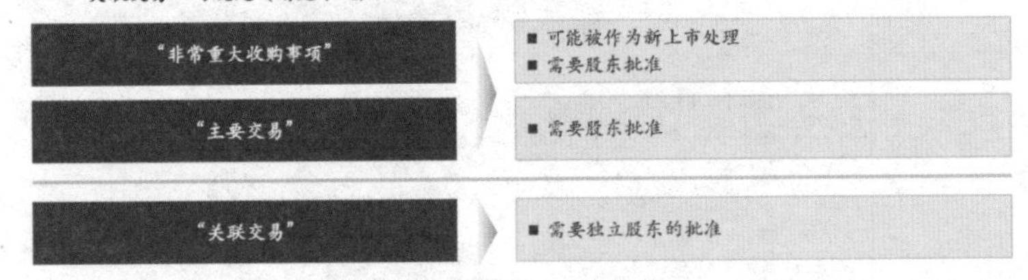

- 在买壳上市时，买壳方应对未来的资产注入做出周详的计划和安排（例如分批进行注资），使注资可以避免被视为“非常重大收购事项”，同时尽量降低被独立股东否决的风险

13

图 2.9-1

内地企业红筹上市程序以及“买壳”上市分析　　买壳上市的程序和监管法规

8.2　“非常重大收购事项”和“主要交易”

- 评定是否为“非常重大收购事项”和“主要交易”，必须将上市公司与新注入的资产在以下 4 个方面进行比较，即**资产规模、盈利情况、收购价格、为收购而发行的新股份**

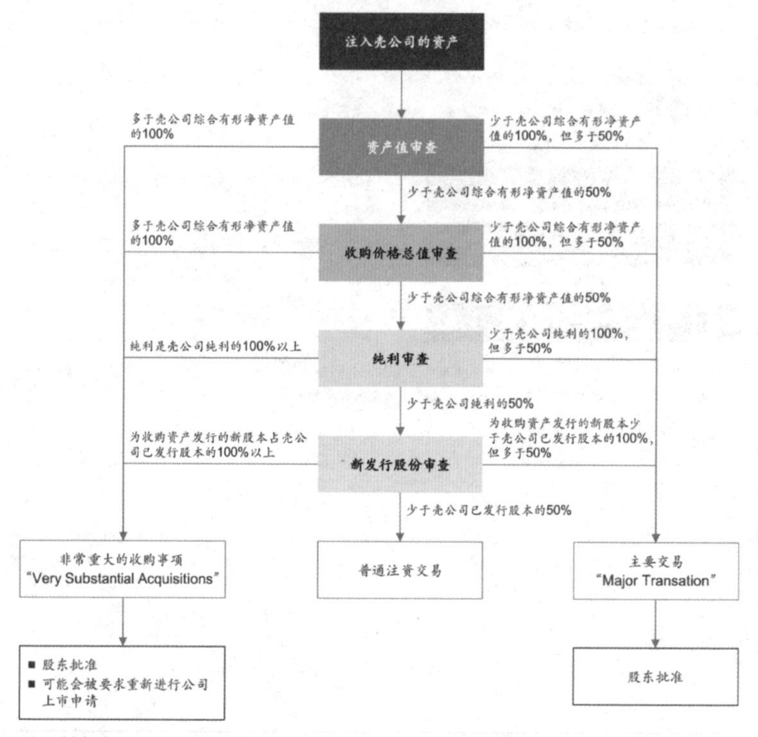

只要注入资产在任何一个比较中超过壳公司的 100%，将会被定义为“非常重大收购事项”；如果在所有的比较中，注资项目都没有超过壳公司的 100%，但在任何一项超过 50%，则注资项目将被定义为“主要交易”。

因此，壳公司的盈利和资产规模将直接影响到买壳方整体的注资安排。

可考虑分批进行注资以避免被视为“非常重大收购事项”，但需要注意的是，如果在短期内（一般为 12 个月）多次进行性质相同的注资活动，则这一系列行为将被视为同一交易行为。

14

图 2.9-2

内地企业红筹上市程序以及“买壳”上市分析　　买壳上市的程序和监管法规

8.3 关联交易

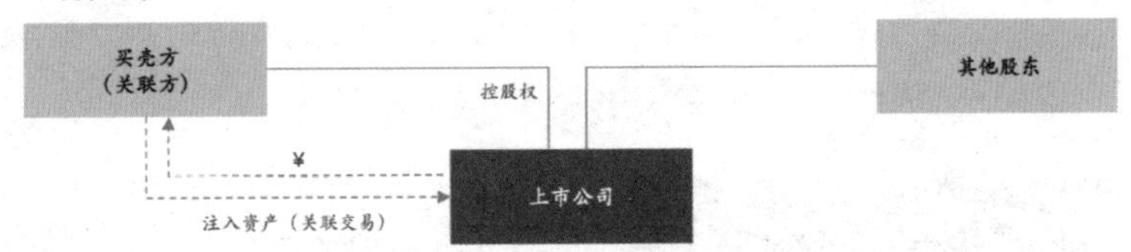

- 完成买壳后，买壳方将持有上市公司的控股权，所以将成为上市公司的“关联方”
- 上市公司向买壳方收购资产将会是一项关联交易，需要上市公司独立股东的批准

8.4 第二阶段 —— 出售资产

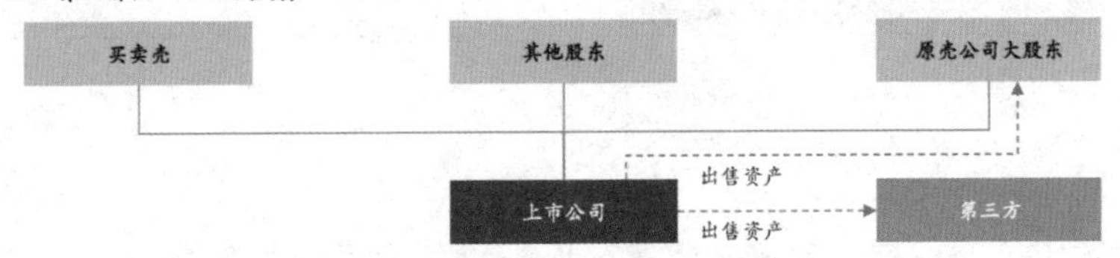

- 视乎出售资产的规模，如果出售资产为“主要交易”行为，则需要股东批准
- 同样的，在短期内多次进行性质相同的出售资产的活动，其累计交易额达到“主要交易”的标准，则这一系列行为被视为“主要交易”行为
- 如果完成卖壳之后，原壳公司大股东仍持有上市公司10%或以上的股份，他将仍然是上市公司的关联方，向其出售资产属于关联交易，需独立股东批准

15

图 2.9-3

制作图形时一定要注意内容本身的主次和文本的多少，根据内容逻辑关

系来区分主次，不能为了整齐而忽略内容的逻辑关系。如图 2.9-4 所示，之所以会在图形中第 2 行和第 3 行中间加横线，就是为了表明上面两行是一部分，第 3 行是一部分，如果不做区分，很容易产生歧义，让人认为这是 3 部分。

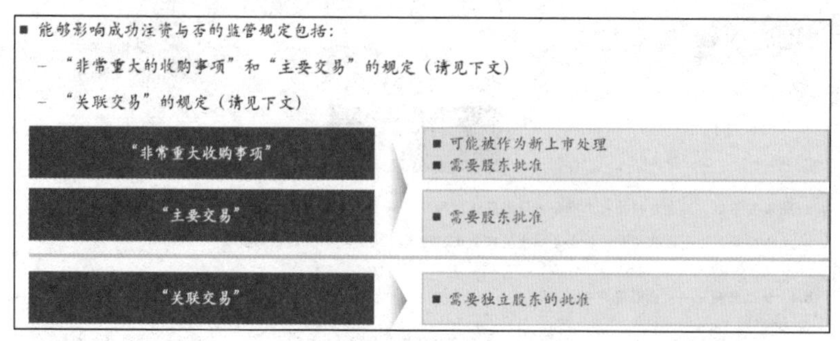

图 2.9-4

同样，文本内容的多少对于图形的设计也十分重要，设计时要先将文字量最大的主体的标准对象确定下来，而后以其为范本制作其他主体对象。若反其道而行，则很有可能因后期某个主体文字量过大而不得不调整主体对象大小，进而影响整个组织结构图的布局。

2.10 买壳上市时间表

2.10.1 设计思路

该时间表中的两维关系也可使用表格进行搭建，但因为时间长度及关键点包含箭头这种不规则形状，在 Word 中不好制作，所以借用 PowerPoint 可将浮动在页面上多样化图形、表格、文本框等对象快速组合的特性，进行更快捷的、丰富的视觉化表达，然后将 PPT 页面以幻灯片对象的形式选择性粘贴进 Word 页面，如图 2.10-1 所示，最终得到想要的效果。

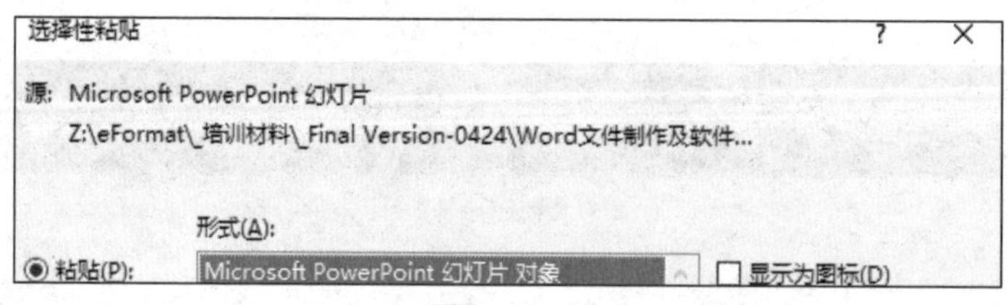

图 2.10-1

2.10.2 操作细节

当确定本章的设计思路以后，还要考虑它所需要的设计技巧和操作功能。以下是本章所涉及的功能点，图 2.10-2 为完成图。

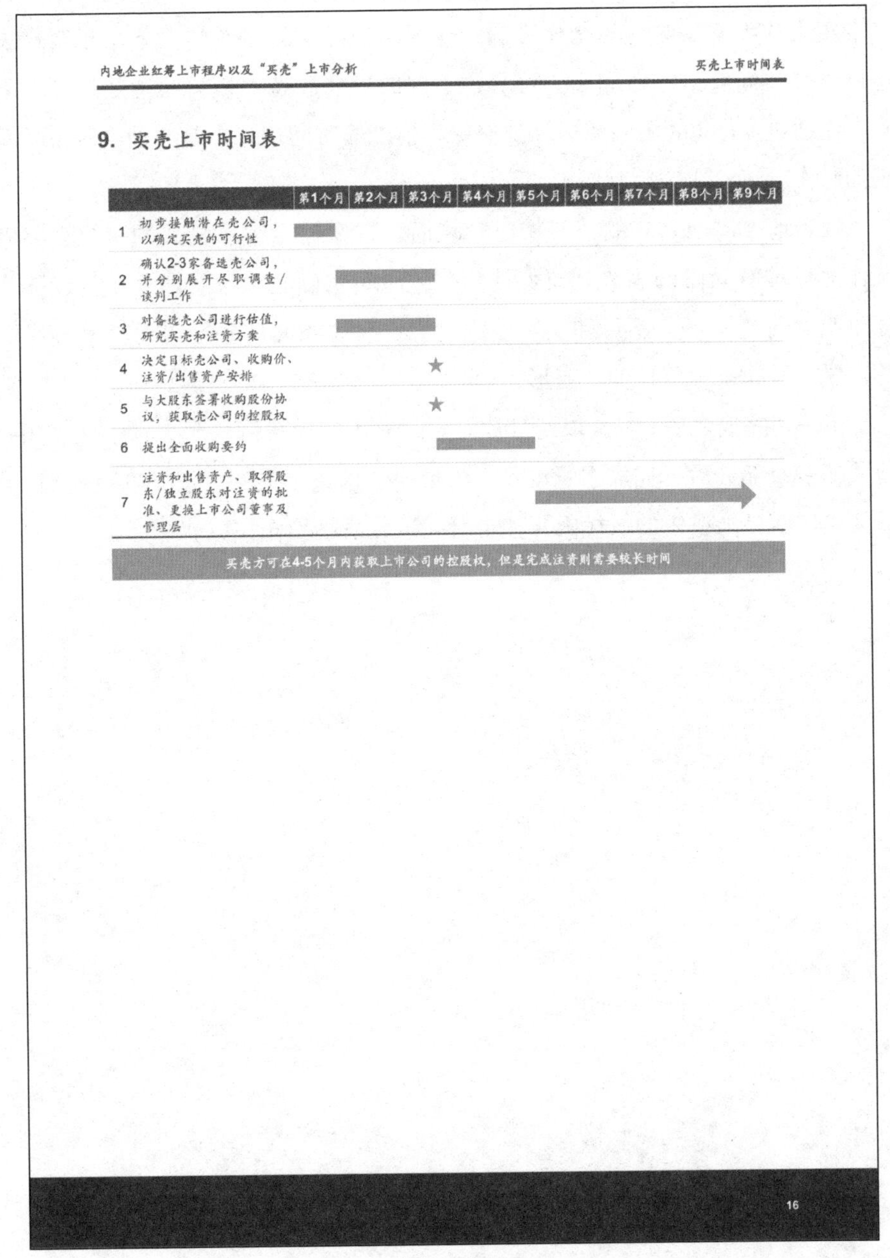

图 2.10-2

时间表作为项目执行的关键参考之一，在项目材料的制备中必不可少。若无特殊形状要求，可以通过 Word 自带表格进行时间表的制作与规范，但在一些特殊情况下，则需变通处理。

如当前案例中的 PowerPoint 表格结合浮动时间线和星状时间点就是一种非常实用的类表格时间表制作方法。此种制作方法大多数情况下用于制作表达概念性时间安排的时间表，可通过不同的形状和特效使得表达效果更加丰富。而通过 Excel 的图表或运算制作更为精准的时间表，也是一种类表格时间表的制作方法，在这里我们不展开说明。

就当前 PowerPoint 的类表格时间表而言，要注意整体格式的一致性，以及作为标准时间段的表格列要保持均分；时间长度起始位置和截止位置与标题时间的对比关系，不可和实际差距过大；时间条要放置在单元格垂直居中的位置；时间条不可拉伸、变形；等等。

待一切完成之后，将其以幻灯片对象的形式选择性粘贴至 Word 文档之中，剪裁掉多余部分后，完成本章制作。最后，全选整个文档，按 <F9> 键更新当前文档包括目录在内的域代码，整个研究报告最终制作完成。

第3章

Word 中的文字

3.1　文档通用项目

使用 Word 的初心在于文字编辑，而其基本元素就是每一个文字或单词，若要用好 Word，文字的编辑和设置可以说是基础。下面我们就使用研究报告中的内容（图 3.1–1）演示文字的编辑设置效果。

<table>
<tr>
<td>一、行业公司动态追踪：业内企业面临转型，传统业务有待创新

大数据板块：天一公关——传统业务将面临调整

● 天一公关增发失败，但公司云端项目仍面临扩张转型。根据公司股东大会通过的12亿元的云端建设项目，其中，2.1亿元用于建设FHC13云端系统集成项目；约10亿元将投入到云端大数据项目，其中4亿元用于新建大数据抓取分析机房，近6亿元用于子公司大数据整合项目投入。这些项目可能均是云端项目下一步扩张转型的必需。再融资的失利，恐怕逼迫天一公司另寻其他路径融资，同时加大融资的压力</td>
<td>这一片段的文本涉及3种样式，第1段为编号列表段落，也叫一级标题样式，第2段为正文段落，也叫正文标题样式，第3段为项目符号列表段落。</td>
</tr>
</table>

图 3.1–1

报告中的内容一般会分出几个总结语句作为一级标题，作为下面内容的导航指南，而这些一级标题多使用“一，二，三（简）...”编号样式，以便能快速浏览整个报告的重要内容。

3.1.1　编号列表

编号列表的创建方法。选中需要增加编号的段落，在“开始”选项卡的“段落”组中单击“编号”按钮右边的下拉按钮，如图 3.1–2 所示。编号的样式可以是阿拉伯数字、罗马数字、英文字母、中文数字等任何可以表示有序排列的系列。可以从预设中直接选择需要的编号样式。

此下拉列表框下方有一个“定义新编号格式”，单击后弹出“定义新编号格式”对话框，在“编号样式”的下拉列表框中选择“一，二，三（简）...”，如图 3.1–3 所示。

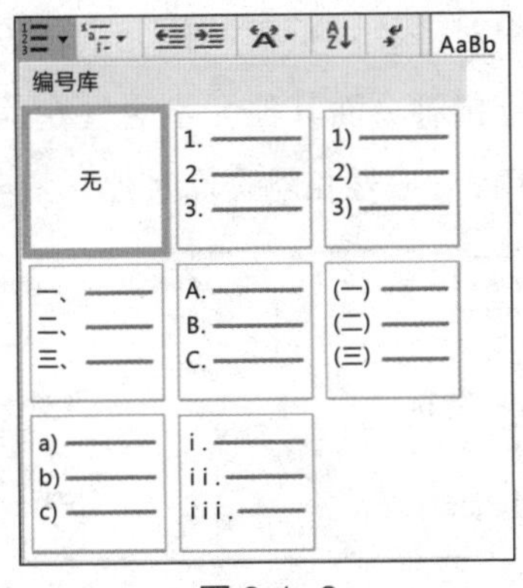

图 3.1-2

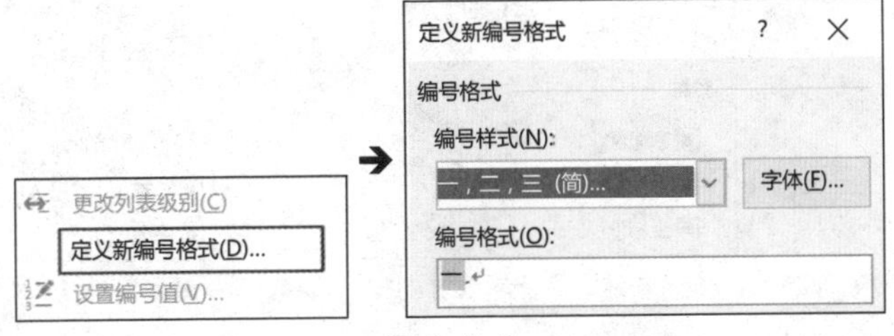

图 3.1-3

编号由变量和常量组成，变量就是有序序列值，常量可以是符号，如“小数点”“、”“）”等，也可以是文字，如图 3.1-4 所示。变量可以放在常量的前面、后面或者中间。单击文本框，可以添加常量，有序变量显示为灰底色文字。选择“一，二，三（简）...”中文编号样式时，大多需要将其后的常量改为“、”，以符合中文书写习惯。

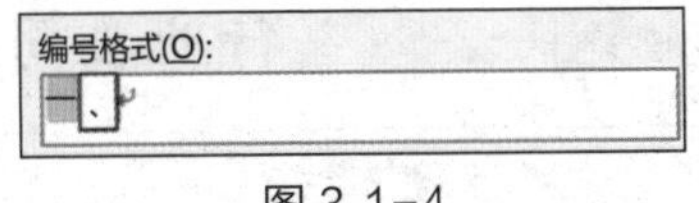

图 3.1-4

编号字体的默认格式与原段落文字格式相同，若有特别的需要，也可以在选择编号样式的时候，单击右侧的“字体”按钮进行自定义设置，如图 3.1-5 所示。

在“定义新编号格式”对话框中还可设置对齐方式，包含左对齐、居中、右对齐，如图 3.1-6 所示。以页面左边距（段落最左侧制表位）为基线，内容按照自动或设置的缩进显示，通过设置不同的对齐方式，编号发生偏移，内容位置则不改变。左对齐是指编号和基线左对齐，是编号的默认对齐方式；

居中是指编号和基线居中对齐，因页面其他元素（段落、表格等）以页面边距为边界范围，所以编号相对页面其他元素会往左偏一点；右对齐是指编号和基线右对齐，和居中相似，编号相对页面其他元素会往左偏。

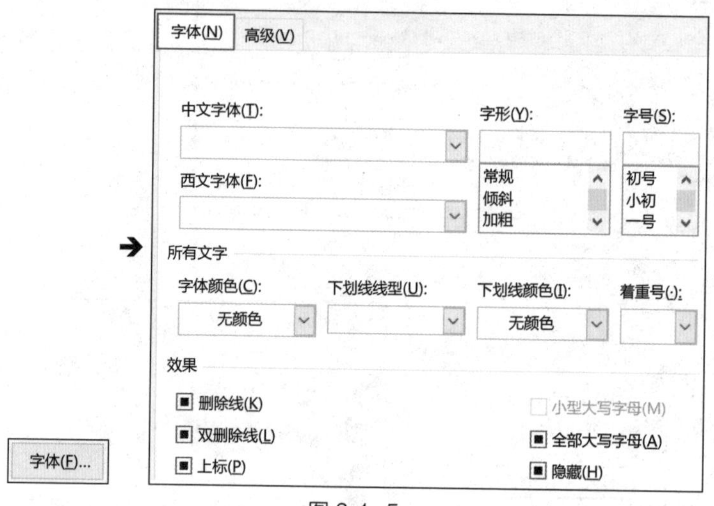

图 3.1-5

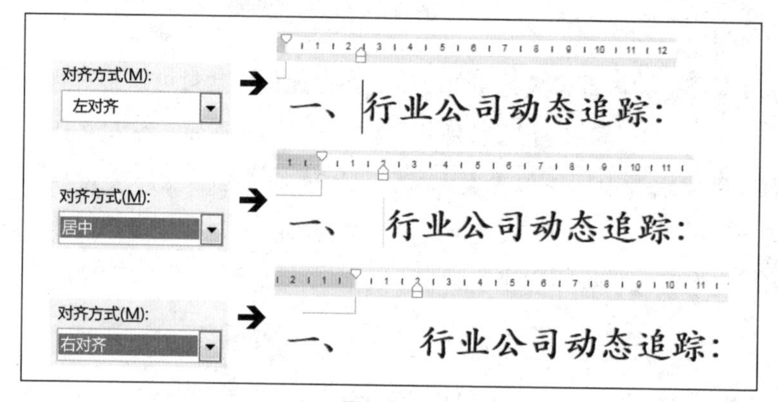

图 3.1-6

完成设置后，可以在对话框下面的预览区预览效果，如图 3.1-7 所示，当不满意效果时，可立即修改。基于上面所了解的对齐特性，不难看出图 3.1-7 中的编号对齐方式为“左对齐”。

当已设置段落编号后，单击编号，可激活“更改列表级别”和“设置编号值”，如图 3.1-8 所示。

（1）更改列表级别。要更改列表级别，则应在多级列表库中选择已经设置好的多级列表。

（2）设置编号值（图 3.1-9）。

勾选“前进量（跳过数）”复选框，只能设置大于列表前一条目的值，否则会跳出警告，如图 3.1-10 所示，当设置的值大于前一条目二及以上，则会添加跳过的条目为空段落，并将此段落条目的值设为当前输入值。

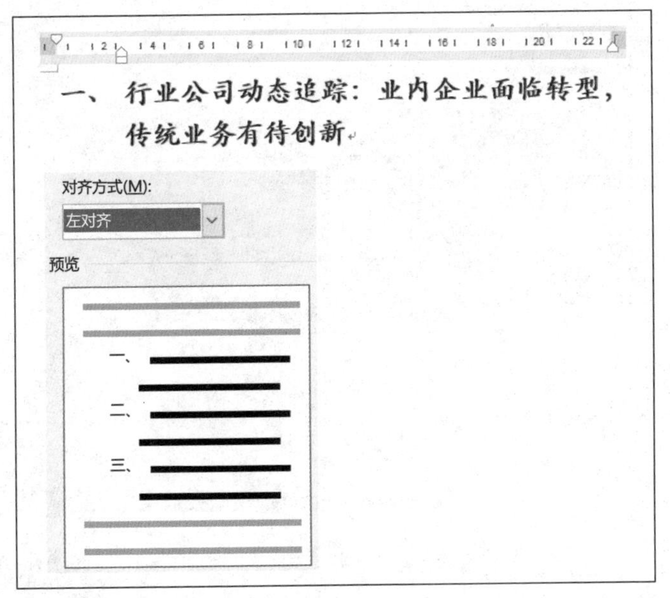

图 3.1-7

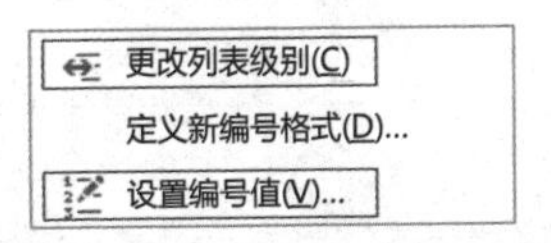

图 3.1-8

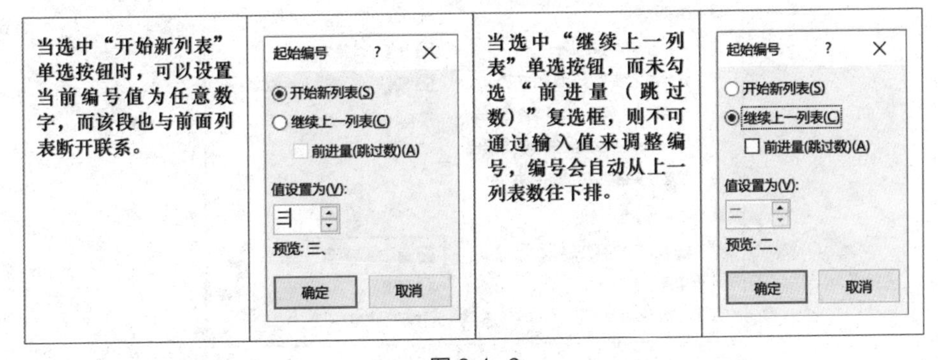

图 3.1-9

引用编号有两种方法：手动和自动。前者通过单击“开始”选项卡上的“段落”组中的“编号”按钮引用；后者则通过在“文件”选项卡上单击“选项”按钮，在弹出的对话框中单击“校对”标签，单击“自动更正选项”按钮，在弹出的“自动更正”对话框中切换到“键入时自动套用格式”选项卡中勾选“自动编号列表”复选框来引用，如图 3.1-11 所示。

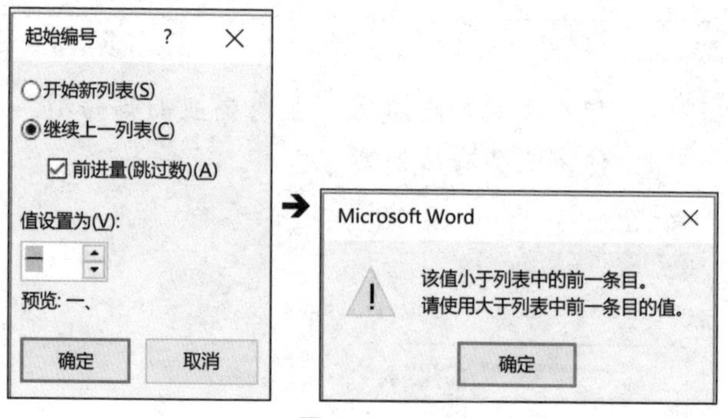

图 3.1-10

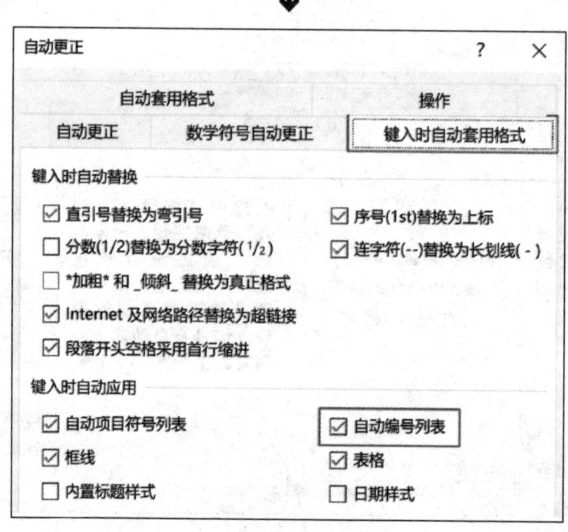

图 3.1-11

当在段首输入有序序列，如“一、二”“（一）（二）”“1、2”“（1）、（2）”，或输入大写字母 A、B 等也可在序列上添加常量，总之可以作为编号的都可以设置，然后按空格键或 <Tab> 键；当序列后跟有常量（“、”“。”“.”）时，可以不按空格键或 <Tab> 键；输入所需的文本，在段落结尾按 <Enter> 键添加下一个列表项，Word 会自动插入下一个编号。

在任意包含编号的段落结尾按 <Enter> 键，即可在下一新起段落前插入一个编号，可以输入新的内容，原有后续编号会自动调整。这种添加方法同样适用于项目符号。

可通过下面 4 种方法快速删除文档中的编号。

（1）当下一段不需要应用编号时，在当前段落结尾按两次 <Enter> 键，后续段落自动取消编号。

（2）将光标移到编号和正文之间按 <Backspace> 键可删除行首编号。

（3）选中（或将光标移到）要取消编号的一个或多个段落，再单击“编号”按钮。

（4）调整样式。

以上方法都可用于中断编号列表，删除当前编号，但最标准的方法则是第 4 种方法，这些删除方法同样适用于删除项目符号。

Word 中的项目符号和编号都是按段落标记，即在每个段落（前一段落以段落符结束）开始位置添加。而许多文档往往要将多个段落放在同一个项目符号或编号内，有以下 3 种方法可以实现。

（1）在第一段结束时按 <Shift+Enter> 快捷键插入一个分行符，即软回车，在下一行输入新内容时不会自动添加编号。这是应用了分行符可分开两行文字，实际新内容和前面的内容仍属一段的原理。

（2）在某个编号内的第一段结束后，按两次 <Enter> 键，删除该段的编号，也就是中断编号列表，输入内容。当在下面的段落中需要继续上一列表的编号，需重新单击“编号”按钮，添加列表编号，此编号会继续上一列表。

（3）中断编号列表并输入多段后，若下面的段落中需要继续上一列表的编号，可选择中断前任意一段带编号的文本，单击“格式刷”按钮，将此段落格式应用到需要编号的段落，即可继续上一列表的编号。也可以按 <Ctrl+Shift+C> 快捷键复制格式，按 <Ctrl+Shift+V> 快捷键粘贴格式。

可以发现，第 2 种和第 3 种方法其实都是通过中断编号列表来插入多段，之后再给下面的段落重新添加编号。相比较之下，第 1 种方法要方便些，但若段落带有缩进格式，则需在后续行通过特殊的方法模拟段落格式（如行首的缩进只能通过键入空格代替），从而“看起来”是另一段。

修改编号与正文的间距。编号与正文的间距以制表位控制，所以可通过调节制表位来调节间距。

复制含编号的文本，注意别“帮倒忙”。如果将包含编号的文本复制到新位置，新位置文本的编号会改变，通常会接着前面的列表继续编号。如果要和复制前的格式完全相同，需利用“设置编号值”对话框，选择“开始新列表”，这一点往往会被人忽略。

将编号转换为普通文字。编号具有方便、快速的特点，但复制、改变编号样式等一些操作不方便进行，此时可将编号转换为真正的文字编号。选中带编号的段落，按 <Ctrl+C> 快捷键，再在“开始”选项卡上单击“粘贴”下拉按钮，在弹出的下拉列表框中选择“选择性粘贴”，在对话框中选择“无格式文本”粘贴到新位置，编号就转换为文字了，但这种编号就不再是列表编号，不能自动排序。

自动编号虽然很方便，但也有其弊端，由于其太过灵活，在复制新的文字到 Word 中时有时会自动添加上项目符号或编号，就需要重新调整格式。如果想全面控制“编号”，不愿受“自动更正”的干扰或摆布，可在“自动更正”对话框中取消勾选“自动编号列表”和“自动项目符号列表”复选框。

设置好编号后，需要对该标题文字进行简单的格式设置，使其区别于正文等其他文本。先介绍一些基本编辑方法，使用快捷键代替用光标在屏幕上选择内容和位置，可提高效率。

- <Home>：将光标快速移动到当前行首继续编辑。
- <End>：将光标快速移动到当前行尾继续编辑。
- <Ctrl+Home>：将光标快速移动到文档顶部或封面。
- <Ctrl+End>：将光标快速移动到文档底部或最后一页。
- <Shift+Home>：选中从当前光标处到当前行首的内容。当需要删除当前行中当前光标位置之前的内容时，用此快捷键可瞬时完成操作。
- <Shift+ End>：选中从当前光标处到当前行尾的内容。与 <Shift+

Home> 快捷键对应。

- <Ctrl+Shift+Home>：选中从当前光标处到当前文档起始的全部内容。当需要删除当前光标位置之前的全部内容时，用此快捷键将代替按住鼠标左键一直拖动光标到文档起始处的操作。

- <Ctrl+Shift+End>：选中从当前光标处到当前文档结束的全部内容。当需要删除当前光标位置之后的全部内容时，用此快捷键将有效避免将光标放到当前位置，并通过滚条移动到文件末尾后按住 <Shift> 键，再在文件末尾处单击的烦琐。

- <Ctrl+ ↑ >: 回到段首（按段落向上移动光标，每次光标均停留在段首），与 <Ctrl+ ↓ > 快捷键配合可以快速实现在段落间的移动，当每段文字有几十行时此快捷键非常实用。

- <Shift+ ↑ >：从当前光标处向上按行选择内容。与 <Shift+ ↓ > 快捷键对应，<Shift+ ↓ > 是向下按行选择内容。

- <Ctrl+Shift+ ↑ >：从当前光标处向上按段选择内容，与 <Ctrl+Shift+ ↓ > 快捷键对应。

- <Ctrl+ ← >：将光标向左按单词或词组移动，与 <Ctrl+ → > 快捷键对应。在实际撰写文件时该快捷键有效减少了通过直接按方向键（以字符为单位在文字间左右移动光标）到达既定位置的按键次数。

- <Shift+ ← >：从当前光标处向左按字符选择内容，与 <Shift+ → > 快捷键对应。

- <Ctrl+Shift+ ← >：从当前光标处向左按单词或词组选择内容，与 <Ctrl+Shift+ → > 快捷键对应。

- <Ctrl+G>：切换到“查找和替换”对话框的“定位”选项卡，在参数中输入对应页码可快速定位到该页。

- <Ctrl+PageDown>：按页向下移动光标，适用于文档中一页页浏览的需要；与 <Ctrl+PageUp> 快捷键对应。

- <PageDown>：按屏幕显示向下移动光标，Word 中大显示比例下常会看到一页内容在当前屏幕下不能显示完全，PageDown 便是用于这种情况下，如此浏览方式既减少了滚轮浏览的跳跃与烦琐，与 <Ctrl+PageDown> 快捷键相比，又不会漏掉页面一部分展示信息；与 <Ctrl+PageUp> 快捷键对应。

- <Shift+F5>：将光标定位到最后一次编辑的位置。当大家向前查找内容或打开此前编辑的文件时，通过此快捷键可以快速回到最后一次编辑的位置。在编辑过程中 Word 可以记忆输入或编辑文字的最后 3 个位置，因此在编辑过程中如果重复执行这组快捷键，光标将在这 3 个位置间切换。当文档保存之后，Word 仍将记住最后一次编辑的位置，亦可用此功能在新打开的过往文档中快速回到以前最后一次编辑的位置。可以应用此功能快速查看当前版本的最后修改是否为最新修改，进而确认此文件是否为最终版。在这里要提醒大家的是，如果在存储并关闭文档前光标所停留位置不是最后修改的位置，则 Word 将会定位到光标停留的位置而非最后修改的位置。
- <Alt+Shift+ ↑ >：将光标所在段落选中后向上移动一段，与 <Alt+Shift+ ↓ > 快捷键对应。此功能可以帮助大家快速调整段落顺序，可用于研究报告中非联动注释的顺序调整。
- <Alt+Shift+ ← >：选中当前整段文字，若当前段落样式为次级标题，则应用此快捷键可提升为一级标题样式；与 <Alt+Shift+ → > 快捷键对应。由于大多数专属模板为了不与基础样式产生冲突均会将标题样式进行非标命名，为避免不必要的困扰，不建议大家在实际应用中使用此组快捷键。

如果您的 Word 软件操作水平熟练，理论上完全可以脱离鼠标进行文档的编辑和制作，我们并不要求大家都达到这一水平，这是专业文件制作人员的水平。我们只是希望大家能够熟记所列出的 20 组快捷键，当真正掌握并熟练操作这些快捷键时，您将会惊喜地发现，运用快捷键会使得文件制作工作效率提升。

一级标题的字号要比其他文本字号大，且要进行加粗和颜色设置。当然这些要与该文件整体风格统一。要做到风格统一就要从 Word 中的基本元素的统一做起。大家应注意字体统一、字号统一、表现形式统一和处理方式统一等几点。第二段正文标题没有编号，只需要进行字号、颜色、加粗设置即可。

3.1.2 字号设置

Word 中文字的基本设定与 PowerPoint 中的基本一致，最大的区别在于在 Word 中字号配置参数与 PowerPoint 略有不同：在 Word 中除英文字号参数外还多了中文字号参数的概念，英文字号参数与 PowerPoint 中一致；中文字号可选参数从初号到八号共计 16 种，初号为最大，八号为最小。中文的 16 种字号参数和标准英文字号参数之间亦存在对应关系，如“五号”对应的是“10.5”磅，“小一”对应的是“24”磅。大家可以参考表 3.1-1 比对应用。

表 3.1-1　中英文字号对照表

中文	英文	中文	英文
初号	42磅	四号	14磅
小初	36磅	小四	12磅
一号	26磅	五号	10.5磅
小一	24磅	小五	9磅
二号	22磅	六号	7.5磅
小二	18磅	小六	6.5磅
三号	16磅	七号	5.5磅
小三	15磅	八号	5磅

字号的设置与搭配要适中，由图 3.2-12 可见，虽然页面中貌似出现了很多种字号，但仔细辨识不难发现，同类或相近元素所使用字号基本相同。这样就避免了字号过多带给人们的纷乱感，同时还能给读者主次分明的感觉。

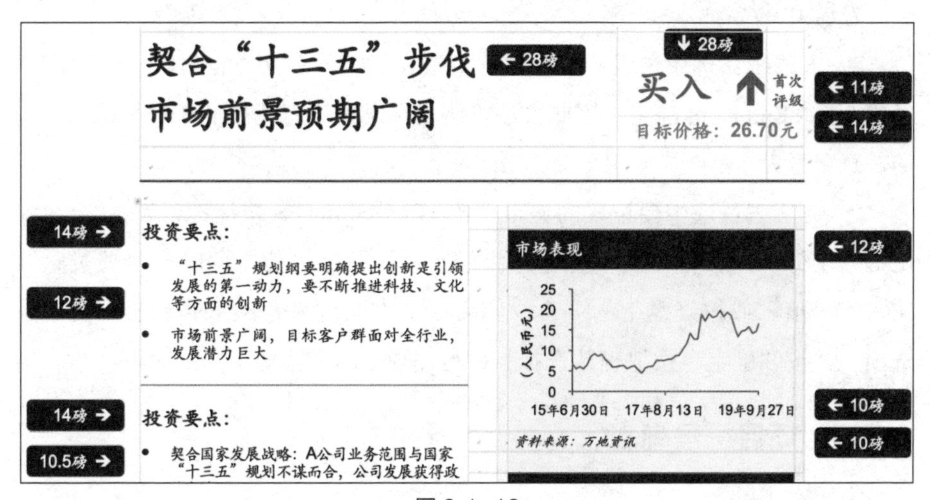

图 3.1-12

放大及缩小字号的两组快捷键，在 Word 中的应用相对于 PowerPoint 亦有所不同。

- 第 1 组快捷键将选中的文本字号逐磅放大或缩小，<Ctrl+[> 快捷键为逐磅缩小字号，<Ctrl+]> 快捷键为逐磅放大字号；在 PowerPoint 中没有逐磅放大或缩小字号的快捷键。

- 第 2 组快捷键将选中的文本字号逐级放大或缩小，<Ctrl+Shift+，>快捷键为逐级缩小字号，<Ctrl+Shift+.>快捷键为逐级放大字号；此功能与 PowerPoint 中的一致。

无论是逐磅还是逐级放大或缩小字号，均为将所选中文本按现有字号依次执行，且仅对英文数字类字号参数有效。其中逐级的概念为：若字号大小在 72 磅之内（含 72 磅），则按照程序默认字号列表中的磅值，从大到小或从小到大逐级变化；若当前字号大于 80 磅，则第一次就减到离当前值最近且为 10 的整数倍的磅值，然后以步长为 10 磅递减。如果字号是 80 磅，则直接跳到 72 磅。中文字号参数不受此规范限制，对中文字号参数无论执行哪一组快捷键均为逐级调整中文字号参数级别。

下面继续向大家介绍 3 种简单的更改字号的方法。

- 方法一：选中要设置的文本，依次单击“开始”选项卡上的“字体”组的“字号”框的下拉按钮，在 Word 默认字号下拉列表框里选择初号～八号、5 ～ 72 磅中的一种。

- 方法二：选中要设置的文本，直接在“字号”文本框里输入需要的字号值，按 <Enter> 键确定。用此方法可将目标文字设置为 1 ～ 1 638 磅范围内的任意字号大小。

- 方法三：选中要设置的文本，按 <Ctrl+Shift+P> 快捷键，Word 会在弹出的“字体”对话框中自动选中“字号”框内的字号值，此时可以通过直接输入字号值，或按键盘上的 < ↑ > 和 < ↓ > 方向键来切换字号列表中的字号选项，并按“确定”按钮确认选择，即可完成字号的设置。

3.1.3 项目符号列表

项目符号列表亦可理解为无序列表，着重表示的是该片段有几点内容，而并非有顺序之分及显示最终总数。第三段项目符号列表设置与编号列表逻辑上类似，本文件的一级项目符号使用蓝色圆点。设置方法如图 3.1-13 所示：选中需要增加项目符号的段落，在“开始”选项卡的“段落”组中单击“项目符号”按钮右边的下拉按钮，可以从预设中直接选择需要的项目符号样式，如果预设中没有需要的项目符号，可选择下方的“定义新项目符号”，将弹出“定义新项目符号”对话框，在该对话框中进行进一步的样式设定。

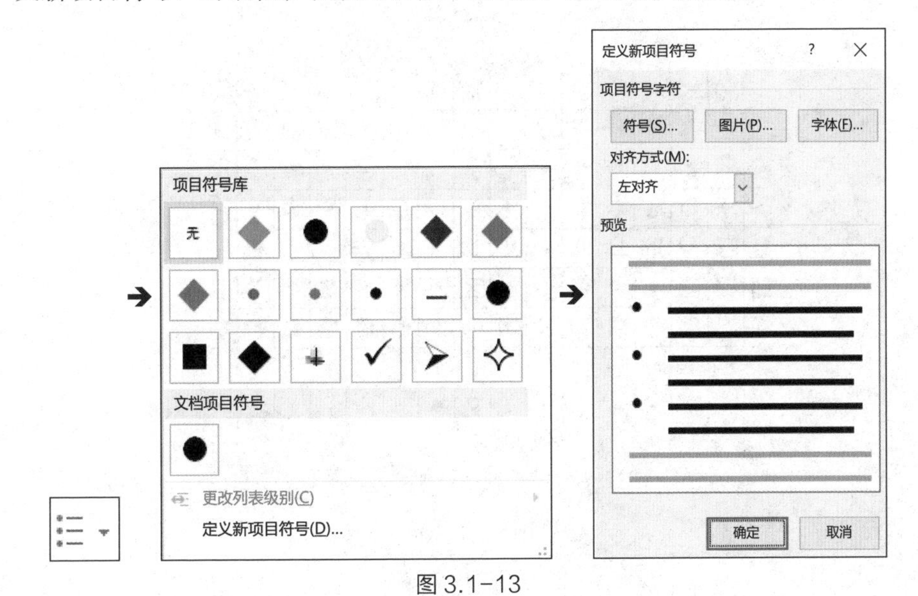

图 3.1-13

3.1.3.1　符号

其实 Word 已经提供了非常丰富的备选项目符号，为避免不必要的麻烦，“图片”项目符号字符功能可以不用考虑。这里先对“符号”对话框的功能进行熟悉，以便使用 Word 制作文件时能迅速执行操作。在“定义新项目符号”对话框中单击“符号”按钮将弹出“符号”对话框，如图 3.1-14、图 3.1-15 所示。

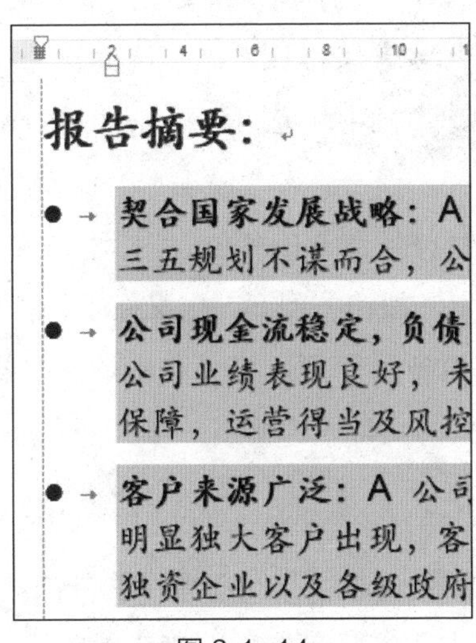

图 3.1-14

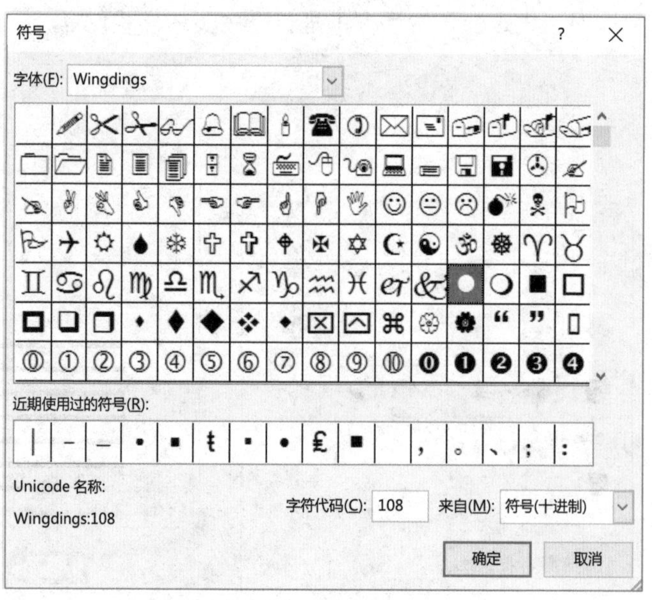

图 3.1-15

- 字体：通过字体的选择会发现不同字体所提供的备选符号样式会有细微差别，甚至有些字体本身就是全符号字体。
- 近期使用过的符号：在这一区域您可以看到近期使用过的 16 个符号，若所需符号就在其中，则无须选择字体查找，直接单击选择即可。
- 字符代码：其实每一个字体项下项目符号均有其自身的编号，若记得项目符号的编号，在选择对应字体后可直接在此输入编号而无须查找。

在这里给大家介绍几款常用符号字体以便大家选择应用，这些字体均为系统标配字体，每一台计算机中均有，包括 Symbol、Webdings、Wingdings、Wingdings 2、Wingdings 3。

经过查找，圆点项目符号在 Wingdings 字体下，字符代码为 108，选择圆点项目符号，单击“确定”按钮，回到“定义新项目符号”对话框。

本案例中虽然没有用到图片项目符号，还是对“图片”项目符号字符功能进行简单介绍，以便别的文件中会使用。

3.1.3.2 图片

在这里可以根据实际需求通过文件选择将项目符号调整为位图或矢量图，如果大家需要选择图片来作为项目符号，建议大家一定要使用矢量图，否则会因为位图的像素本质在打印成 PDF 文件时项目符号变得不清晰。同时，在多人多版本轮流修改文件时，要注意所嵌入的矢量图可能会因为不同版本的 Word 编辑等原因而出现清晰度降低的问题，在这种情况下需要使用原始图片对项目符号进行重新设定，图 3.1-16 为插入图片的选项框。

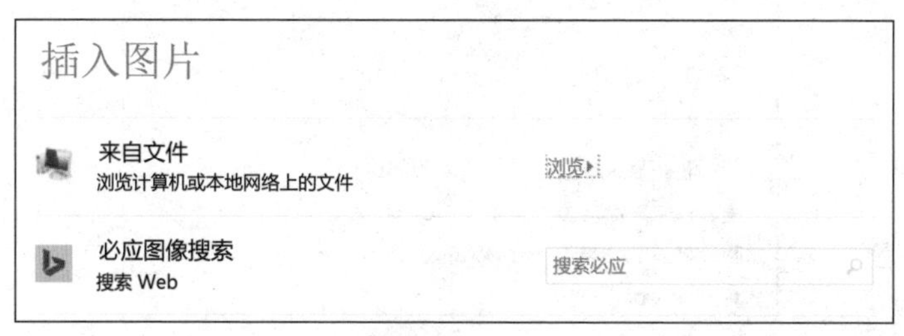

图 3.1-16

由于位图的不清晰以及矢量图的不稳定，建议大家在进行点句项目符号设定时尽量不采用图片形式。

3.1.3.3 字体

在图 3.1-17、图 3.1-18 的对话框中设置项目符号的字体、字号、颜色以及其他高级属性，项目符号字体相关设置与文字的字体设置完全相同。可以设置字号与文字相同，也可以设置其他任意大小，在字号大小范围内即可。也可以给项目符号设置效果，设置方法与给文字添加效果的方法相同。通过

图 3.1-17

调整字体颜色可以改变项目符号的颜色，虽然颜色调整完全可以自定义，我们仍然建议您仅选择与模板标准配色一致的颜色以保证风格一致。

图 3.1-18

3.1.3.4 对齐方式

对齐方式包含左对齐、居中、右对齐，如图 3.1-19 所示。其实不用刻意记忆，99% 的情况下会选择默认的“左对齐”。只有当发现一个文件中的符号所在位置和常规认知不太一样时，才需要去查看对齐参数是否有异。

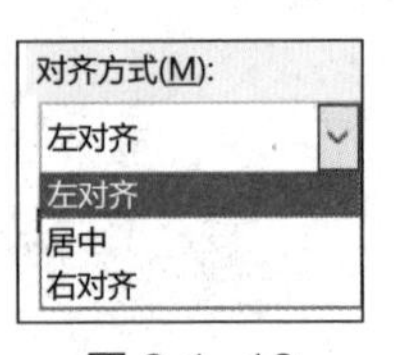

图 3.1-19

完成设置后，可以在此对话框下面的预览区预览效果，若对效果不满意，可以在退出前再次进行修改。

3.2 段落的设置

虽然上一节我们已完成了编号列表和项目符号列表的设置，但还有一些段落的格式需要设置。段落是由句子或句群组成，在文章中用于体现思路发展或文章层次的。段落是文章中最基本的单位，也是 Word 中的核心元素之一。要想用好 Word 必须掌握段落设置的技巧，可以说，版式的精美，以及文字在页面中所占空间被有效利用和调整，全在于对段落中各种功能的理解和控制，唯有掌握了各功能的控制方法及效果，才能按照自己的制作思路迅速进行操作。在“段落”对话框中可以设置对齐方式、段落缩进和段间距。还可以在“段落”对话框内设置分页和中文版式等。

3.2.1 标尺

标尺是进行段落调整和尺寸界定的重要工具之一，在日常排版中会非常频繁地使用。在上一节中给文字添加了编号与项目符号，编号或项目符号与其后的文字之间的间距就是悬挂缩进的应用效果，也可以直接通过标尺进行修改。因此应在开始制作之前就将标尺调出，以备后期应用。

（1）标尺调用及边距调整。

标尺的调用方法为：在“视图”选项卡的“显示”组中勾选“标尺”复选框，如图 3.2-1 所示，勾选后页面区域的左侧和顶部将出现纵、横两个标尺，其中最常用的为区域顶部的横向标尺，如图 3.2-2 所示。如果您希望能够快速勾选和取消勾选切换“标尺”的复选框，请将命令添加到快速访问工具栏，右击“标尺”并选择快捷菜单中的“添加到快速访问工具栏”即可。

图 3.2-1

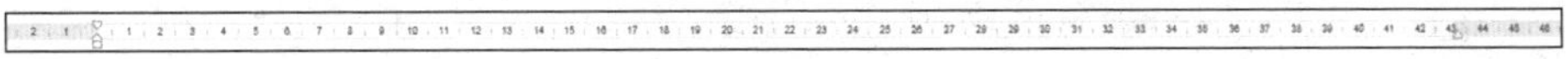

图 3.2-2

调出标尺后页面区域顶部会有如图 3.2-2 所示的横向标尺，标尺总长度为页面宽度，灰色部分为左右页边距所设宽度，中间白色区域为页面编辑区域宽度。将鼠标指针放到标尺灰白相接的位置时鼠标指针会变成双向箭头，这时拖动鼠标指针，就可以通过标尺来调整页面左右页边距了；也可以用此方法通过纵向标尺调整页面的上下页边距。

（2）标尺控制符。

在标尺白色部分的左右两侧各有一些特殊符号，如图 3.2–3 所示，左侧有 3 个分别为“向下三角形”、“向上三角形”和“矩形”，右侧则有一个“向上三角形”。这 4 个特殊符号就是标尺控制符，它们共同控制着当前段落各行文本的起始和结束位置。

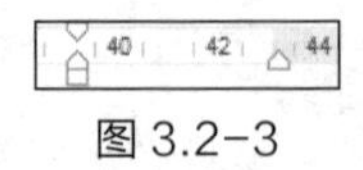

图 3.2–3

- 左侧“向下三角形”：此控制符的控制效果为，在文档撰写的过程中首行将按此控制符向后移动的距离作为首行缩进的样式规范；此符号是通过鼠标指针控制其在标尺上前后移动来完成缩进距离调整的。将鼠标指针放在左侧“向下三角形”的时候系统会告知鼠标指针所放置位置的控制符的名称，即“首行缩进”。如标尺参考图所示，此控制符与下面两个控制符一样，其起始默认位置均为页面编辑区域的最左边。
- 左侧“向上三角形”：此控制符的控制效果为，在文档撰写的过程中除首行以外文字将按此控制符向后移动，其最终实现的效果为文字有如一面悬挂的旗帜，而首行因并未缩进则更像这面旗帜的旗杆。此左侧“向上三角形”控制符的名称为“悬挂缩进”。在排版过程中悬挂缩进的最常用功能是调整项目符号和编号的点句排版格式。
- 左侧“矩形”：单击拖动前两个控制符均是针对当前符号的调整，如果已确认首行与悬挂缩进控制符之间的间距，如何在保证间距不变的前提下进行控制符位置调整呢？这时此控制符就发挥作用了。此控制符的名称为“左缩进”，选中它向右拖动的控制效果为将“首行缩进”与“悬挂缩进”控制符同时向右移动，这样就可以保证二者之间的间距在移动时保持一致了。之所以此控制符叫作“左缩进”，是因为在起始默认位置状态下向右移动此控制符时，所在段落的缩进效果为整段文字从编辑区域最左边向右缩进，即从左边起始位置向右缩进，简称为“左缩进”。
- 右侧“向上三角形”：此控制符名为“右缩进”，默认位置为文档编辑区域的最右边。其控制效果为，当前段落的右侧结束位置随着此控制符的向左移动而从右向左缩进。

操作标尺控制符可以轻松完成居中式段落的首行空两格效果，再也无须用添加空格的方式来完成添加首行空格的效果；也可以轻松控制项目符号点句中项目符号和后续文本之间的间距。

（3）标尺中的制表符。

在纵横标尺的交叉点有一个标有特殊符号的按钮——制表符选择器，单击该按钮，选择器中的符号会随之切换，这些符号就是制表符。制表符和制表键配合使用可完成段落中文本类、表格类格式调整。不同类型的制表符的功能分别是什么呢？

● 制表键：若要使用好制表符必须了解制表键的应用原理。制表键即键盘上的 <Tab> 键，在 Word 文档中的输入效果为灰色的向右箭头“→”这一制表键符号，输入制表键符号后其后续文字会因为制表键符号所占空间而向后移动。而制表符所控制的就是制表键符号的占位空间。

若在 A 与 B 之间输入一个制表键符号，如图 3.2–4 所示，其常规长度为第 1 行长度，但若在标尺中 B 字母后增加一个制表符，则制表键符号的占位空间将被拉长至制表符所在位置，进而在实际中的显示为 A、B 两个字母间的空间增大。制表键符号在 Word 中如空格一样，编辑时虽为灰色可见符号但在打印输出时为不可见内容。

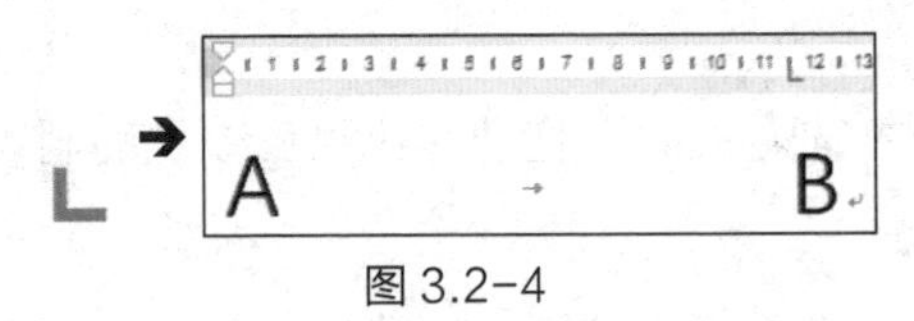

图 3.2–4

● 制表符分类：简单来讲，制表符的作用就是在控制制表键符号所占空间的同时，规范后续文字信息的对齐方式。

∟“左对齐式制表符”，该符号代表作用于此制表符的文本信息将与当前制表符左对齐，即后续输入文本将以此制表符左侧为基准向右排列。

⊥“居中式制表符”，该符号代表作用于此制表符的文本信息将与当前制表符居中对齐，即后续输入文本将以此制表符中心点为基准向左右两边扩展排列。

┘“右对齐式制表符”，该符号代表作用于此制表符的文本信息将与当前制表符右对齐，即后续输入文本将以此制表符右侧为基准向左排列。

⊥ “小数点对齐式制表符”，该符号代表作用于此制表符的数字信息将与当前制表符小数点符号对齐，即后续输入数字信息的小数点位置将以此制表符中间为基准对齐。对齐后无论位数，数字的小数点将在同一位置。若所输数字无小数位或小数点，则其个位将与当前制表符中线右对齐并向左排列。

ı “竖线对齐式制表符”，该制表符不定位文本。其效果为在制表符位置插入一条黑色竖线，该竖线将会在打印输出时显示，其作用为当通过制表符仿制表格时，用此竖线间隔各数据，使之更像表格；但因其格式可能和模板规范不符，所以此制表符甚少被应用。

温馨提示

在使用制表符控制制表键符号空间时一定要注意，此制表符之前的文本长度一定不可超过当前制表符所在位置，若超过则当前制表符将失效，文本后的制表键符号将以其后的制表符属性和位置为参考；若其后并无其他制表符，则恢复为默认占位宽度。

- 制表符的切换与添加：可以通过单击标尺左端的制表符选择器，进行制表符类型切换，待其显示出所需制表符类型后，在标尺上单击需调整的位置即可完成制表符的添加。所添加的制表符将作用于当前段落或已选中的多个段落。
- 移动制表符：向左或向右拖动在标尺已添加的制表符，即可完成制表符从 A 到 B 位置的移动。
- 删除制表符：删除制表符的方法非常简单，只需要选中标尺中拟删除的制表符，将其向上或向下拖离标尺，制表符即被删除。
- 精确调整制表符位置：在标尺上拖动制表符往往无法精准控制位置。说到精准控制的必要性，给大家举个简单的例子，大家一定会用到目录，那么目录文字和页码之间的距离是怎么生成的呢？其实就是由一个制表键符号控制的，要让目录美观，需要将其精准控制在页面编辑区的右边线上，因此就需要对制表符进行精准控制。在目录中文字和页码之间由连续点间隔，这就引出了制表符操作中的另一个名词——前导符。前导符为当前制表符前所插入的特定字符。若要对制表符进行控制和对前导符进行设定则需要在制表位扩展功能对话框中完成。

双击标尺上任何已有制表符将弹出扩展功能对话框，该对话框名称为“制表位”，如图 3.2–5 所示。

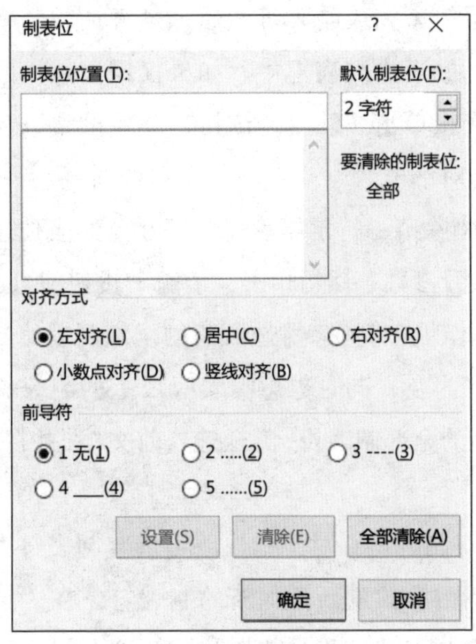

图 3.2–5

● 制表位位置：制表位位置为当前制表符在标尺中的位置，默认单位为字符，为便于计算也可输入厘米，输入后程序会将所输入厘米数值自动转换为字符数值。制表符位置的计算不和标尺控制符的位置联动，也就是不用考虑标尺控制符缩进与否。所有制表符位置的起始计算点均为页面编辑区域的左边线位置。

● 默认制表位：默认制表位为在标尺上不设定制表符时，制表键符号在文中所占宽度；标准单位为字符，将单位按厘米计算也可执行。此调整为全局性调整，当将光标放在此处调整数据后单击“确定”按钮，当前文件的所有未受到制表符控制的制表键符号将以所设定宽度作为标准符号所占宽度执行。

● 对齐方式：对齐方式中所列的 5 个选项即为制表符的 5 种模式。

● 前导符：Word 在这里提供了 5 种预设前导符方案，第一种“无”为没有前导符，后 4 项前导符的呈现效果为图中所示的连续符号，其中比较常用的前导符方案为第二种预设方案。竖线对齐模式的制表符没有前导符设定功能。

● 设置：当完成“制表位位置”“对齐方式”“前导符”的参数设定后，通过单击“设置”按钮来完成制表符的添加，添加后制表符的位置参数将出现在“制表位位置”的下方列表框中。如果仅需添加一个制表符，也可以在全部设定完成后，直接单击“确定”按钮，此效果为添加当前所设定制表符并退出当前扩展功能对话框。

● 清除：若想删除某一特定制表符，可在“制表位位置”下方的列表框中选中该制表符的位置参数，然后单击“清除”按钮即可删除该制表符。

● 全部清除：此功能将清除所选段落的全部制表符，清除后“制表位位置”的下方列表框将为空，同时也意味着标尺上的制表符被全部移除了。如果希望删除当前文档的全部制表符，需全选当前文档，并在此对话框中单击“全部清除”按钮。

● 有效利用已有制表符：对于错误或可借鉴制表符因其部分参数可以复用，无须每次均以空白参数重新添加新的制表符，在“制表位位置”下方的列表框中选中可利用制表符，此时其相关属性将全部显示，仅需调整对应选择后单击“设置”或“确定”按钮即可完成制表符的添加，而此前所选中进行修改的制表符仍然保留并沿用其原属性。

温馨提示

当同时选中多个段落时，标尺上只显示第 1 个段落的制表符；如果第 1 个段落制表符中有任意一个未被后续段落包含，则全部制表符的显示效果均为灰色，只有所选段落的全部制表符均完全相同时制表符颜色为黑色。同时选中多个段落时在标尺上添加制表符，则全部所选段落均添加此制表符；若所选段落中只有第 1 个段落包含某个制表符，将此制表符移动后，后续段落中也会相应添加此制表符。

标尺、标尺控制符和制表符的概念在 PowerPoint 中也对应存在，之所以放到 Word 中为大家阐述，是因为制表键符号在 PowerPoint 中是不可见的，理解起来可能会产生困扰；PowerPoint 中的标尺控制符和制表符可选项相比 Word 而言数量更少，首先在标尺控制符中没有右侧缩进控制符，其次 PowerPoint 中的制表符也不存在竖线对齐的模式。

标尺不仅仅应用于段落文本之中，表格单元格中文本的位置调整亦可通过标尺来控制。

（4）案例展示。

学会了制表符的工作原理后，在设置手签合同签署部分时是否可以不再采用表格或空格来完成间隔设置了呢？效果如图 3.2-6 所示。

签署人：		签署人：	
职务：		职务：	
公司名称：		公司名称：	
签署日期：		签署日期：	

图 3.2-6

我们在案例中添加了 5 个左对齐式制表符，其中每一个均必不可少。第 1 个是为了保证标题后面的横线从同一位置起始，第 2 个则是为了让签署位置的下划线保持统一的长度，第 3 个是要控制乙方信息与甲方信息之间的间距统一，而第 4 和第 5 个的作用与第 1 个和第 2 个相同。有时我们会选择 <Shift+-（减号）> 快捷键来完成纯文本中下划线的添加，但这样需要按很多下，同时要保证长度相等则需要保证符号的数量相等。其实远不用这么复杂，要实现此效果选择对应制表键符号并按 <Ctrl+U> 快捷键添加下划线即可。

进行手签合同的文本格式设置时之所以不用表格，是因为相对于制表符而言，用表格搭建以上效果所需要付出的劳动量要大很多。而不用空格的原因则更为简单，很多时候大家所见到的签署页的实际编辑方式是使用空格空位，这是一种最简便但最不专业的做法。空格为半角字符，用空格进行空位会造成后续一列或多列的元素纵向排列参差不齐，相信这种效果大家经常见到。下次再遇到类似文件，您可以果断地告知对方：“你们的这种做法太不专业、太不严谨了，如此粗制滥造的文件我们怎能签署？”

3.2.2 段落对齐

在文档中我们一般是用“两端对齐”的文本对齐方式，为什么要使用这种对齐方式呢？

撰写文章时，为了满足文章中的枚举、引用等基本需求，在很多情况下需要英文或阿拉伯数字这些元素，从而使得段落右边不再是一条直线，段落变得参差不齐。而“两端对齐”这一功能会自动拉宽当前行各元素之间的间距，从而保证当前行右边最后一个元素的结束点是与段落宽度的右边线完全契合的。这样在视觉上就实现了两端对齐的效果。这种效果更整齐、规范。并不是说不会用到其他对齐方式，需求不同，应用也不同，下面我们对所有的对齐方式进行介绍。

段落有 5 种对齐方式，如图 3.2-7 所示。一篇不错的文章，除了要有丰富和详细的内容之外，还要有漂亮和庄重的外观。这首先就需要对文章进行排版和修饰，其次是进行文章段落格式的设置。那么怎么去区分段落呢？在 Word 中只要按 <Enter> 键就等于是一个段落的结束、另一个段落的开始，现在大家来看一下段落对齐方式的设置方法。

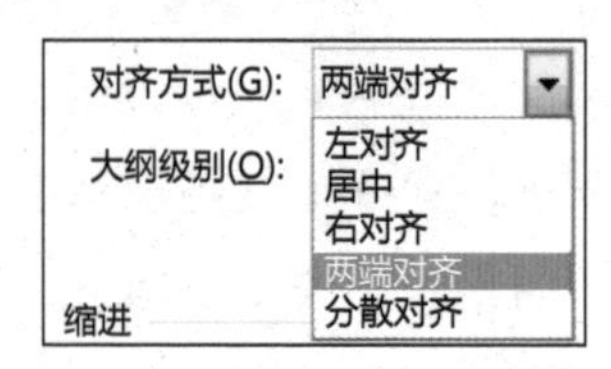

图 3.2-7

- 左对齐：让文本左侧对齐，不考虑文本右侧的排列，即右侧为随机按需排列。实现方法：选中要设置的文本或段落，在“开始”选项卡上单击“段落”组右下角的箭头按钮弹出“段落”对话框，选择“对齐方式”为“左对齐”。常规排版多用此对齐方式，快捷键为 <Ctrl+L>。
- 居中：让文本或段落靠中间对齐。实现方法：选中要设置的文本或段落，在“开始”选项卡的“段落”组中单击“居中”按钮或在“段落”对话框中选择“对齐方式”为“居中”。居中对齐多用于表格数据对齐，快捷键为 <Ctrl+E>。
- 右对齐：让文本右侧对齐，不考虑文本左侧的排列，即左侧为随机按需排列。实现方法：选中要设置的文本或段落，在“开始”选项卡的“段落”组中单击“右对齐”按钮或在“段落”对话框中选择“对齐方式”为“右对齐”。相对来讲，右对齐在表格中应用较多，快捷键为 <Ctrl+R>。
- 分散对齐：让文本在一行内靠两侧对齐，字与字之间会拉开一定的距离（距离大小视文字多少而定）。实现方法：选中要设置的文本或段落，在“开始”选项卡的“段落”组中单击“分散对齐”按钮或在“段落”对话框中选择“对齐方式”为“分散对齐”。相对而言，分散对齐在中文排版中应用较多，快捷键为 <Ctrl+Shift+J>。

● 两端对齐：除段落最后一行外的其他行的文字都是平均分布位置。实现方法：选中要设置的文本或段落，在“开始”选项卡中“段落”组中单击“两端对齐”按钮或在“段落”对话框中选择“对齐方式”为“两端对齐”，快捷键为 <Ctrl+J>。

了解了段落对齐的概念和效果，再来看图 3.2-8 中的效果，大家不难发现这些点句所用的对齐方式并非简单的左对齐，而是两端对齐。其目的也是让中文段落左右两边看上去更加整齐，每个段落均如豆腐块一样，两端对齐让每个段落左右两边的文字均保持在一条直线上。

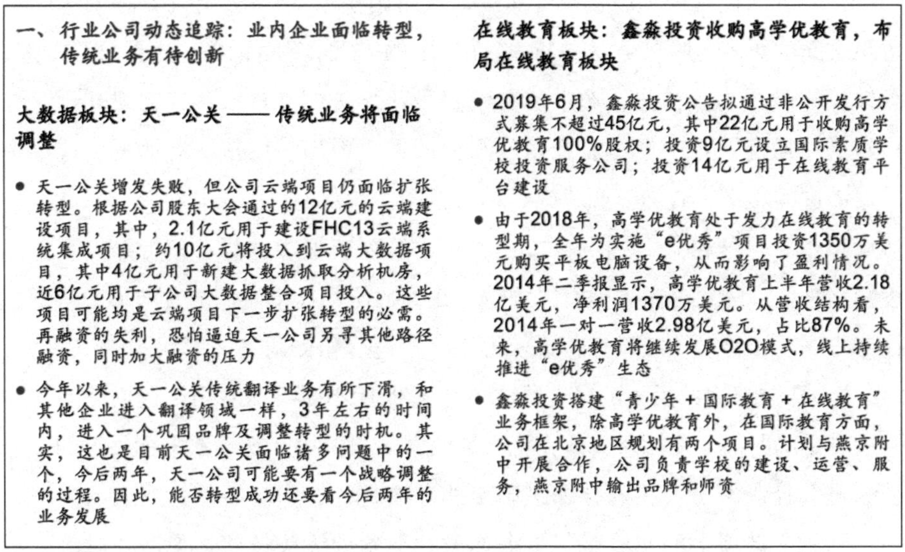

一、行业公司动态追踪：业内企业面临转型，传统业务有待创新

大数据板块：天一公关——传统业务将面临调整

- 天一公关增发失败，但公司云端项目仍面临扩张转型。根据公司股东大会通过的12亿元的云端建设项目，其中，2.1亿元用于建设FHC13云端系统集成项目；约10亿元将投入到云端大数据项目，其中4亿元用于新建大数据抓取分析机房，近6亿元用于子公司大数据整合项目投入。这些项目可能均是云端项目下一步扩张转型的必需。再融资的失利，恐怕逼迫天一公司另寻其他路径融资，同时加大融资的压力
- 今年以来，天一公关传统翻译业务有所下滑，和其他企业进入翻译领域一样，3年左右的时间内，进入一个巩固品牌及调整转型的时机。其实，这也是目前天一公关面临诸多问题中的一个，今后两年，天一公司可能要有一个战略调整的过程。因此，能否转型成功还要看今后两年的业务发展

在线教育板块：鑫淼投资收购高学优教育，布局在线教育板块

- 2019年6月，鑫淼投资公告拟通过非公开发行方式募集不超过45亿元，其中22亿元用于收购高学优教育100%股权；投资9亿元设立国际素质学校投资服务公司；投资14亿元用于在线教育平台建设
- 由于2018年，高学优教育处于发力在线教育的转型期，全年为实施“e优秀”项目投资1350万美元购买平板电脑设备，从而影响了盈利情况。2014年二季报显示，高学优教育上半年营收2.18亿美元，净利润1370万美元。从营收结构看，2014年一对一营收2.98亿美元，占比87%。未来，高学优教育将继续发展O2O模式，线上持续推进“e优秀”生态
- 鑫淼投资搭建“青少年＋国际教育＋在线教育”业务框架，除高学优教育外，在国际教育方面，公司在北京地区规划有两个项目。计划与燕京附中开展合作，公司负责学校的建设、运营、服务，燕京附中输出品牌和师资

图 3.2-8

3.2.3 缩进

段落缩进与 3.2.1 中标尺的应用效果相同，如图 3.2-9 所示，这里对缩进进行更详细的说明，以便在没有开启标尺的情况下使用“段落”对话框进行缩进调整，如图 3.2-10 所示。

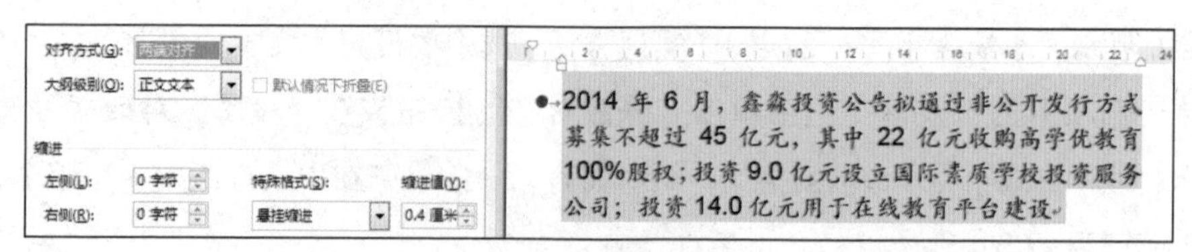

图 3.2-9

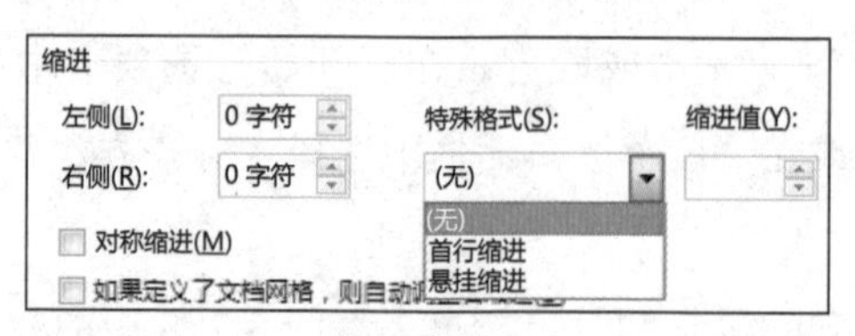

图 3.2-10

- 首行缩进：段落的第 1 行从左向右缩进一定的距离，除第 1 行外的其他各行都保持不变。（标尺方法：将光标放置于段落中，拖动水平标尺上的“首行缩进”控制符）设置段落缩进，可以调整 Word 文档正文内容与左右页边距之间的距离。用户可以在 Word 文档中的“段落”对话框中设置段落缩进，具体操作步骤为：首先，选中需要设置段落缩进的文本段落，在“开始”选项卡的“段落”组中单击右下角的箭头按钮，弹出“段落”对话框，或选中需要缩进的文字，右击打开快捷菜单，选择“段落”，弹出“段落”对话框；然后单击“特殊格式”的下拉按钮，在下拉列表框中选择“首行缩进”，并设置缩进值，最后单击“确定”按钮。此参数与标尺中左侧的“向下三角形”控制符联动，移动该控制点将会使得该参数进行相应调整。

- 悬挂缩进：段落的第 1 行文本位置保持不变，而除第 1 行以外的文本缩进一定的距离。（标尺方法：将光标放置于段落中，拖动水平标尺上的“悬挂缩进”控制符）设置悬挂缩进第 2 种方法是：选中需要悬挂缩进的文字，在“开始”选项卡的“段落”组中单击右下角的箭头按钮，弹出“段落”对话框，或选中需要缩进的文字，右击打开快捷菜单，选择“段落”，弹出“段落”对话框；然后单击“特殊格式”的下拉按钮，在下拉列表框中选择“悬挂缩进”，设置具体缩进值，最后单击“确定”按钮。此参数与标尺中左侧的“向上三角形”控制符联动，移动该控制符将会使得该参数进行相应调整。

- 左缩进：整个段落（包括第 1 行）的左侧往右缩进。（标尺方法：将光标放置于段落中，拖动水平标尺上的“左缩进”控制符）第 2 种方法：选中需要设置段落缩进的文本段落，在“开始”选项卡上，“段落”组中单击右下角的箭头按钮，在弹出的“段落”对话框中切换到“缩进和间距”选项卡，在“缩进”选项组中调整“左侧”编辑框设置缩进值。此参数与标尺中左侧的“向上三角形”下方的“矩形”控制符联动，移动该控制符将会使得该参数进行相应调整。

- 右缩进：整个段落（包括第 1 行）的右侧往左缩进。（标尺方法：将光标放置于段落中，拖动水平标尺上的“右缩进”控制符）第 2 种方法：选中需要设置段落缩进的文本段落，在“开始”选项卡上，“段落”组中单击右下角箭头按钮，在弹出的“段落”对话框中切换到“缩进和间距”选项卡，在“缩进”选项组中调整“右侧”编辑框设置缩进值。此参数与标尺中右侧的“向上三角形”控制符联动，移动该控制符将会使得该参数进行相应调整。
- 字符、厘米之间的区别：以厘米为单位，距离与字的大小无关，不管字有多大，1 厘米就是 1 厘米宽；而以字符为单位，距离则与字的大小有关，字越大，距离就越大，字越小，距离就越小（1 个字符就是 1 个字的距离）。转换单位（字符与厘米）的操作步骤为：在“文件”选项卡上单击“选项”按钮，在对话框左侧单击“高级”标签，在“显示”选项组中有个“以字符宽度为度量单位”复选框，勾选此复选框表示以“字符”为单位，不勾选则表示以“厘米”为单位。

3.2.4 间距

间距分为段落间距和行距两种，两者相互配合方能得到想要的效果，如图 3.2-11 及图 3.2-12 所示。

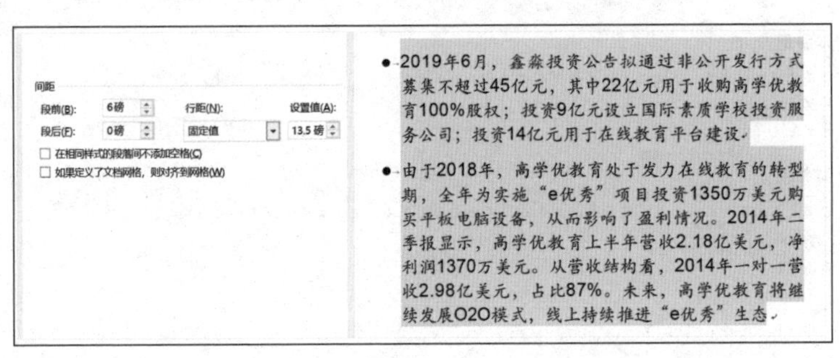

图 3.2-11

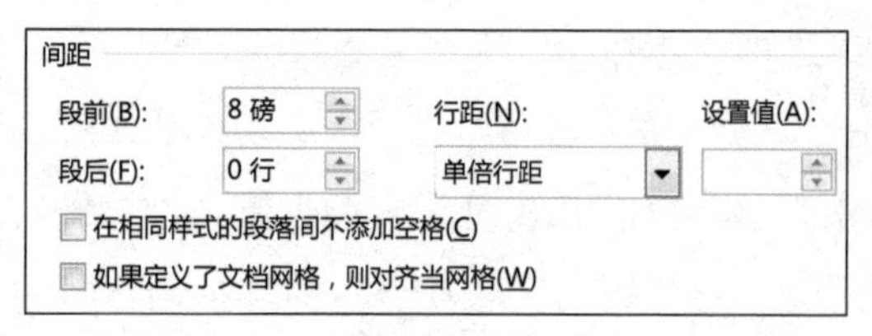

图 3.2-12

3.2.4.1 段落间距

段落间距决定段落与段落的距离。当按 <Enter> 键新起一个段落时，间距将带入下一段落，但可以单独更改每个段落的间距。

光标所在段落称为当前段落，段前间距是当前段落和前一个段落之间的距离，段后间距是当前段落和下一段落之间的距离。

段落间距还有个重要的作用，即体现文本表述的逻辑规则。若将标题段落视为第 1 级，正文段落可视为第 2 级，点句段落则为第 3 级。而从空间层面理解，其基本空间控制理念则是第 2 级和第 1 级之间的间距要小于第 1 级与前文之间的间距，第 3 级和第 2 级之间的间距要小于第 2 级和第 1 级之间的间距。可以记忆为标题段前间距大于正文段前间距、正文段前间距大于点句段前间距，如图 3.2-13 所示。

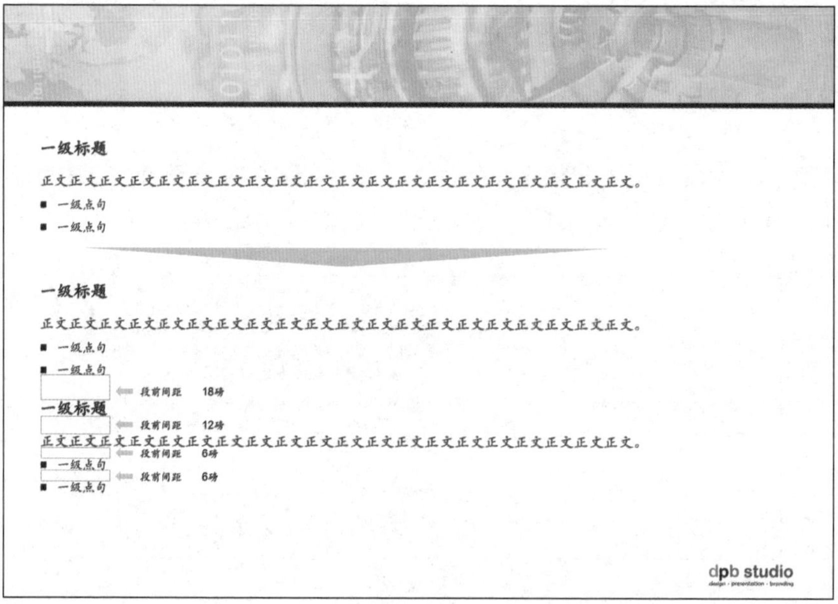

图 3.2-13

当然3级分类是一个最基本的分类结构，任何一项均可展开。例如，标题可以展开分成一级标题、二级标题、三级标题等；而点句也可按需展开成一级点句、二级点句、三级点句等。这时要面临的就不是简单的3个层级逻辑关系了，可能是4个层级、6个层级甚至更多。遇到多重层级文字可以沿用依次递减的空间控制原理，但这种依次递减的方式不适合5个层级以上的多重层级，层级间空间区别过多不仅不会使版式逻辑更加清晰，反而会更加混乱。因此，可以将这多个层级仍然按此前提到的3个层级进行划分，并沿用3个层级的空间控制方式，即同一层级间距相等。

这里要提示大家的是，在一个文件中所有样式的段前间距和段后间距只设定一种，而将另一种的参数保持为“0”。这是因为在Word中既设定段前间距又设定段后间距时，较小的那个参数将不会作用于两段之间，即较小参数不生效。因此为了避免规则过多产生混淆，建议无论在PPT还是在Word中均统一沿用仅设定一个参数的方式来控制段落间距。

设置段落间距的方法为：选中要更改的文字，在“开始”选项上单击“段落”组右下角的箭头按钮，弹出“段落”对话框，在“段落”对话框中切换到“缩进和间距”选项卡，在“间距”选项组下，执行下列操作之一，在“段前”框中输入或选择间距值。在“段后”框中，输入“0”。

磅和行的区别：“磅”是印刷业专用衡量印刷字体大小的单位，1磅约等于1/72英寸，1英寸约为2.54厘米，由此可以计算出1磅约为0.352 777 8毫米，或者说1毫米约为2.834 6磅；行是指按照字体大小分行。

行和磅的转换与上面字符、厘米单位转换原理及方法相同。

3.2.4.2 行距

行距决定段落中的文本行与行之间的距离。系统默认情况下，行距是单倍行距，这意味着行与行之间的标准距离为1行，除此以外还有5种选项，分别如下。

- 1.5倍行距：行与行之间的距离为标准行距的1.5倍。
- 2倍行距：行与行之间的距离为标准行距的2倍。
- 最小值：行与行之间的距离使用大于或等于单倍行距的最小行距值，如果用户指定的最小值小于单倍行距，则使用单倍行距，如果用户指定的最小值大于单倍行距，则使用指定的最小值。

- 固定值：行与行之间的距离使用用户指定的值，以磅为单位。需要注意该值不能小于字体的高度，否则会出现两行文字叠在一起的情况。
- 多倍行距：行与行之间的距离使用用户指定的单倍行距的倍数值。例如设置行距为 1.2 将会在单倍行距的基础上增加 20%，数值最好不要小于 0.85，否则会如上面固定值小于字号，出现两行文字相叠，无法辨识的情况。

行距调整的快捷键分别是：<Ctrl+1> 快捷键调整行间距为单倍行距；<Ctrl+2> 快捷键调整行间距为双倍行距；<Ctrl+5> 快捷键调整行距为 1.5 倍行距。

温馨提示

为保证文字对齐得更加准确，“如果定义了文档网格，则自动调整右缩进”和“如果定义了文档网格，则对齐到网格”这两个复选框在正常编辑文件时不建议大家勾选。

3.2.5 换行及分页

当编辑较长 Word 文档时，可能会遇到章节标题在页面中央或底部的情况，不利于读者迅速提取重要标题内容，或者段落中单独一行在页面底部，不利于读者将一段内容联系起来，这时需要用到段落的“换行和分页”功能。功能详述与方法如图 3.2–14 所示。

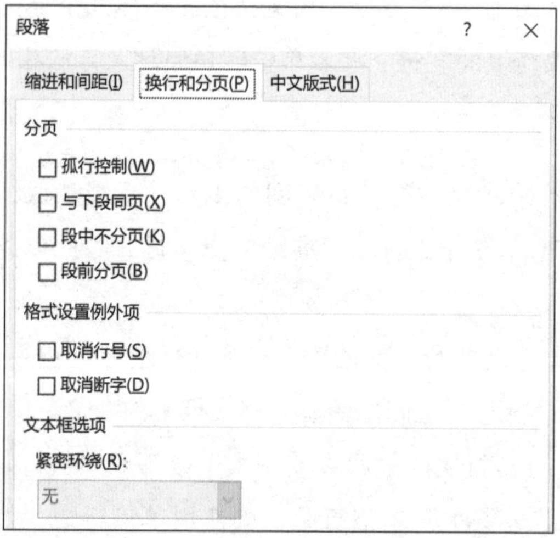

图 3.2–14

选中要换行和分页的段落，或将光标置于此段落中。在“段落”对话框中切换到“换行和分页”选项卡。

在此选项卡中，有下列复选框。

- 孤行控制：勾选此复选框，可以避免段落的首行出现在页面底端，也可以避免段落的最后一行出现在页面顶端。
- 与下段同页：将所选段落与下一段落归于同一页。
- 段中不分页：使一个段落不被分在两个页面中。
- 段前分页：在所选段落前插入一个人工分页符强制分页。
- 取消行号：在所选的段落中取消行号。
- 取消断字：使用自动断字后，Word 会在需要连字符的位置自动插入连字符。比较长的单词在行尾无法显示，使用自动断字后 Word 会在合适的位置插入连字符将这个单词在两行各显示一部分，取消断字就是取消这个功能。比如一些英语文章，明明是一个单词，因为页面的关系，行尾因空间限制而显示不下，这时 Word 会把当前单词的部分字母分到下一行，并在前一行此单词前半部分的末尾加上连字符“-”。勾选此复选框则是取消断字效果。

需要设置哪一个就单击选项前的方框，设置完毕后，单击“确定”按钮。

3.2.6 中文版式

图 3.2-15 为中文版式中的换行功能框。

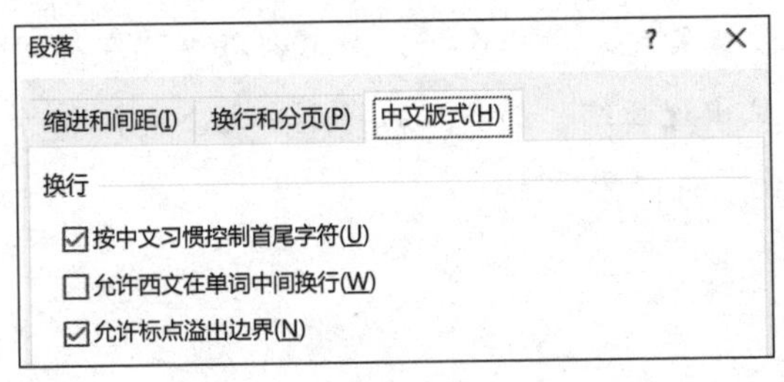

图 3.2-15

- 按中文习惯控制首尾字符：此功能效果为，控制中文标点不会出现在行首。举个例子，如果一行只能写 20 个字，但是很不巧您写的第 21 个字是一个标点符号，例如“，”。如果不勾选这个复选框，这个“，”就会出现在下一行的开头，而这样是不符合中文习惯的。所以当您勾选这个复选框，一旦出现类似“，”在行首的情况就会将上一行的最后一个文字移到此标点之前。

- 允许西文在单词中间换行：段落中的英文单词可在两行之间断开显示。
- 允许标点溢出边界：允许标点符号超出段落中其他行的边界一个字符。如果不勾选该复选框，则所有的行和标点符号都必须严格对齐。

图 3.2–16 为中文版式中的字符间距功能框。

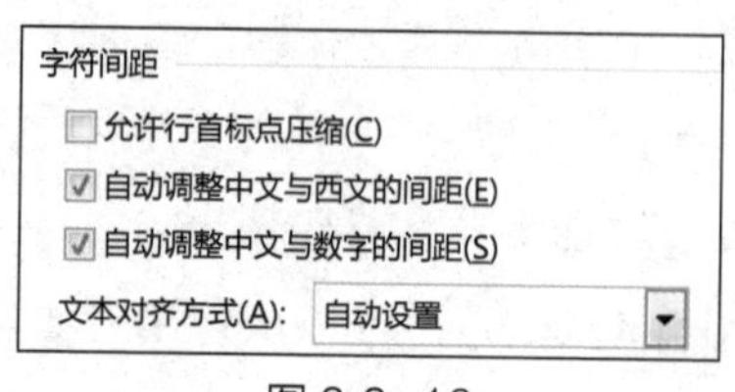

图 3.2–16

- 允许行首标点压缩：当不勾选“按中文习惯控制首尾字符”复选框时，勾选此复选框也可解决标点在行首的问题。
- 自动调整中文与西文的间距：程序自动对两种文字之间的间距进行压缩或扩展。第 3 个“自动调整中文与数字的间距”的复选框也为同样道理，不再赘述。

温馨提示

一般情况下，为保证文字段落的一致性、美观性和合理性，仅会在“换行”选项组中的 3 个复选框之间做出选择，而不会勾选“字符间距”选项组中的复选框。因为一旦出现压缩，最明显的将是中文全角标点所占空间被挤压，而这一变化在版面中将非常明显。

3.3 关于剪贴板

当完成基础文本的组织及段落设置之后，整个文件或许还有文字内容需要添加进制作好的 Word 文件中，这就需要用到“剪切”“复制”“粘贴”“格式刷”等功能，这些都属于剪贴板组，下面对其功能进行说明。

熟识剪贴板的工作特性，才能更好地进行文件制作和文本编辑。剪贴板好比一个中转站，可以通过它将目标对象从A点搬运到B点。大家在应用常规“复制”“粘贴”功能时，在复制之后或粘贴之前对象或信息就保存在剪贴板。“剪贴板”组位于“开始”选项卡上最左边，如图3.3–1所示，可见其在日常工作中的重要性及使用频率。

图 3.3–1

剪贴板可同时保存多次的粘贴信息，可以通过单击“剪贴板”组右下角的扩展按钮展开查看剪贴板上的全部复制记录，如图3.3–2所示，若要复制此前记录单击对应记录即可。

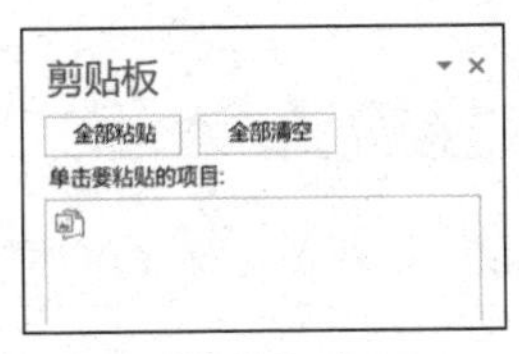

图 3.3–2

可以将剪贴板视为一个可连续存储临时信息的内存空间，用作文件编辑时的临时交换信息仓库。您最多可以将24个图形、图表或文本段落等信息存储在剪贴板中。在退出时Word会提示您是否清空剪贴板信息，若不清空则相关信息仍会保留在您的内存之中以备他用。

3.3.1 选择性粘贴

在Word文件的编辑中，“选择性粘贴”同样非常重要，其位于“开始”选项卡的最左边，“粘贴”按钮的下拉列表框中。复制文本信息后执行“选择性粘贴”将会弹出“选择性粘贴”对话框，在粘贴形式中有很多不同的选项，所选目标对象的形式不同，其可粘贴的形式也不相同。

3.3.1.1 “选择性粘贴”文本类形式

图3.3–3为“选择性粘贴”文本类形式功能框。

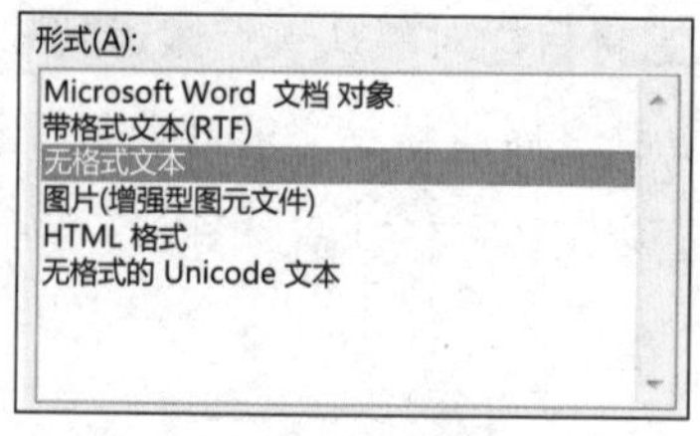

图 3.3-3

无格式文本是指被粘贴的内容删除所有格式，以及其中附带的图片或图形，仅保留文本，并按当前光标处的文本格式对所粘贴文本信息进行格式调整。

当需要复制文本信息到当前 Word 文件之中时，首先可以将其自动生成的项目符号和多级列表全部取消，这样可以避免粘贴过来后附带多余的符号或数字。然后将所有的文本信息粘贴进当前 Word 文件，均采用选择性粘贴中的"无格式文本"形式，这样将有效避免错误样式或格式的带入，保证当前文件格式的整齐与统一。

3.3.1.2 "选择性粘贴"图片类形式

图 3.3-4 为"选择性粘贴"图片类形式功能框。

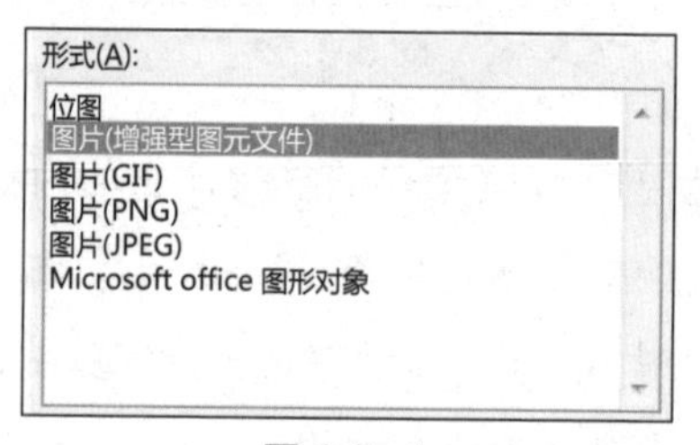

图 3.3-4

图片（增强型图元文件）：EMF 格式文件、矢量图片，是绘图软件较常采用的一种格式。

在 Word 中以图片形式插入对象时，选择性粘贴的选项 99% 为"图片（增强型图元文件）"，这一选项不但可以将对象以矢量形式粘贴进来，同时还将避免其他形式造成的转成 PDF 文件时图片不清晰或元素丢失等问题。

3.3.1.3 "选择性粘贴"PowerPoint 对象类形式

图 3.3-5 为"选择性粘贴"PowerPoint 对象类形式功能框。

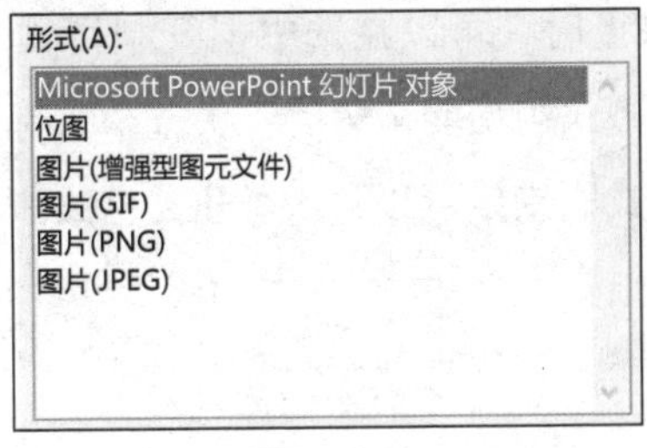

图 3.3-5

当粘贴目标为 PowerPoint 目标对象时，在选择性粘贴的“形式”列表框中会增加一项“Microsoft PowerPoint 幻灯片 对象”的选项。应将 PowerPoint 目标对象以此形式粘贴至 Word 文件中，此做法有以下几点优势。

- 粘贴后对象可以通过右击“文档对象”，选择“打开”进行再次编辑。
- 对象内部信息或元素可在打开后复制出来用于其他制作需求。
- 通过此方式将制作素材保留在了同一文件中，而无须在另一 PowerPoint 文件存储，进而无须将此 PowerPoint 文件作为当前 Word 文件的支持文件与其并存。

温馨提示

看到诸多形式的选项，大家可能会觉得选择性粘贴的形式太过丰富而无从选择，其实记住这 3 个标准、原则即可——粘贴文本均选择“无格式文本”，粘贴矢量图片类时选择“图片（增强型图元文件）”，粘贴 PowerPoint 中的对象至 Word 文件中选择“Microsoft PowerPoint 幻灯片对象”。

之所以我们将大部分常见选择性粘贴形式给大家逐个分析，是希望大家能有一个概念，当遇到一些特殊需求时可以按照实际需求来书中查阅，进而选择正确形式。例如需要粘贴一个透明位图时则应该选择“图片（PNG）”等。

3.3.2 格式刷

此功能按钮位于 Word“开始”选项卡的“剪贴板”组的右下方，如图 3.3-6 所示，在 PowerPoint 软件中同样适用。利用“格式刷”按钮，可以将指定文本、段落或图形的格式快速复制到目标文本、段落或图形之上，这样可以大大提高工作效率，无须针对目标对象重新调整格式。当需要将一个对象的格式多次复制到不同目标对象上时，可以在选中拟复制格式的对象后通过双击“格式刷”按钮的方式锁定格式刷功能，然后依次选中目标对象并粘贴格式即可，使用结束后若要退出格式刷锁定可以再次单击“格式刷”按钮或按 <Esc> 键。

图 3.3-6

除了通过功能按钮操作，格式刷亦可通过快捷键来执行，<Ctrl+Shift+C> 为复制格式快捷键，<Ctrl+Shift+V> 为粘贴格式快捷键。

按快捷键进行格式刷类操作其实是一个复制和粘贴的过程，也可以将其理解为所复制格式被粘贴到了一个剪贴板上，可称之为“格式剪贴板”，但按这个逻辑理解的“格式剪贴板”和此前讲到的常规剪贴板即“内容剪贴板”不同，复制的格式不会出现在内容剪贴板上。之所以建议大家要有这个概念，是因为理解了“格式剪贴板”与“内容剪贴板”的平行关系，可以提升文档制作效率。例如，当复制了一个格式后，可能进行了多次内容的剪贴和复制，但继续重复粘贴格式时，此前复制的格式仍然有效；这样就可以有效地节省对于所需格式的查找和重复复制所损耗的时间。

格式刷和格式刷的快捷键可以同时运用在多个 Word 文档中，但不可以跨软件应用，同时格式刷无法复制艺术字的字体和字号，以及嵌入式对象的内部格式。

温馨提示

格式刷是一个非常实用的工具，但在日常应用中一定要控制其使用的样式范围，当文档模板定义了项目符号或编号以及多级列表时，这些格式的复制则不建议大家使用格式刷来完成，因为您可能会因格式刷的误操作而造成通篇项目符号或编号全部消失，而这种消失很可能无法通过按 <Ctrl+Z> 快捷键的撤销操作撤销。

3.4　格式的调整

相信在文档中大家均会使用 Word 文字加粗、倾斜、添加下划线以及颜色调整等基本调整功能，在这里我们不做赘述。除此之外，在基本格式调整部分，还有几个容易被大家忽略的，在实际工作应用中却不可避免的小功能。

3.4.1 上、下角标

在制作 Word 文档时，有时会需要添加上角标和下角标，如平方、立方，以及文档中的注释等。这时可以通过以下方式完成格式调整。

选中要设置成上角标或下角标的数字或符号，在“开始”选项卡中“字体”组里找到上标及下标的按钮 x_2 x^2，单击便可完成相应调整，或单击“字体”组右下角箭头按钮在弹出的对话框中的“效果”选项组中有“上标”“下标”的复选框，如图 3.4–1 所示，将其按需勾选即可得到所需的上角标或下角标。

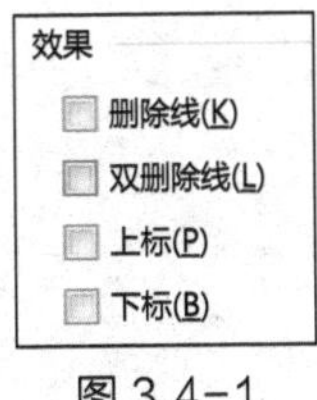

图 3.4–1

若要设置上下角标，最便捷的方式仍是使用快捷键：<Ctrl+Shift++> 为上角标快捷键，此快捷键犹如一个开关，按一下切换为上角标，再按一下则切换为正常字符；<Ctrl+=> 为下角标快捷键，同上角标快捷键一样，此功能亦同开关的工作原理。

除了标准上、下角标，Word 还提供了类似上、下角标排版方式，例如双行合一。在古书中正文旁常会有以 1/4 正文字号大小书写作为注释的文字，这种排版方式在 Word 中亦可实现。具体操作方法为：选中目标文本后，在“开始”选项卡中的“段落”组中单击“中文版式”下拉按钮，如图 3.4–2 所示，在下拉列表框中选择“双行合一”，弹出“双行合一”对话框，此时选中的内容会出现在“文字”文本框中，此时也可重新输入所需文字。“双行合一”顾名思义为将两行内容在一行中显示，并按所需长度向后自动延续，可在“双行合一”对话框的预览区预览效果，最后单击“确定”按钮即可完成设置。

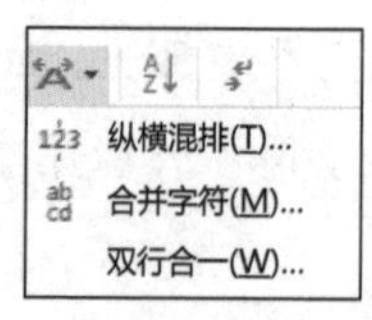

图 3.4-2

温馨提示

类似上、下角标排版方式除了“双行合一”还有“合并字符”“纵横混排”等，它们均有一个特点，就是其字体扩展对话框中的“上标”“下标”复选框并未勾选。虽然在常规排版中我们并不常用，但我们无法阻止别人用此方式来制作伪上、下角标，遇到这种情况时要能够判断并将其修复。

3.4.2 带圈字符

在 Word“开始”选项卡中的“字体”组中有一个“带圈字符”按钮㊫，可以将选中的文字、数字或字母转换成被一个实线圈环绕的字符。当您单击带圈字符按钮并转换英文字体后将发现圈与字符的比例已非初始标准状态，若要恢复正常需选中该字符后再单击此按钮，因为这一功能应用到文档中不利于通篇字体的转换和统一，所以不建议大家使用此功能。其实之所以会出现这一问题，原因很简单，Word 带圈字符所用的圈是中文字体中的符号，而该符号在每个英文字体中也有，当确认英文字体后，该符号就被转换为了英文字体中那个略小一点的相同符号，因此也就出现了错位。

也许您会说带圈字符是表述层级的重要元素之一，不可或缺，那么在研究报告中应该如何去梳理层级呢？给您另一个思路，当文档所需层级比较多时可以采用 1、1.1、1.1.1……这样的层级表述方式，以方便大家准确判断和辨识当前标题的所属层级。当然一般情况下目录序号层级有 5 级已然足够，这样就可以选择序号来进行标题层级表述而不会用到带圈字符了。

3.4.3 英文字母大小写快速转换

在 Word 2013 版本中如果需要把输入的英文字母进行大小写转换，可以选中要转换的英文单词或段落，然后在“开始”选项卡上，“字体”组中单击“更改大小写”按钮，如图 3.4-3 所示。当大家熟练操作软件后一定会觉得这样太麻烦，那就用快捷键来实现这一需求。和 PowerPoint 不同，在 Word 中可以通过以下 3 组不同的快捷键来实现更为丰富的大小写切换需求。经过验证发现小写状态包含小写字母与小型大写字母，这两种在使用快捷键时只能出现其中一种。

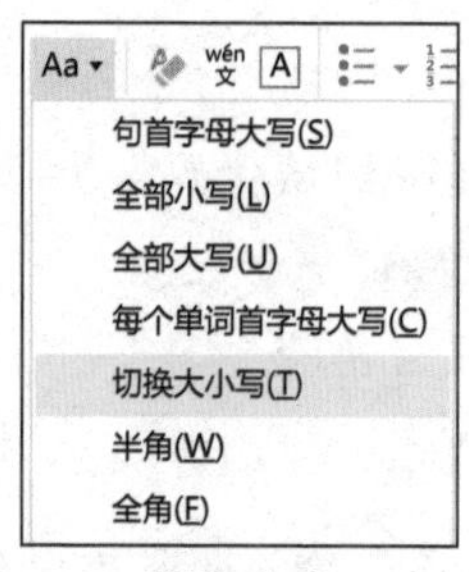

图 3.4-3

- 按 <Shift+F3> 快捷键，使原文在首字母大写、全部大写和全部小写（或者全小写字母或者全小型大写字母）3 种状态中循环切换。
- 按 <Ctrl+Shift+A> 快捷键，使原文在原文和全部大写 2 种状态间循环切换（原文有小写字母存在时起作用，原文全大写时此快捷键不起作用）。
- 按 <Ctrl+Shift+K> 快捷键，使原文在原文、小写字母全部转换为小型大写字母 2 种状态间循环切换（原文有小写字母存在时起作用，原文全大写时此快捷键不起作用）。

温馨提示

无论使用哪种快捷键进行英文字母大小写的切换，均应注意英文本身的字母大小写应用原则，千万不能因错误使用快捷键而造成大小写的应用错误。

3.4.4 数字类型转换——人民币大写

在一些需要输入中文大写金额的特殊情况下，一一输入并从输入法中寻找正确文字将是一件非常费时的工作，其实可以通过一个简单的办法来实现。

若需要在文档中输入“123 元”的中文大写“壹佰贰拾叁元”，可以选择在“插入”选项卡的“符号”组中单击“编号”按钮，在“编号”对话框中直接输入所需数字，而后选择“壹，贰，叁...”这一编号类型，单击“确定”

按钮即可得到所需数字格式，如图 3.4-4 所示。

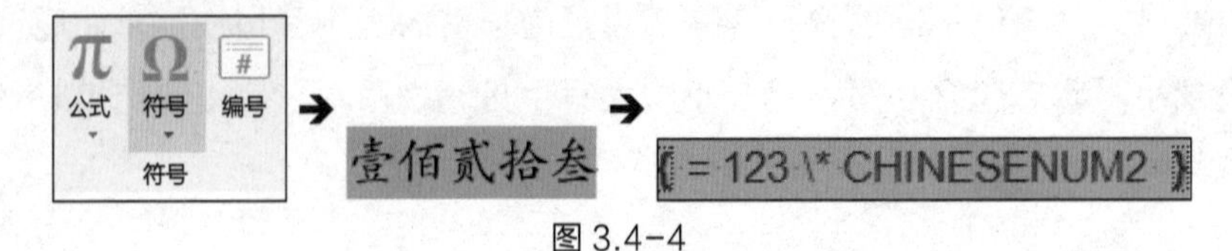

图 3.4-4

不难发现所生成的数字是一组域代码，为了避免未来的误操作，可以通过无格式文本粘贴的方法将其转换为文本。

温馨提示

应用此功能时需要注意的是，输入的数字中如果包含小数位，则 Word 会自动四舍五入进行取整，若包含千位符则不会影响数据转换。由于数字输入范围为 0 至 2 147 483 647，因此如果大于最大值那么此功能无效，但就日常办公的基本需求而言，此功能所支持的最大值完全可以涵盖应用需求，且可以有效提升工作效率。

3.4.5 查找和替换

当要修改一篇文字信息量过大、结构又很复杂的文件的某一部分时，Word 里面的查找和替换功能会提供很大的帮助，它可以准确地查到您想要找的文本、图像、标题、书签或某些类型的格式，如段落或分页符等项，并且能够在文本内容和格式上进行替换。下面将具体介绍这个功能的使用方法和技巧。

3.4.5.1 查找

在“开始”选项卡的“编辑”组中单击“查找”按钮，如图 3.4-5 所示。或者使用 <Ctrl+F> 快捷键启动“导航”窗格的查找功能如图 3.4-6 所示。在搜索框内输入要查找的文本内容，按 <Enter> 键后搜索框的下面会出现查找结果的总数，并且在下面的结果中可以浏览查找结果的具体情况。单击“查找”下拉按钮可展开查找的扩展选项，选择“高级查找”，可以通过对特定文本内容和格式的查找缩小搜索范围，提高工作效率。除此之外还包括对图形、表格、公式、脚注、尾注和批注的查找。

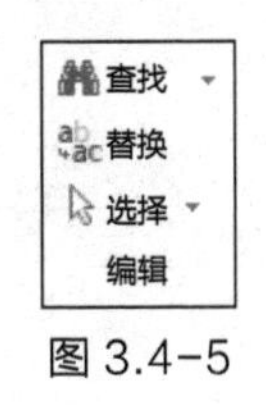

查找
替换
选择
编辑

图 3.4-5

导航
标题
页面
结果

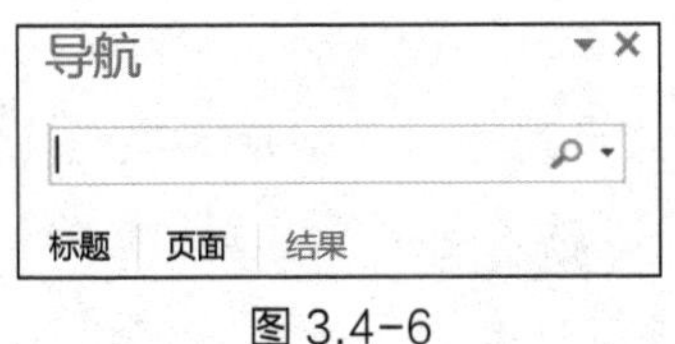

图 3.4-6

在“查找和替换”对话框中的“查找”选项卡的最下面还包含 5 个按钮，分别是“更多”“阅读突出显示”“在以下项中查找”“查找下一处”“取消”按钮，如图 3.4-7 所示。“更多”按钮则是对查找项的细分，后面会着重讲解部分内容。

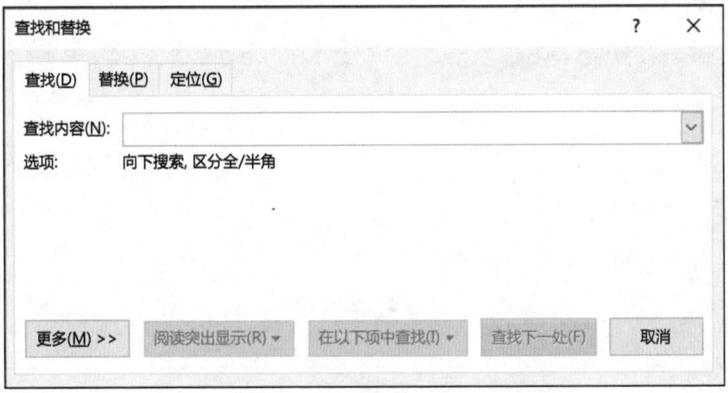

查找和替换
?
×
查找(D)
替换(P)
定位(G)
查找内容(N):
选项:
向下搜索, 区分全/半角
更多(M) >>
阅读突出显示(R)
在以下项中查找(I)
查找下一处(F)
取消

图 3.4-7

“阅读突出显示”包括“全部突出显示”和“清除突出显示”两项。“全部突出显示”是指对文件内所有包含所查找的文本内容进行突出显示，“清除突出显示”则只会在当前页面中呈现查找的一个内容。

“在以下项中查找”指的是查找的范围，包括当前所选内容、主文档和页眉页脚 3 项，范围的设定也会帮助大家在查找时节省时间。

“查找下一处”是查找中使用频率最高的按钮，如果要查的内容在文章中出现的频率过高，不能在第一时间找到它们，可以单击这个按钮直到找到需要的内容。

“取消”按钮则是退出查找界面的按钮。

3.4.5.2 替换

（1）替换文本。

在“开始”选项卡的“编辑”组中单击“替换”按钮，弹出“查找和替换”对话框，如图 3.4–8 所示。或者使用 <Ctrl+H> 快捷键切换到“替换”选项卡。在“查找内容”文本框中，输入您想要搜索和替换的文本。在“替换为”文本框中，输入替换文本。单击“查找下一处”按钮，找到后文本呈现选中状态，然后执行下列操作：若要替换当前选中的文本，请单击“替换”按钮；若要替换文档中所有查找内容的文本，请单击“全部替换”按钮；若要跳过该文本实例并转到下一个实例，单击“查找下一处”按钮。此方法也同样适用于替换格式。

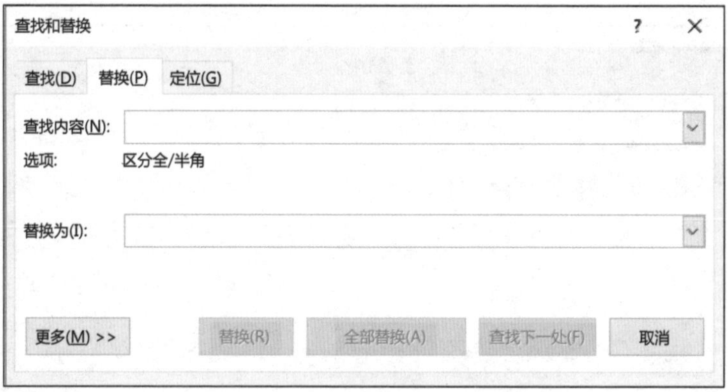

图 3.4–8

（2）文字信息查找。

您可以快速搜索字词或短语的匹配项。在“开始”选项卡的“编辑”组中单击“查找”按钮，或者使用 <Ctrl+F> 快捷键，弹出“查找和替换”对话框，在“查找内容”文本框中，输入要查找的文本。单击文本框右边的下拉按钮，找到的相对应的文本均会在下方的区域中依次排列，并且在文档相应位置中呈现选中状态。

（3）格式查找。

在“查找和替换”对话框中的“替换”选项卡中的“更多”按钮包括了“搜

索选项”和“替换”两大类，搜索选项包括了搜索的范围方向和一些特殊的搜索要求，如图 3.4–9 所示，比如区分大小写或者忽略空格等，可以根据搜索的不同内容进行具体选择。“替换”选项组包括格式、特殊格式和不限定格式 3 种，在格式中您可以查找加粗的文字，或者查找段前间距为 6 磅的段落，这样在修改相同的格式时就会节省很多查找的时间，还不会造成个别的遗漏现象。

（4）特殊格式。

Word 中强大的“特殊格式”下拉按钮，可以迅速地删除或添加一些特殊格式，比如批量删除 Word 文档中的回车空位。有时候需要把网站上查找到的信息复制到 Word 文档中，当将信息复制到 Word 文档进行编辑时，出现了好多向下箭头的符号，这就是软回车符号（Word 中软回车是同时按 <Shift+Enter> 快捷键得来的）这些软回车符号占用了文档很多的空间，批量地删除它们是最节省时间的办法，这时“替换”中的“特殊格式”下拉按钮就可以来帮忙了。在“开始”选项卡的“编辑”组中单击“替换”按钮，光标放在“查找内容”文本框里，单击“特殊格式”下拉按钮，在下拉列表框中选择“手动换行符”，这时在“查找内容”文本框中就出现了“^l”（这是字母 L 的小写），在“替换为”文本框里面不输入任何字符，然后单击“全部替换”按钮，就可以删除整个 Word 文档里面的软回车了。除此之外，在“特殊格式”下拉列表框中还包含很多选项，在此就不一一列举了，根据不同的替换要求去选择即可，具体使用方法同上。

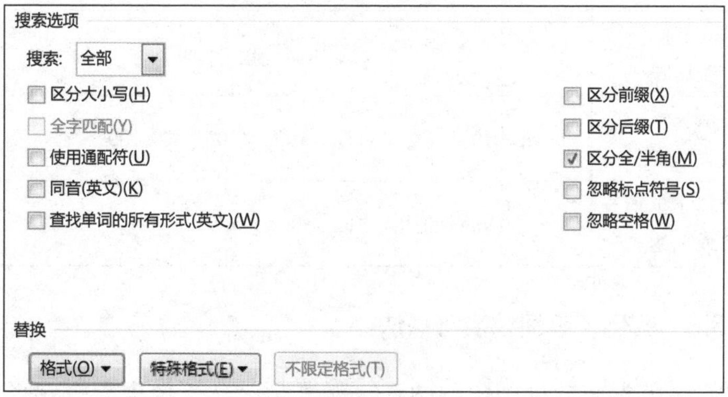

图 3.4–9

（5）通配符。

“使用通配符”复选框在“更多”按钮中的“搜索选项”内，勾择“使用通配符”复选框后，Word 只查找与指定文本精确匹配的文本，值得注意的是在使用通配符时“区分大小写”和“全字匹配”复选框会变灰、呈现不可选的状态，这表明该选项已自动选中，不能关闭这些选项。要查找已被定义为通配符的字符，请在该字符前输入反斜杠(\)。比如要查找问号，可输入“\？”。表 3.4-1 是常用的通配符和使用示例。

表 3.4-1　通配符使用表

序号	查找内容	通配符	示例
1	任意单个字符	?	s?t可查找“sat”和“set”
2	任意字符串	*	s*d可查找“sad”和“started”
3	单词的开头	<	<（inter）可查找“interesting”和“intercept”，但不可查找“splintered”
4	单词的结尾	>	（in）>可查找“in”和“within”，但不可查找“interesting”
5	指定字符之一	[]	w[io]n可查找“win”和“won”
6	指定范围内任意单个字符	[-]	[r-t]ight可查找“right”和“sight”。必须用升序来表示该范围
7	中括号内指定字符范围以外的任意单个字符	[!x-z]	t[!a-m]ck可查找“tock”和“tuck”，但不可查找“tack”和“tick”
8	n个重复的前一字符或表达式	{n}	fe{2}d可查找“feed”，但不可查找“fed”
9	至少n个前一字符或表达式	{n，}	fe{1，}d可查找“fed”和“feed”
10	n到m个前一字符或表达式	{n，m}	10{1，3}可查找“10”“100”“1 000”
11	一个以上的前一字符或表达式	@	lo@t可查找“lot”和“loot”

3.4.5.3　案例：瞬间替换符号法

不知大家是否遇到过这样的问题：需要将一张表格中的美元符号全部删除。不可能逐个去删除上千个数据，那么可以按如下方法操作。

For the year ended December 31th	2011 ($in millions)	2010 ($in millions)	Yr.-to-Yr. Percent Change	Yr.-to-Yr.Percent Change Adjusted for Currency
Global Services external revenue	$60 163	$56 424	6.6%	2.3%
Global Technology Services	$40 879	$38 201	7.0%	2.7%
Outsourcing	$23 911	$22 241	7.5%	3.0%
Integrated Technology Services	$9 453	$8 714	8.5%	4.1%
Maintenance	$7 515	$7 250	3.6%	-0.2%
Global Business Services	$19 284	$18 223	5.8%	1.5%
Outsourcing	$4 390	$4 007	9.5%	4.8%
Consulting and Systems Integration	$14 895	$14 216	4.8%	0.5%
Source: IBM Annual Report （2012）				

调出替换工具（图 3.4–10）。

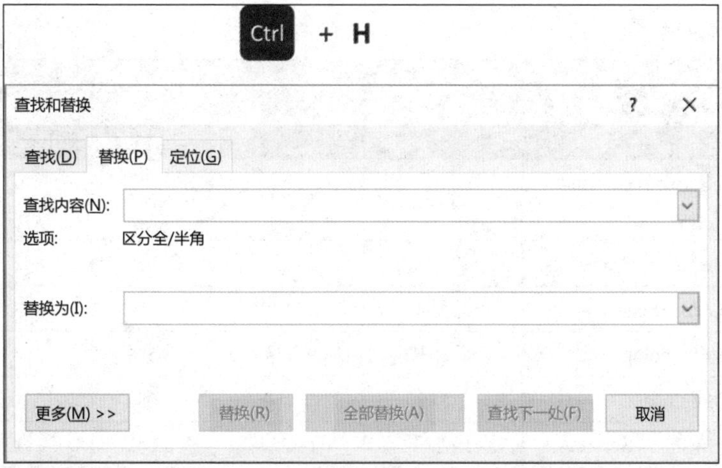

Ctrl + H

查找和替换 ? ×

查找(D) 替换(P) 定位(G)

查找内容(N):

选项: 区分全/半角

替换为(I):

更多(M) >> 替换(R) 全部替换(A) 查找下一处(F) 取消

图 3.4–10

在“查找内容”文本框中输入“$”符号，在“替换为”文本框中不输入任何字符。单击“全部替换”按钮，如图 3.4–11 所示。

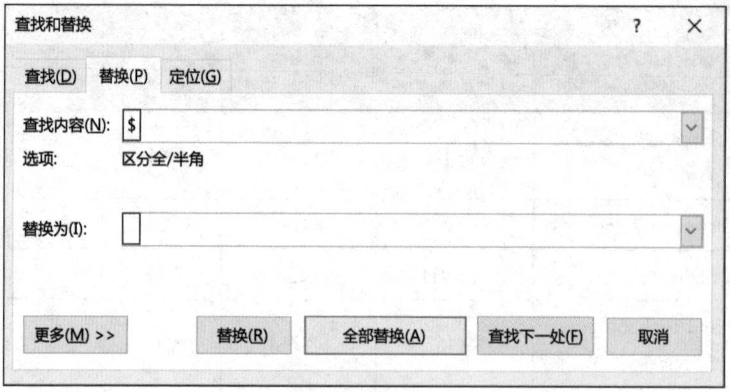

查找和替换 ? ×

查找(D) 替换(P) 定位(G)

查找内容(N): $

选项: 区分全/半角

替换为(I):

更多(M) >> 替换(R) 全部替换(A) 查找下一处(F) 取消

图 3.4-11

在图 3.4-12 中的对话框中单击“否”按钮。

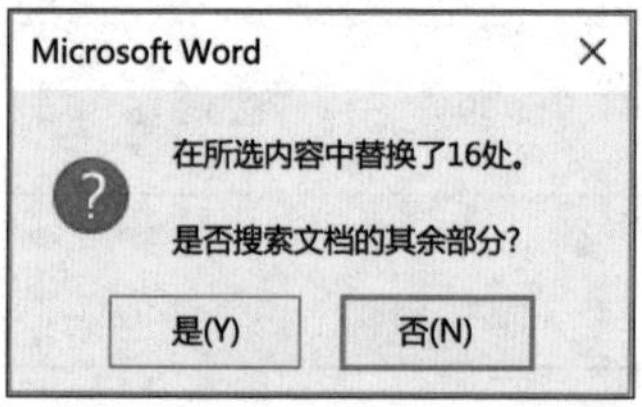

Microsoft Word ×

在所选内容中替换了16处。

是否搜索文档的其余部分?

是(Y) 否(N)

图 3.4-12

完成替换。

For the year ended December 31th	2011 ($in millions)	2010 ($in millions)	Yr.-to-Yr. Percent Change	Yr.-to-Yr.Percent Change Adjusted for Currency
Global Services external revenue	60 163	56 424	6.6%	2.3%
Global Technology Services	40 879	38 201	7.0%	2.7%
Outsourcing	23 911	22 241	7.5%	3.0%
Integrated Technology Services	9 453	8 714	8.5%	4.1%
Maintenance	7 515	7 250	3.6%	-0.2%
Global Business Services	19 284	18 223	5.8%	1.5%
Outsourcing	4 390	4 007	9.5%	4.8%
Consulting and Systems Integration	14 895	14 216	4.8%	0.5%

Source: IBM Annual Report（*2012*）

这个方法其实就是换了一种思路来使用 Word 的替换功能，即将美元符号替换为空。除了删除美元符号它还能做什么呢？仔细想想还有很多，比如将括号形式的负号替换为符号负号［如将（100.01）换成 -100.01］等，我们就不在此逐一列举了。

温馨提示

使用此方法时一定要避免全文替换，需要替换哪一部分就选中哪一部分，当替换完成提示出现并询问“是否搜索文档的其余部分”时一定要单击“否”按钮，不然就会变为全文替换。这样可能会将正文中非相关同类符号一并替换。

3.4.6 批注

添加有关此文档部分的备注或注释，主要是修改标记，给下一个审阅者提供修改提示。

新建批注：选择需要批注的文字后，有下面 4 种方式可以新建批注。

一是在“插入”选项卡的“批注”组中单击“批注”按钮，如图 3.4-13 所示，插入批注。

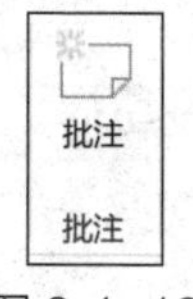

图 3.4-13

二是在“审阅”选项卡的“批注”组中单击“新建批注”按钮，如图 3.4-14 所示，插入批注。

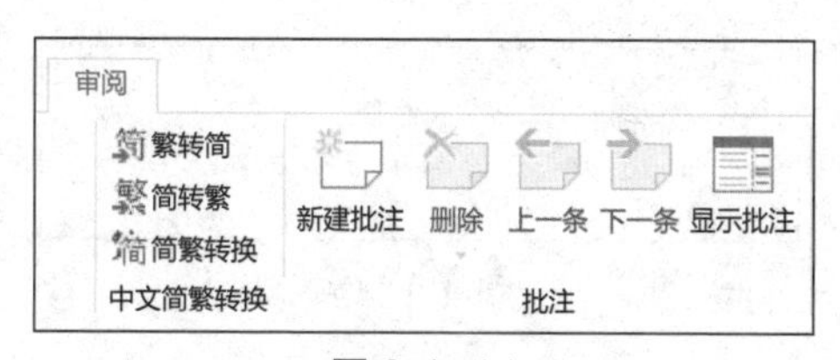

图 3.4-14

三是右击，在展开的快捷菜单中选择“新建批注”，如图 3.4-15 所示。

四是使用 <Ctrl+Alt+M> 快捷键新建批注。

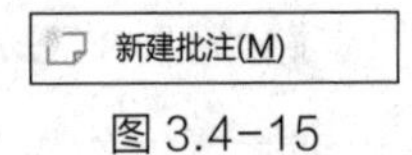

图 3.4–15

当未选择文字区域，只是将光标放在段落某处时，单击“批注”按钮，Word 自动就近选择词组添加批注。批注的表现形式如如图 3.4–16 所示，批注文字使用底色标记，在批注的任务窗格中可以添加批注内容。

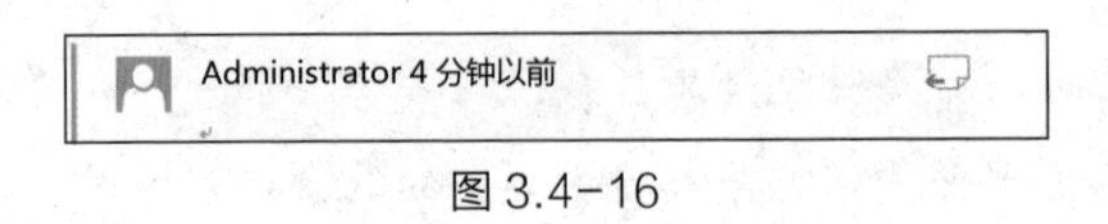

图 3.4–16

添加批注后，单击页面文字区，就会关闭展开的批注框，在右侧显示缩略图，如图 3.4–17 所示。单击缩略图即可查看批注内容。

图 3.4–17

答复批注：是相对于每次添加的第一个批注而言的，是第一个批注的回复。一个批注可以对应很多个答复批注。添加答复批注的方式有以下几种。一是新建批注后，右击批注，在快捷菜单中选择“答复批注”，如图 3.4–18 所示。

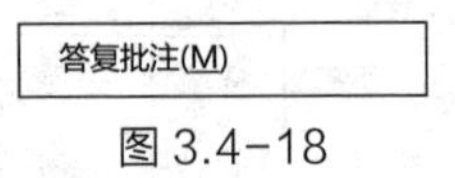

图 3.4–18

二是在“批注”任务窗格中，有个答复按钮，单击即可添加答复批注。

三是单击一开始新建的批注，再次单击“新建批注”按钮，添加的就是答复批注，如图 3.4–19 所示。

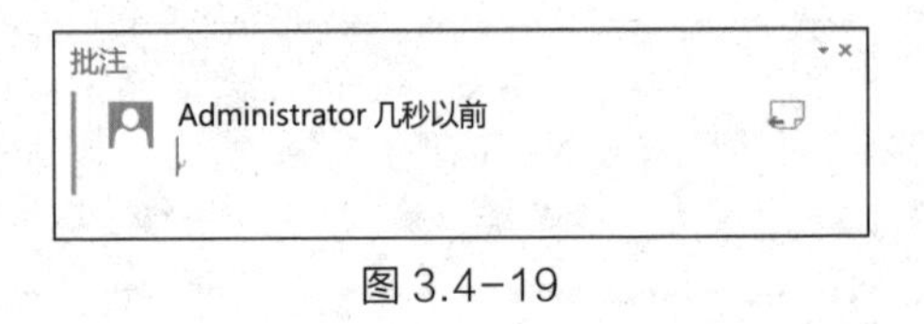

图 3.4–19

答复批注的表现形式，在“批注”任务窗格中可以看到，除最上面的批注以外，其他批注的开始位置向右缩进了一定距离，如图 3.4–20 所示，这些批注就是上面批注的答复。

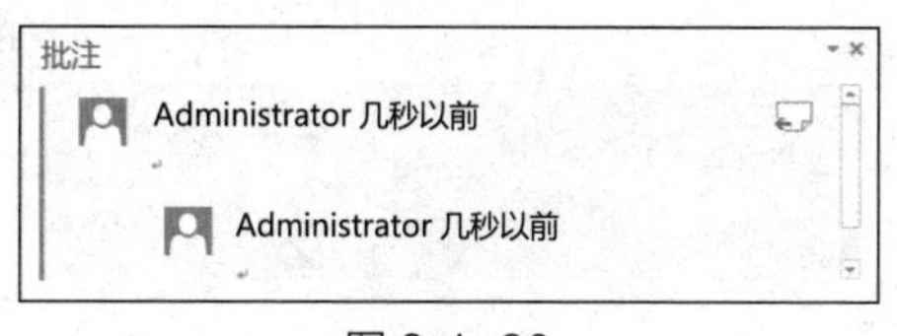

图 3.4-20

删除批注：删除文档中的批注。

在批注框中右击任一批注，选择“删除批注”，如图 3.4-21 所示，即可删除该批注。

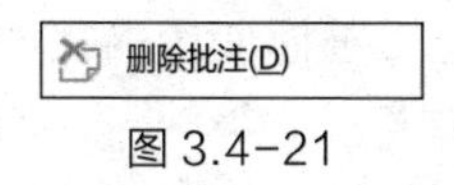

图 3.4-21

选择批注后，在“审阅”选项卡的“批注”组中单击“删除”按钮，如图 3.4-22 所示，即可删除该批注。

图 3.4-22

在“审阅”选项卡的“批注”组中单击“删除”下拉按钮，有 3 个选项，如图 3.4-23 所示，其中“删除”是指直接删除当前选中的批注，“删除文档中的所有批注”是指可以一次性删除添加过的所有批注。

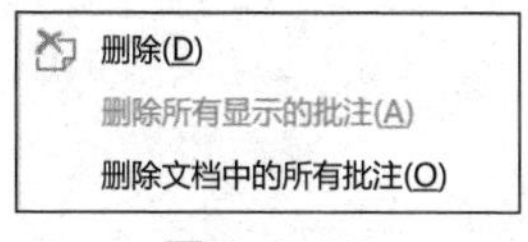

图 3.4-23

上一条、下一条：在批注框中单击选中一个批注后，单击“上一条”或“下一条”按钮可以跳转到上一个或下一个批注，如图 3.4-24 所示。

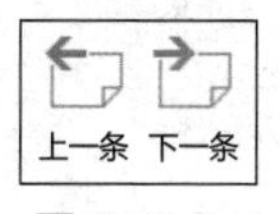

图 3.4-24

显示批注：单击如图 3.4-25 所示按钮，会在文档旁边显示所有批注，以一条灰色竖线分隔文档内容与批注内容。而未单击该按钮时，批注框则以缩略图显示批注，不会显示批注内容。

图 3.4-25

激活显示批注：批注是标记的一种，在“审阅”选项卡的“修订”组中，单击“显示标记”按钮，在下拉列表框里勾选“批注”，如图 3.4-26 所示，才可以激活“显示批注”按钮，进而使用列表或批注框显示批注，否则在文档中看不到添加的批注。

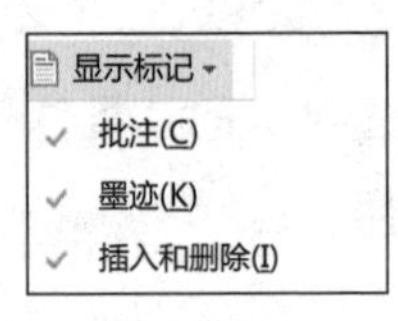

图 3.4-26

批注框的显示内容也是在“显示标记”的下拉列表框内的“批注框”中设置的。默认情况下选择“仅在批注框中显示批注和格式”，如图 3.4-27 所示。

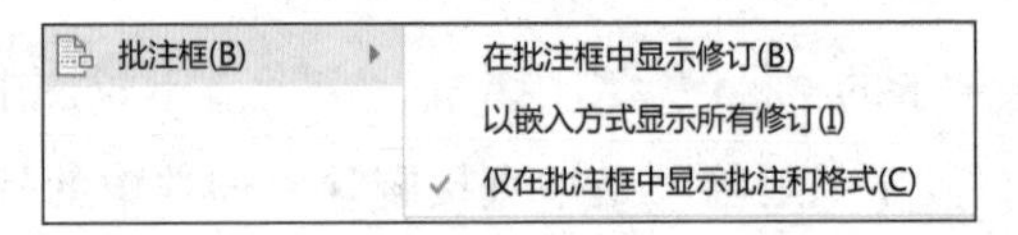

图 3.4-27

将批注标记为完成（图 3.4-28）：批注标记为完成是告诉下一审阅者，这里不需要修改或答复了。

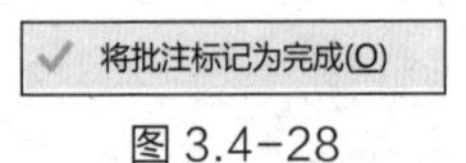

图 3.4-28

标记完成后文字会显示为灰色。若标记完成的批注是答复批注，则只有当前批注变为灰色；若标记完成的批注并非答复批注，那么它下面的所有答复批注都变为灰色，如图 3.4-29 所示。

打印标记：打印文档时，可以通过设置打印包含所有标记的文档。在“文件”选项卡上，单击“打印”按钮，在“设置”下单击“打印所有页”下拉按钮，在下拉列表框中勾选“打印标记”即可，如图 3.4-30 所示。

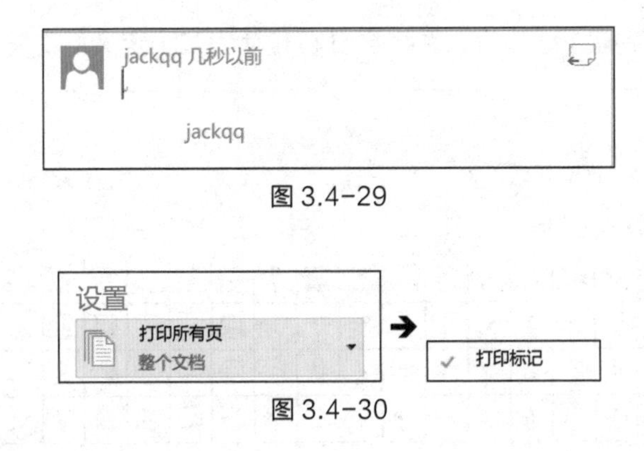

图 3.4–29

图 3.4–30

3.4.7　符号

符号：在文档编辑中符号是必不可少的，但键盘上所提供的符号选择并不足以满足日常需要，这时可以借助 Word 提供的扩展符号选项添加更多的自定义符号到文档中。

在“插入”选项卡的“符号”组中单击“符号”按钮，即可以见 Word 列出的最近所使用过的符号，如图 3.4–31 所示。

图 3.4–31

如果这里没有您需要的符号，可选择“其他符号”，弹出符号的扩展对话框，在这里可以找到已安装字体中所提供的各种符号，如图 3.4–32 所示。这个对话框中的符号面板与项目符号中的符号面板是同一个，很多选项功能也是一样的，就不再介绍了。相比而言这个对话框多了“自动更正”和“快捷键”按钮。

“自动更正”按钮：单击该按钮，弹出“自动更正”对话框，如图 3.4–33 所示。可以设置自动更正拼写规范，以及可以输入键盘字母组合，通过自动更正替换为符号；“数学符号自动更正”也是同样的道理，即设定此功能后，输入某组特定字符并确认后，系统会自动替换为某个定义好的符号。

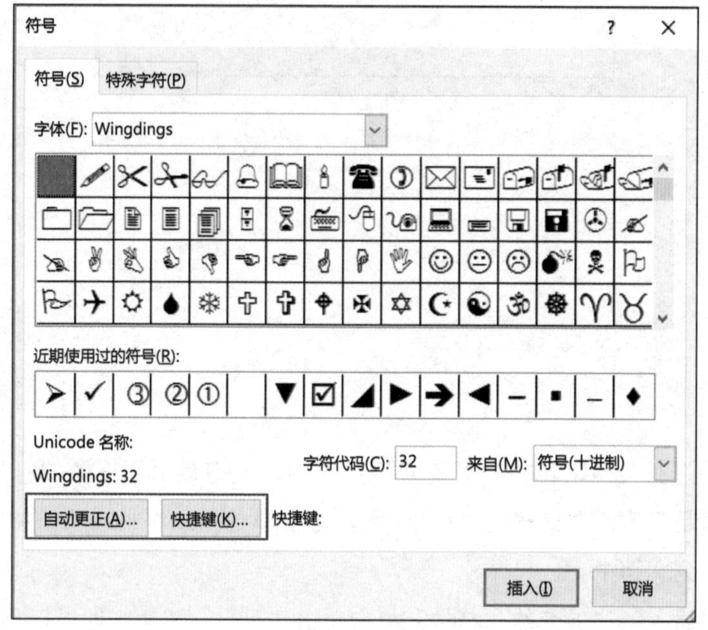

图 3.4-32

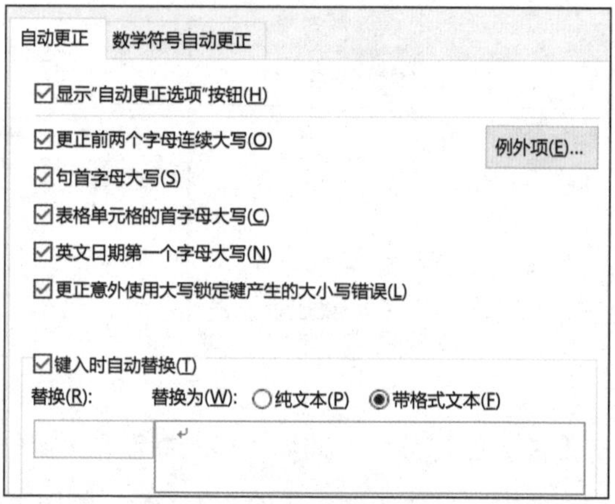

图 3.4-33

特殊字符：提供了常用的特殊字符以及输入时对应的快捷键。“特殊字符”选项卡下方有“快捷键”按钮，如图 3.4-34 所示，单击此按钮可弹出设置快捷键的对话框。

“快捷键”按钮：单击该按钮，弹出“自定义键盘”对话框，定义符号的快捷键，如图 3.4-35 所示。在这里可以通过定义快捷键将常用符号快速调出，但需要注意的是，当前所定义的快捷键不能和任何软件功能快捷键产生冲突。

图 3.4-34

自定义键盘
指定命令
类别(C):
常用符号
命令(O):
— 长划线
指定键盘顺序
当前快捷键(U):
Alt+Ctrl+Num -
请按新快捷键(N):
将更改保存在(V): Normal.dotm
说明
插入 长划线 字符
指定(A)
删除(R)
全部重设(S)...
关闭

图 3.4-35

3.4.8 简繁体转换

在“审阅”选项卡的“中文简繁转换”组中，可以进行简繁体转换，如图 3.4-36 所示。

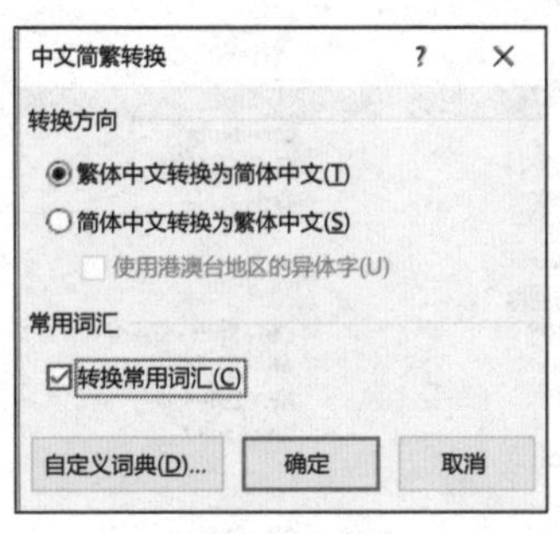

图 3.4-36

“繁转简”按钮：将文档中的繁体字转换为简体字。

“简转繁”按钮：将文档中的简体字转换为繁体字。

“简繁转换”按钮：单击该按钮，若选中“繁体中文转换为简体中文”单选按钮，可以勾选“转换常用词汇”复选框；若选中“简体中文转换为繁体中文”，当勾选了“转换常用词汇”复选框，则“使用港澳台地区的异体字”复选框未被激活，不能勾选，相反，如果没有勾选“转换常用词汇”复选框，则“使用港澳台地区的异体字”复选框被激活，可以勾选。即“转换常用词汇”复选框优先级较高，决定了是否激活“使用港澳台地区的异体字”复选框。

“转换常用词汇”复选框一旦被勾选则简繁转换不仅会将文字进行转换，还会将词汇替换。因此，在正常文字简繁体转换时不应勾选此复选框，以免词汇被错误替换。

自定义词典：可以添加转换词语形成自己的词典，如图 3.4-37 所示。

3.4.9 拼写检查

在 Word 文档中经常会看到某些单词或短语的下方标有红色或蓝色波浪线，这是由 Word 提供的“拼写和语法”检查工具（图 3.4-38）根据 Word 的内置字典标示出的含有拼写或语法错误的单词或短语。其中红色波浪线表示单词或短语有拼写错误，而蓝色波浪线表示语法错误，当然这种错误仅仅

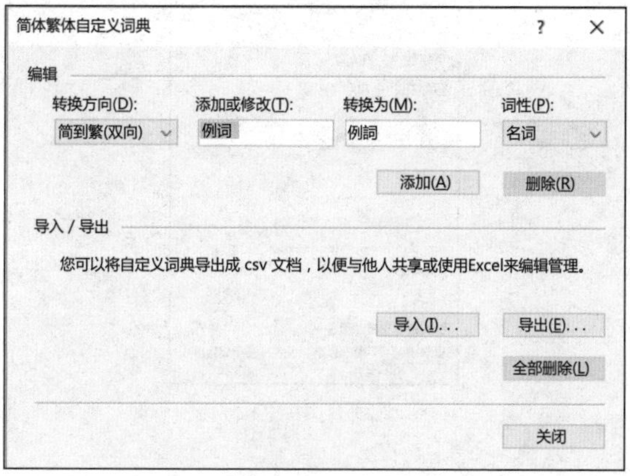

图 3.4-37

是一种修改建议，并不一定要遵从。同时其中建议也不一定全部正确。比如“colour”和“color”为“颜色”的英式和美式的不同拼法，但前者会在拼写检查中被标示拼写错误。这一点可以理解，毕竟 Word 是美国人写的程序，但其实并不需要就此进行拼写修改。同时很多公司名称的英文也会被标示拼写错误，这时需要认真审查以防调整后反而出错。

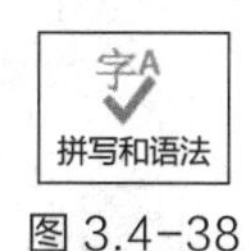

图 3.4-38

在“审阅”选项卡的“校对”组中单击“拼写和语法”按钮，可以弹出“语法”窗格，如图 3.4-39 所示，当您有选择需检查的文字区域，则优先检查选择区域文字，如果没有错误，系统会提示“已完成对选定内容的检查，是否继续检查文档的其余部分”。单击“是”按钮，则从文档顶部开始检查拼写和语法错误。拼写和语法的检查是一句一句依次检查的，当系统认为出现错误，需要编辑者进行修改直到错误消除，或者编辑者觉得这个错误不用修改，可以忽略，单击“忽略”按钮即可跳到下一错误条目，直到处理完所有错误。单击“忽略规则”按钮，可以一次性忽略文档中同类错误，它们不会出现在“语法”窗格。当您不想修改文档，关闭“语法”窗格，下次再次使用“拼写和语法”时，就会从您处理中断的位置开始。当您修改错误时，检查中断，单击“恢复”按钮，即可再次激活检查进程。

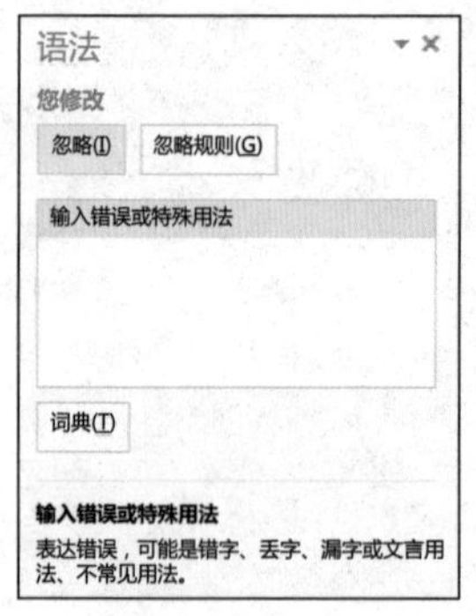

图 3.4-39

3.4.10 修订

修订是 Word 中的一个非常实用的功能，其作用为跟踪文档中的所有更改，并使用特殊标记记录下来，以备后续查看、调整。在金融行业中，所有的 Word 文档均不是单人一次完成的，因此该功能的应用很频繁。在“审阅”选项卡的“修订”组中单击“修订”按钮下的下拉按钮，在下拉列表框中选择“修订”，如图 3.4-40 所示，当“修订”被激活后，文档中的修改部分都被添加标记。

图 3.4-40

锁定修订：设置密码防止其他人关闭修订。选择“锁定修订”，弹出“锁定跟踪”对话框，输入密码并单击“确定”按钮，如图 3.4-41 所示。当修订被锁定时，“修订”按钮显示为灰色，即为不被激活状态，下一个编辑者若

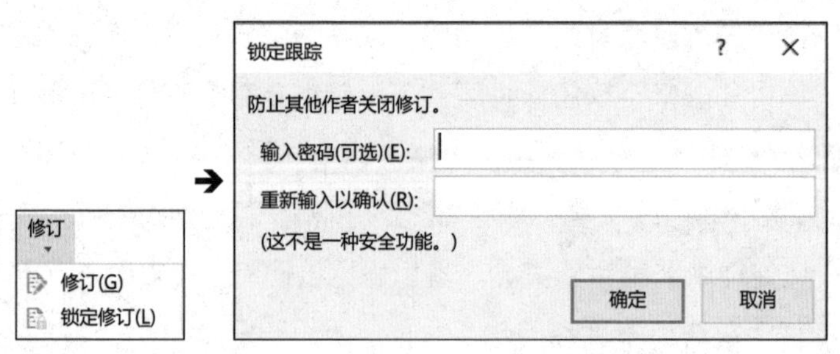

图 3.4-41

无解除锁定的密码则不能关闭此功能，并且不能接受或拒绝修订。只有输入之前设置的密码才可以解开对于当前文档修订功能的锁定。

文档修订的显示方式：简单标记、所有标记、无标记、原始状态，如图 3.4-42 所示。

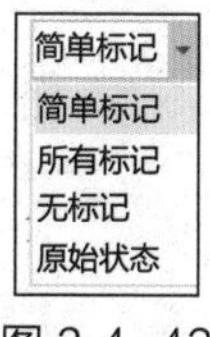

图 3.4-42

- 简单标记：只是在文档有修改的段落左侧，显示红色线条以示标记。不含有文字标注。

- 所有标记：在文档新添加的内容中，使用带颜色的线条和下划线标记，删除替换的文字，在文字中部加线标记。在关闭文档后，重新打开文件修订时，会使用不同的颜色标记，和之前修改区分。在文档右侧使用文字标记文档内容的格式修改。当鼠标指针滑过文字标记，还会显示标记的时间。在文档左侧仍然显示标记线条，但会以灰色线条显示。

- 无标记：在文档中不显示任何标记，选择“无标记”时，文档中展示的内容即为修改后的内容。

- 原始状态：选择“原始状态”，可以查看未修订前的文档内容。

修订功能被激活后，当某一段落中出现修订则其左侧会出现一条当前段落存在修订的提示标记线，双击左侧显示的提示标记线，可在修订显示的“简单标记”和“所有标记”两种状态间进行切换。

显示标记：选择要在文档中显示的标记类型。在下拉列表框中可以看到文档中的标记类型包含批注、墨迹、插入和删除、设置格式、批注框、特定人员等，如图 3.4-43 所示。默认情况下这些标记都是被勾选的，当您不想要显示哪一种标记时，可以在这里进行设置。

- 批注：勾选“批注”会影响批注的显示状态。这点在“批注”的内容里已经详细讲解过了，就不再赘述。

- 插入和删除、设置格式：修订时常常见到的修订是插入和删除、设置格式，即文档内容的添加和删除，以及格式的修改。

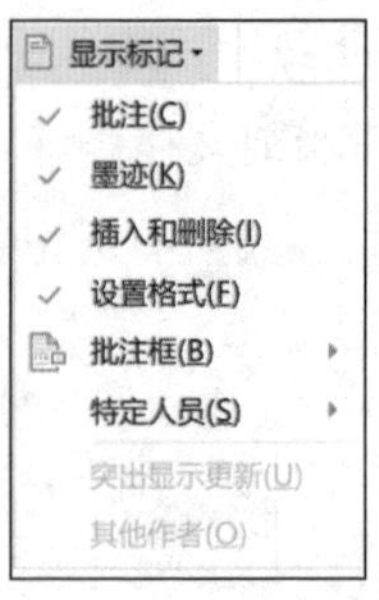

图 3.4-43

- 批注框：该功能在前文也已经讲过，不再重复。
- 特定人员（图 3.4-44）：修订时，Word 可以抓取计算机的用户，并将标记与用户名联系起来，在此显示的是编辑过文档的不同的用户。您可通过取消某一用户的勾选，从而取消显示这一用户的所有修订。

图 3.4-44

审阅窗格：在列表中显示文档的所有修订，包含“垂直审阅窗格”和“水平审阅窗格”，如图 3.4-45 所示。

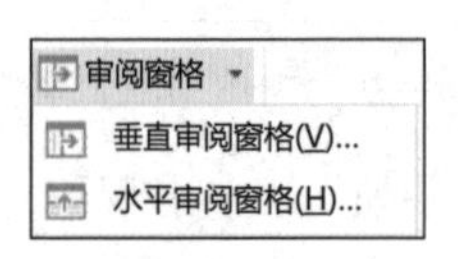

图 3.4-45

审阅窗格中包含以下信息：修订的详细汇总、所有的修订列表（按时间先后排列），如图 3.4-46 所示。选择“水平审阅窗格”后，每一条修订的右侧还会显示修订的时间。

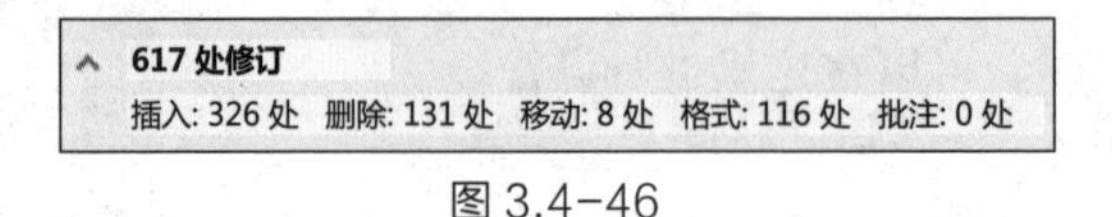

图 3.4-46

单击每一条修订，会跳转到文档中修订的内容位置，方便再次对其进行修改，如图 3.4-47 所示。

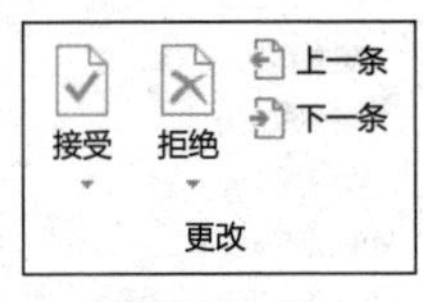

图 3.4-47

通过“审阅”选项卡上的“更改”组可对修订条目进行设置操作，包括接受修订、拒绝修订、上一条和下一条的跳转。

接受（图 3.4-48）：接受此修订并移到下一条修订。接受修订后，该修订不会再显示在“修订”窗格，也无从查看相对于原始文件此处所做的修改，所以接受修订要谨慎，一般在文件已修改完成、确定不会再次修改的情况下接受修订。

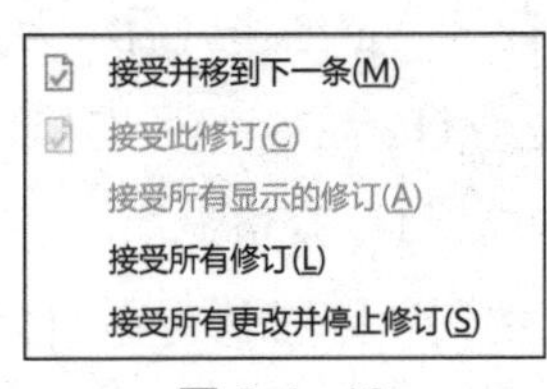

图 3.4-48

- 接受并移到下一条：按条目确认是否接受修订并移动到下一条。
- 接受此修订：针对某一修订的确认，不会有下一步移动条目操作。
- 接受所有显示的修订：配合“显示标记”中“特定人员”的功能可以实现仅接受某位特定审阅者的修订。
- 接受所有修订：一次性接受所有修订，这个操作要谨慎，接受修订后将无法查看修改之前的内容。
- 接受所有更改并停止修订：在接受所有修订后，终止修订行为。这样再次进行的修改不会在“修订”窗格显示。

拒绝（图 3.4-49）：拒绝此修订并移到下一条修订。拒绝修订后，该修订将被取消，恢复未修订前的文字。此按钮常用于拒绝删除内容的修订，当删除的内容在之后需要恢复时使用拒绝修订是非常便利的，它与撤销修改的不同在于，拒绝修订不受时间、步数限制。撤销是以当前的判断而论的，拒绝修订是在任何时候取消修订都可以。同样拒绝修订要谨慎，拒绝修订后，该修订也不会再次出现，一般在文件已修改完成、确定可以取消修订的情况下拒绝修订。

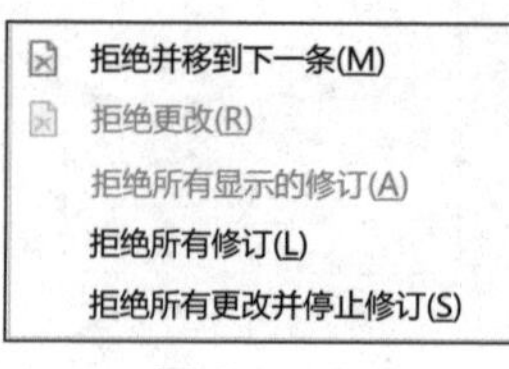

图 3.4-49

- 拒绝并移到下一条：按条目确认是否拒绝修订并移动到下一条。
- 拒绝更改：针对某一修订的拒绝确认，不会有下一步移动条目操作。
- 拒绝所有显示的修订：与“接受所有显示的修订”功能类似，可以辅助实现仅拒绝某位特定审阅者的修订。
- 拒绝所有修订：一次性拒绝所有修订，这个操作要谨慎，拒绝修订相当于您所做的修改操作都白费了。拒绝修订后将无法查看修改的内容。
- 拒绝所有更改并停止修订：在拒绝所有修订后，终止修订这个行为。这样再次进行的修改不会在“修订”窗格显示。

“上一条”“下一条”按钮：用于修订条目间的跳转。以字面意思论，即单击对应按钮可跳转到上一条或下一条修订。

3.4.11 文档比较

比较两个文档以查看它们之间的差异，也可以将不同作者的修订组合到单个文档中。

在日常工作中经常会遇到多个近似版本寻找差异点的工作，比如合同、过往版本的方案或标书等。这时“文档比较”这个功能就十分有用，如图 3.4-50 所示，它可以快速比较出两个 Word 文档的文字或格式差异，并按要求进行整合。

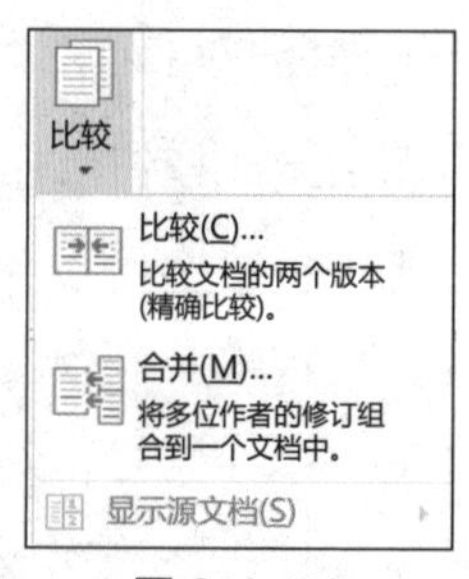

图 3.4-50

3.4.11.1 比较文档

精确比较文档的两个版本。弹出的“比较文档”对话框中包括“原文档”、“修订的文档”、“更多”下的“比较设置”和“显示修订”等，如图 3.4-51 所示。

比较文档

原文档(O)　　修订的文档(R)

修订者显示为(E):　　修订者显示为(B):

<< 更少(L)　　确定　　取消

比较设置

☑ 插入和删除　　☑ 表格(A)

☑ 移动(V)　　☑ 页眉和页脚(H)

☑ 批注(N)　　☑ 脚注和尾注(D)

☑ 格式(F)　　☑ 文本框(X)

☑ 大小写更改(G)　　☑ 域(S)

☑ 空格(P)

显示修订

修订的显示级别:　　修订的显示位置:

○ 字符级别(C)　　○ 原文档(T)

◉ 字词级别(C)　　○ 修订后文档(I)

◉ 新文档(U)

图 3.4-51

原文档：选择最初的原始状态下的文档。

修订的文档：经过修改后的文档。

“更多”下的“比较设置”（图 3.4-52）：包括插入和删除、移动、批注、格式、大小写更改、空白区域、表格、页眉和页脚、脚注和尾注、文本框、域。一个文档中也就包含这些修改方向，所以当您对两个文档进行比较时，把这些全部都勾选，无论别人修改了什么地方，都会显示出来，能够大大提高工作效率。

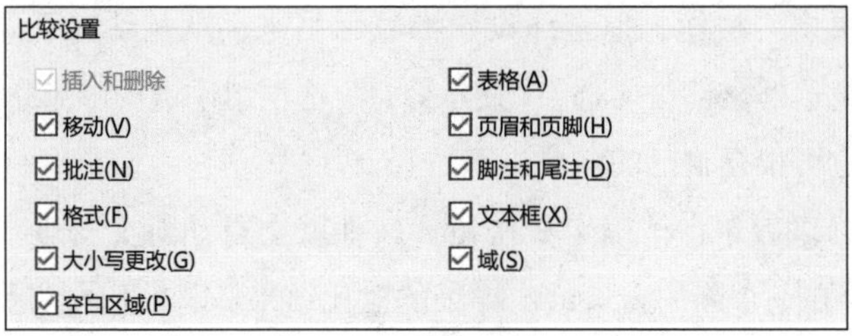

比较设置

☑ 插入和删除　　☑ 表格(A)

☑ 移动(V)　　☑ 页眉和页脚(H)

☑ 批注(N)　　☑ 脚注和尾注(D)

☑ 格式(F)　　☑ 文本框(X)

☑ 大小写更改(G)　　☑ 域(S)

☑ 空白区域(P)

图 3.4-52

“更多”下的“显示修订”（图 3.4–53）：包括“修订的显示级别”和“修订的显示位置”两个板块。“修订的显示级别”包括“字符级别”（字符包括字体名称、字号、颜色、加粗、斜体、下划线、边框和底纹。字符不包括段落特征的格式，例如行距、文本对齐方式、缩进和制表位。字符通常控制少量文档的格式，例如，要突出显示段落中的一个单词）和“字词级别”（控制的是一个词语或词语中的一个文字，当满足条件时就会显示出来）。“修订的显示位置”包括“原文档”（修改的位置会在原始文档中被标记出来并进行相同修改）、“修订后文档”（修改位置在修订后的文档中被标记出来并进行相同的修改）和“新文档”（在进行比较时会自动打开一个新文档，显示修改后的文件并标记出修改位置）。在比较两个文档时，为了不破坏原始文件和别人修改的文件，都会选择新文档进行比较。

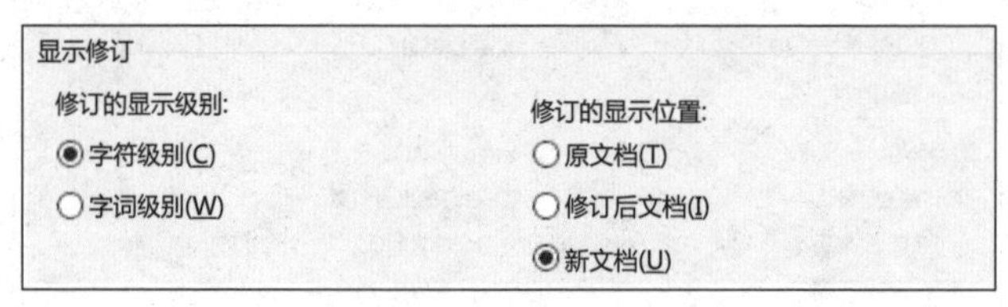

图 3.4–53

3.4.11.2 比较文档制作方法

选择原文档的方法：在“比较文档”对话框中单击“原文档”下的下拉按钮，在下拉列表框中选择原始状态下的文档，如果下拉列表框中没有您想要的文档，可选择“浏览”或单击文本框后面的文件夹图标，在弹出的对话框中找到原始文档并单击“打开”按钮，在“原文档”下的列表框内就会显示原始文档。

选择修订的文档方法：参考“选择原文档的方法”。

单击“更多”按钮，把全部设置都显示出来，默认状态下“比较设置”选项组下的复选框全部被勾选，“显示修订”选项组中选中“字符级别”和“新文档”。您也可根据自己的需求进行选择。

全部设置以后单击“确定”按钮。软件就会自动对文档进行对比，对比完成后，就会在一个新的窗口给出详细的对比结果，分 4 部分显示，分别是“修订”“比较的文档”“原文档”“修订的文档”，如图 3.4–54 所示。

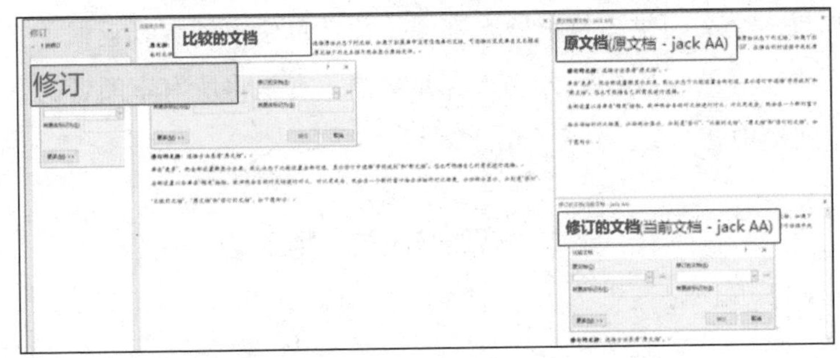

图 3.4-54

这样，就可以清楚地看出两个 Word 文档的差异点了。在“修订”部分也可以清楚了解修改者都对什么地方进行了修改、修改了几处。在新文档中也会有相应标记。

温馨提示

在没有使用“比较文档”的情况下，又要对两个文档进行比较时，可以使用“并排比较文档”。让两个文档显示在同一个窗口下，不用来回切换，这样更能准确了解到什么位置进行了什么样的修改。

比较文档的制作方法：打开要比较的两个文档。在“视图”选项卡的“窗口”组中单击“并排查看”按钮，如图 3.4-55 所示。

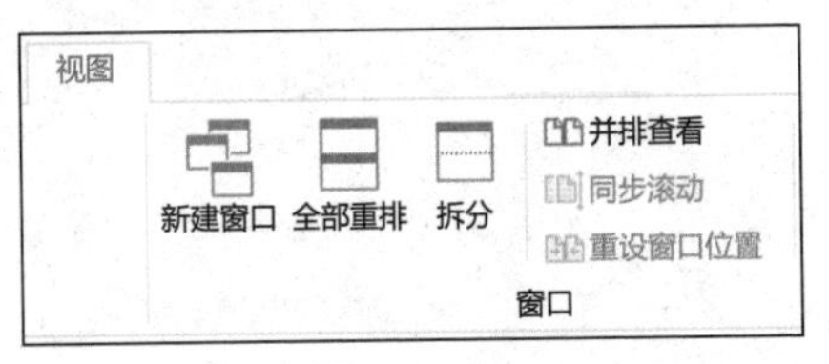

图 3.4-55

温馨提示

若要同时滚动两个文档，在“视图”选项卡的“窗口”组中单击“同步滚动”按钮即可。若要关闭“并排查看”视图，请在“视图”选项卡的“窗口”组中单击“并排查看”按钮。

3.4.11.3　合并文档

“合并文档”用于将多位修改者的文档合并到一个文档中，如图 3.4-56

所示。如果一个文档供多位审阅者审阅，并且每位审阅者都返回了文档，可以按照每次合并两个文档的方式来合并文档，直至将所有审阅者的修改都合并到一个文档中。

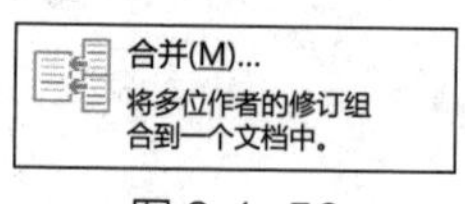

图 3.4-56

“合并文档”对话框中包括“原文档”、“修订的文档”、“更多”下面的“比较设置”和“显示修订”，如图 3.4-57 所示。

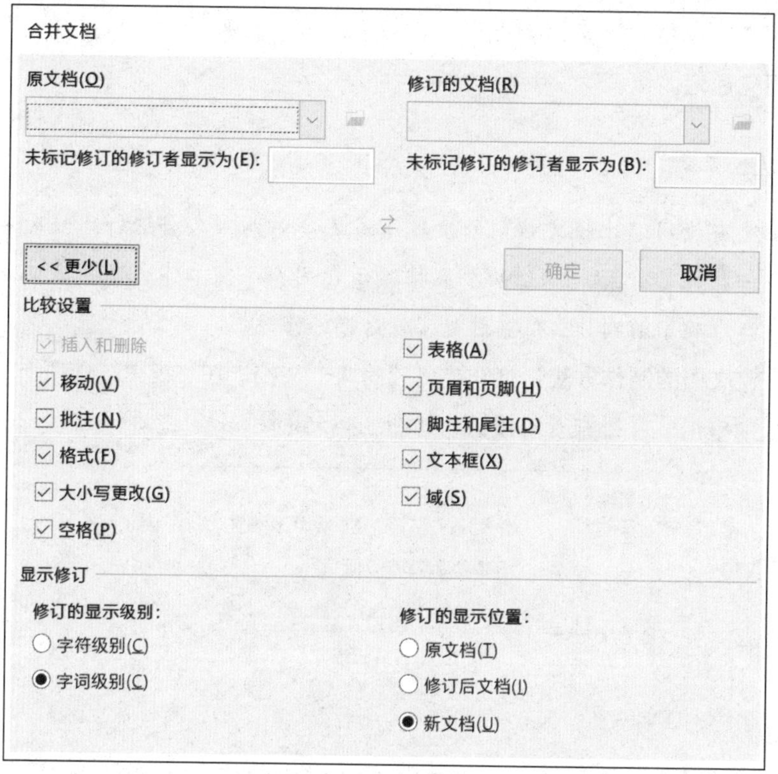

合并文档

原文档(O)

修订的文档(R)

未标记修订的修订者显示为(E):

未标记修订的修订者显示为(B):

<< 更少(L)

确定

取消

比较设置

插入和删除

表格(A)

移动(V)

页眉和页脚(H)

批注(N)

脚注和尾注(D)

格式(F)

文本框(X)

大小写更改(G)

域(S)

空格(P)

显示修订

修订的显示级别:

字符级别(C)

字词级别(C)

修订的显示位置:

原文档(T)

修订后文档(I)

新文档(U)

图 3.4-57

合并文档制作方法：参考“比较文档”制作方法。

合并文档时在弹出的对话框中选择“原文档”和“修订的文档”以后，下面的“未标记修订的修订者显示为”处于可编辑状态，您可以对两个文档进行不同的标记，合并之后可区分是原文档还是修订的文档。

“更多”下的两个选项组里的设置原理与“比较文档制作方法”中相同。

全部设置以后单击“确定”按钮，Word 将自动打开一个新的文档，它结合了原文档和修改的文档，显示修改方面的差异，还会显示合并的原文档和修改后的文档。

合并更多的修改文档：如果要合并更多副本，则把两个文档合并完成的新文档进行保存，保存的新文档包含之前合并的两个修改后的文档。然后将更多修改后的文档合并到这个新保存的文档中。之后的每个文档的合并都是遵循前面的制作方法，直到把所有的修改文档都进行了合并。这样就是一个完整的合并文档，也不会出现遗漏或重复的现象。

温馨提示

如果要合并多个文档并生成单个文件，可以复制所有文档的内容并将其粘贴到一个文件中。或者，可以打开第 1 个文档，然后在“插入”选项卡的“文本”组中单击“对象”下拉按钮，在下拉列表框中选择“文件中的文字”（将文件中的文本插入您的文档中），如图 3.4-58 所示。找到要添加的文档，单击它们，然后单击“插入”按钮。

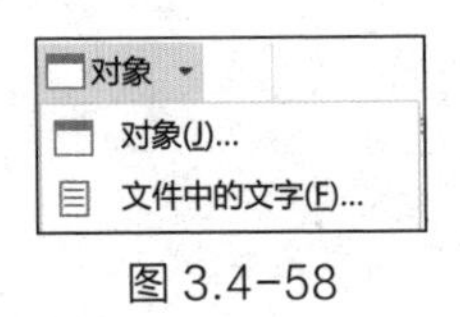

图 3.4-58

3.4.12 “不听话”的光标：即点即输

在编辑 Word 文档时，有时会遇到双击页脚无法进入页脚编辑状态，反而光标会出现在页面某个空白区域的现象。编辑符号设定未显示，而且 Word 自动插入了很多回车符和制表键符号，从而将光标放到了那个地方，这是在 Word 的基本属性功能中打开了一个叫作“即点即输”的功能造成的。Word 的这个功能本身是提供给对软件操作不熟练的人，方便其可以在页面编辑区域的任何位置随时输入文字，但对于已熟练掌握排版技巧和规则的人而言，此功能反而会对正常排版造成困扰。

取消此功能的方法为：在“文件”选项卡上，单击“选项”按钮，在弹出的对话框中单击“高级”标签，然后找到“编辑选项”选项组中的“启用‘即点即输’”复选框，如图 3.4-59 所示，取消勾选此复选框，最后单击“确定”按钮即可。

启用"即点即输"(C)

图 3.4-59

第4章

Word 中的表格

为什么要在文档内插入表格，相信您在 PPT 的学习中已经了解到，Word 中的表格与 PPT 中的表格虽然有相同之处，但是也有不同之处。Word 中的表格有很多 PPT 中的表格没有的功能和属性，来一起了解一下 Word 中的表格。

在研究报告中有几种应用表格的情况，虽然表格的使用方式没有区别，但作用却不同。其中一种是用于制作特殊样式的文章标题，如图 4.1–1 所示。下面介绍如何制作这种标题。

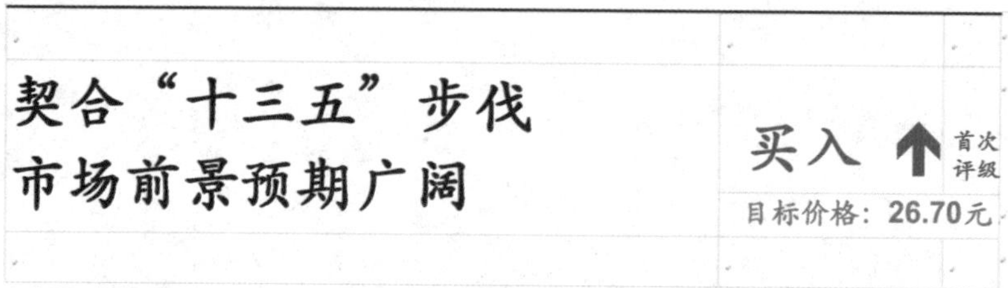

契合“十三五”步伐
市场前景预期广阔

买入 首次评级

目标价格：26.70元

在插入表格前需要清楚放入的内容以及想要的样式，如此才能确定要插入几行几列的表格，不至于边做边改。从制成的效果可以推断出，文章标题需要插入标题文字以及重点描述内容，最简单的是使用1行3列的表格，加上下边线，为了增大文本和边线距离，亦可在文本上下各加一行，故而是3行3列。

图 4.1–1

4.1 插入表格

插入表格的方法包括 5 种，如图 4.1–2 所示：直接选择行和列插入表格；“插入表格”；“绘制表格”；“Excel 电子表格”；“快速表格”。第 1 种到第 4 种的插入方法可参考 PPT 表格插入方法，此处不展开描述。

现在详细介绍一下第 5 种“快速表格”，即集成的样板表格，就是 Word 中内置的一些表格的样式，包括表格式列表、带副标题表格、矩阵、日历、双表表格。

插入方法：在“插入”选项卡中，选择“表格”下拉列表框中的“快速表格”，在“快速表格”的下拉列表框中选择需要的表格样式，然后对插入的表格进行修改。

利用该方法插入一些与数据相关的表格虽然比较方便、快捷，但我们不提倡使用，因为直接插入的表格与制作的文档风格不统一。

无论使用哪种方法插入表格，默认情况下表格都会带有左右边距，表4.1-1所示是表格有边框的样子，可想而知，若有边框，整体表格与正文相比会左右溢出，这样既不美观也影响未来对表格的整体把控。

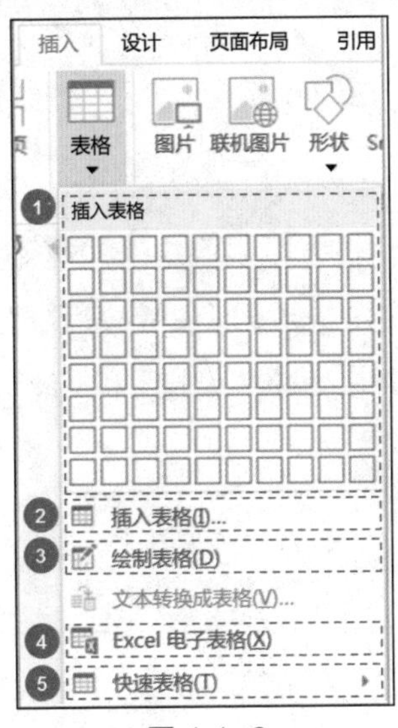

图 4.1-2

表 4.1-1　有边框的表格

文本	文本	文本
文本	文本	文本
文本	文本	文本

如要做到表格边框与页面内容区域对齐，则需要将默认单元格边距清零。具体步骤见图4.1-3：选中目标表格右击并选择快捷菜单中的“表格属性”，在弹出的对话框的右下方单击“选项”按钮，在弹出的子对话框中的“默认单元格边距”选项组中将“上”“下”“左”“右”均设置为0，单击“确定”按钮，再单击“确定”按钮。

这样就得到了一个不会溢出内容区域的表格了。当要制作的表格有上下框线而无左右框线时也需要清除单元格边距，这样表格内的信息展示将更加美观。

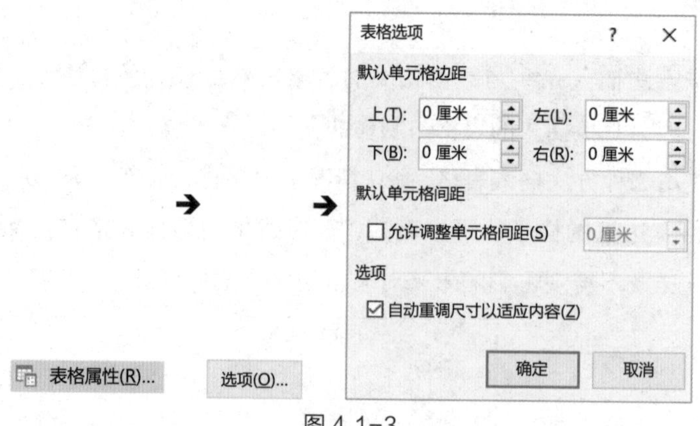

图 4.1-3

表格展现方式的多样化很多时候取决于边框和底纹的应用，选择表格对象或将光标放在表格单元格内，会发现在 Word 顶部菜单栏出现了“表格工具”工具栏，用以修改表格的属性，包含“设计”和“布局”两个选项卡，如图 4.1-4 所示。

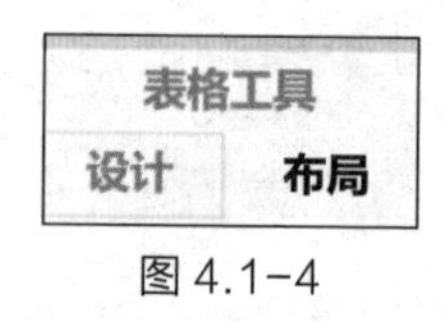

图 4.1-4

大多表格是通过修改底纹、设置边框来区别不同的表格样式的。

4.2　表格的设计

4.2.1　底纹

为表格添加适当的底纹，既可以区分表格是做标题还是内容，又可以起到让表格美观和使表格和文档风格统一的作用。在“表格工具”的“设计”选项卡的“表格样式”组内有“底纹”按钮。单击“底纹”按钮右边的下拉按钮会出现一个下拉列表框，如图 4.2-1 所示，在这里选择要填充的颜色。

（1）主题颜色。

“主题颜色”是底纹颜色配置的第一分类，也就是在制作这套页面时母版的颜色，在使用这些颜色填充底纹时要注意，如果选中的是整个表格，那么整个表格都会填充上所选的底纹颜色，如果光标放在某一个单元格内，那么只有光标所在单元格会填充上底纹颜色。基于这个工作原理，可以只给某一行或者某一列进行底纹填充。只需要把指针放在要填充的那一行或者一列的表格外，当指针变成一个黑色且指向表格的箭头时单击，就可以进行整行或整列的表格选中了。选中后再选择所需颜色进行底纹添加即可。

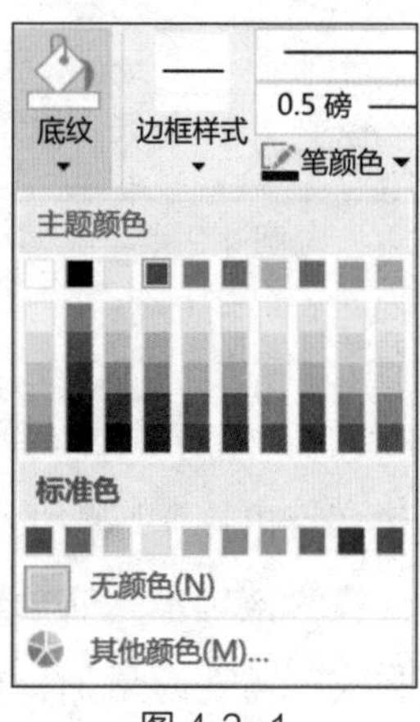

图 4.2-1

（2）标准色。

标准色的使用方法和主题颜色使用方法相同。如果所应用的模板拥有一套标准颜色，则应完全遵循模板配色。标准色主要是没有模板标准配色时的纯色应用，此套颜色的搭配并未考虑到颜色的整体平衡，因此实际应用时如果使用不当则会产生很强的跳跃感。

（3）无颜色。

无颜色顾名思义就是无底纹，给一个表格或者表格里的一个单元格填充了底纹后，想取消这个底纹的填充时，只要选中这个表格或者表格内的单元格，选择“无颜色”，底纹就会消失了。

（4）其他颜色。

单击“其他颜色”会进入 Word 内嵌调色板，若当前文件模板中并无此部分的颜色规范，可以在此自行定义任何想用的颜色。在调色板中有两个颜色选项卡：“标准”和“自定义”。“标准”选项卡中的颜色相对较少，同时可扩转性也不高，因此大多数情况下会直接使用“自定义”选项卡进行颜色选择。

4.2.2 边框

表格作为 Word 的基本架构工具，在 Word 中应用频率极高。表格边框不仅可以增加表格的可读性，还可以辅助页面架构的划分，体现整体格式工整。图 4.2-2 为表格边框功能的按钮。

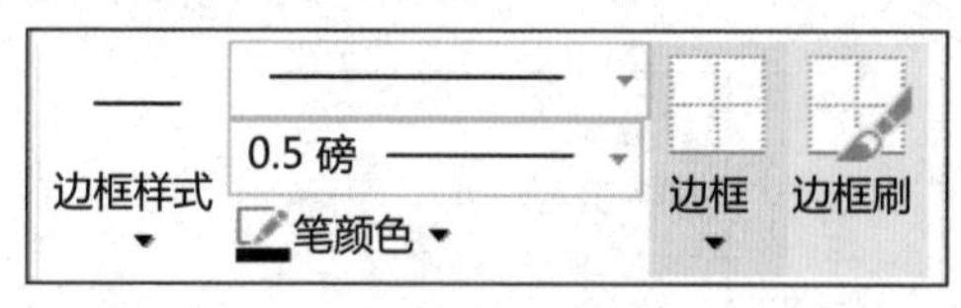

图 4.2-2

（1）更改边框的样式。

通常使用的边框样式为直线，其他的一些样式是虚线或虚线和点的组合。在使用表格做背景框架的时候，可以按实际需求将边框的样式设置成虚线等其他单一或组合样式。边框的样式区别不是简单地为变化样式而存在和服务的，不同样式的存在是为了在实际需要时增加整体效果的差异化，以满足读者更加清晰地分辨出各部分的分隔点等实际需求。

（2）更改边框宽度。

表格边框的宽度的基本单位为磅，数值越小线条越细，数值越大所呈现的线条越粗。边框的添加方法很多也非常灵活，在这里我们介绍两种简单又专业的做法。一种是标题的下框线和表格的下框线要粗一些，但是不要太粗，否则会显得笨重，可控制在 1 ～ 1.5 磅，表格的内部横线最好控制在 0.5 ～ 1 磅，具体数值要根据文件的整体风格进行调整；另一种则是更为极简主义的设计风格，标题的下框线、表格的下框线和内部横线都设置为相同的磅数。

（3）更改边框颜色。

单击“笔颜色”按钮右边的下拉按钮，弹出的下拉列表框中包括“主题颜色”、“标准色”、“自动”和“其他颜色”，这几种填充颜色的方法在前面大多已详细介绍，在这里可以根据模板的需求选择需要的颜色。根据现在流行的极简设计风潮，建议大家给表格添加边框颜色的时候，不要把所有的表格边框全部添加上颜色，比如可以只添加表格的标题下框线、表格下框线和表格的内部横线的颜色，给表格的下框线和表格标题的下框线定义为相同的主题颜色，内部横线用灰色，既可以很清晰地划分表格，又可以使表格颜色符合模板的颜色。灰色边框与其他颜色搭配时都会很协调，使整个表格清晰、易懂。

（4）添加边框。

在设置好边框的样式、宽度和颜色后，就可以给表格添加边框了。但是怎么才能让边框准确地添加到希望添加的位置上呢？单击“边框”下拉按钮，在弹出的下拉列表框中会看到对于当前选中的单元格可进行的边框的添加，不能使用的边框会呈现灰色的无法选中状态。表格的边框主要分为以下几种。

无框线：表格中若有过多的边框有时候反而会影响读者对数据的读取，所以不是所有的边框都要显示出来，有一些框线可以隐藏起来。

所有框线：一个表格的所有边框的颜色和宽度都一样时，只需先设置好表格边框的颜色和磅数，再选择“所有边框”就可以快速地给整个表格添加边框。

外侧框线：表格的上下左右边框线，或者一个单元格的所有边框。

内部框线：只有在选中两个或两个以上的单元格时，内部框线才是可选的状态。

上框线：选中的单元格上面的那一条边框。

下框线：选中的单元格下面的那一条边框。

左框线：选中的单元格最左侧的那一条边框。

右框线：选中的单元格最右侧的那一条边框。

内部横框线：当选中上下两行或上下关系的单元格时，内部横框线才是可选的状态。

内部竖框线：当选中左右两列或左右关系的单元格时，内部竖框线才是可选的状态。

斜下框线、斜上框线：在选中的单元格内添加斜下框线或者斜上框线，但是单元格系统默认并没有分开，还是一个单元格，如果想要在斜线的上方和下方进行文字编辑，需要单独加文本框。

温馨提示

在给表格添加边框时一定要先明白一个概念，添加边框是针对选中的单元格的。比如，当想给表格的第 1 行添加下框线时，先设置好边框的样式、宽度和颜色，然后选中第 1 行，选择“下框线”，就完成了。如果没有选中第 1

行而是选中整个表格，选择“下框线”，就会给整个表格添加下框线，也就是表格的最后一行添加下框线。如果理解了这个概念，会觉得添加需要的表格边框是一件很容易的事情。

设置单元格边框除了上面的方法外，还可以选择“边框”下拉列表框中“边框和底纹”进行设置。“边框和底纹”对话框中包括“边框”“页面边框”“底纹”选项卡。

表格边框的设置方法。选中表格内的单元格、行或者列，在“表格工具”下的“设计”选项卡的“边框”组中单击“边框”下拉按钮，在下拉列表框中选择“边框和底纹”，在弹出的对话框中切换到“边框”选项卡，如图 4.2-3 所示。在“边框”选项卡上包括“设置”（选择设置中的“自定义”）“样式”“颜色”“宽度”（选择自己所需要的线型样式）“预览”（进行上、下、左、右边框的设置）“应用于”（选择所应用的范围）。在对应的位置调整您所需的表格格式，最后在“应用于”下拉列表框中选择“单元格”，单击“确定”按钮。

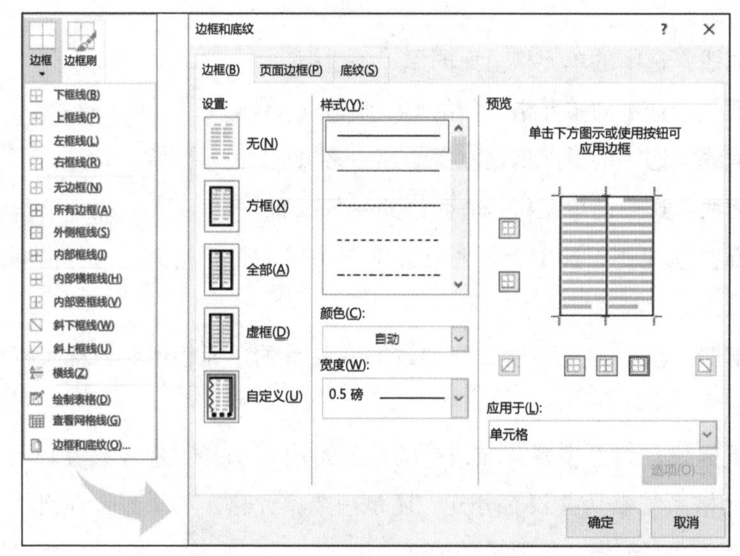

图 4.2-3

表格底纹的设置方法。选中表格内的单元格、行或者列，在“表格工具”下的“设计”选项卡上，“边框”组中单击“边框”下拉按钮，在下拉列表框中选择“边框和底纹”，在弹出的对话框中切换到“底纹”选项卡，如图 4.2-4 所示。

“底纹”选项卡上的“填充”就是颜色填充，包括“主题颜色”、“标准色”、“无颜色”、“其他颜色”和“最近使用颜色”，直接选择您所需颜色即可。在“图案”选项组中选择“样式”下拉列表框中的任何一种样式，然后进行“颜色”填充。在“预览”选项组中可预览调整后的样式效果。在“应用于”下拉列表框中选择“单元格”，单击“确定”按钮。

“边框和底纹”对话框中的“应用于”要慎用。

“应用于”下拉列表框中包括“文字”“段落”“单元格”“表格”，如图4.2-5所示。

文字：对您所选中单元格中的文字进行设置。

段落：对您所选中单元格中的段落进行设置。

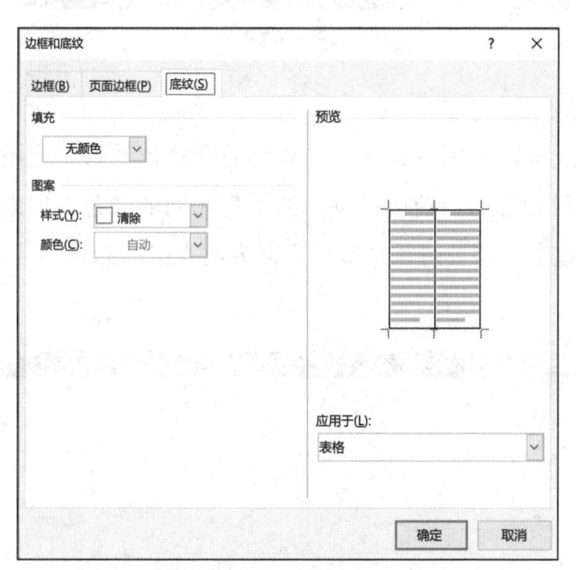

图 4.2-4

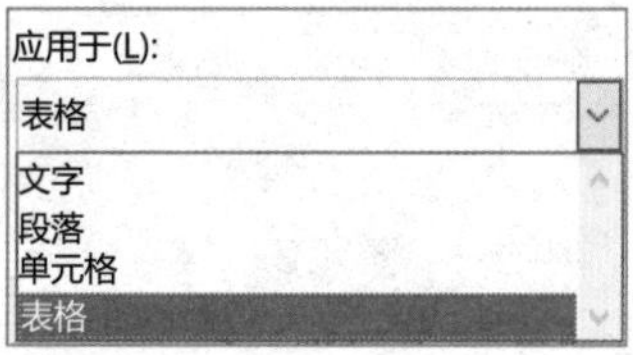

应用于(L):
表格
文字
段落
单元格
表格

图 4.2-5

单元格：对您所选中单元格进行设置。

表格：对您所选中单元格位于的整个表格进行设置。

温馨提示

边框的功能虽然看起来非常基本，但是也有一些较为灵活的操作。

（1）深色底纹标题的分隔处理。

表格内有深色底纹时，如无特殊要求，要给表格添加白色边框。表格边框的添加不仅仅是添加边框，可以从设计的角度出发去考虑这个问题。比如给一个表格添加深灰色下边框和右边框，表现出一种阴影的效果，如图 4.2-6 所示。

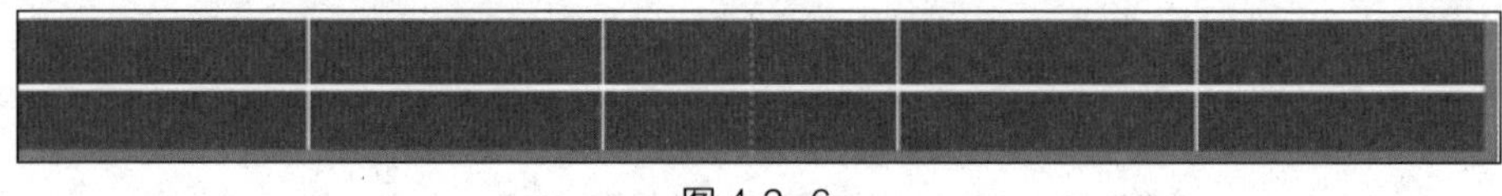

图 4.2-6

（2）利用边框突出重点。

为突出重点可以给表格添加一个纯色的背景色或者一张图片，然后将表格的边框颜色设置成与当前所在页面的底色相同的颜色，做出一种区域划分的艺术效果。或者直接通过添加部分边框突出表格中的重点信息，如图 4.2-7 所示。

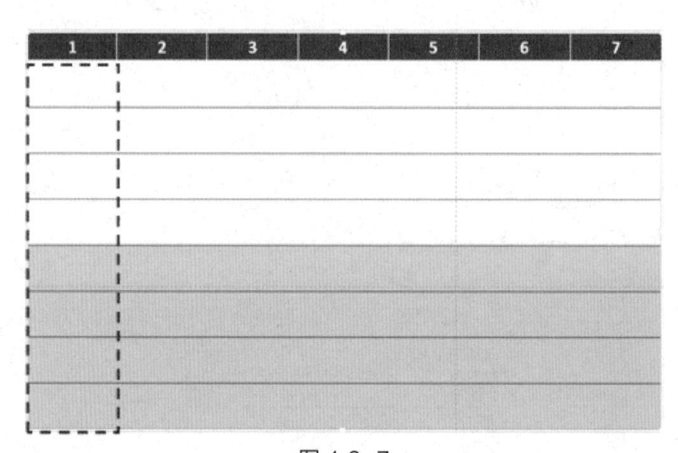

图 4.2-7

4.2.3 页面边框

页面边框用于整个页面边框装饰，对于简约化设计并不常用。在“设计”

选项卡上单击“边框”下拉按钮，在下拉列表框中选择“边框和底纹”，在弹出的对话框中切换到“页面边框”选项卡，如图 4.2-8 所示，就可以进行页面边框的参数设置。设置布局及方法与其他两个选项卡相似，可自行尝试，不再详述。

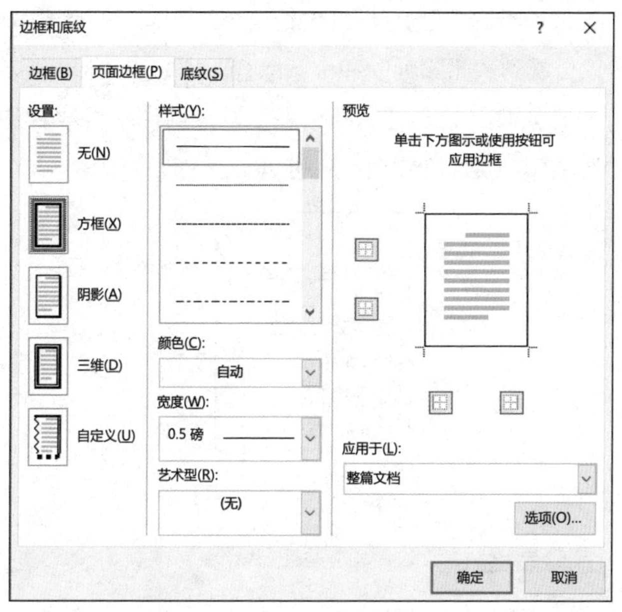

图 4.2-8

4.3 表格的布局

制作表格时，除了会修改表格的设计样式外，还会随着思路或内容的变化，加减行列，也就是要进行表格布局的调整。Word 中表格的设置与 PPT 表格设置有很多相通点，Word 是以文本段落为主的文档结构，插入表格后，在每个单元格内有段落标记，在每一行结尾也有一个段落标记，将光标放在每一行结尾段落标记前，按 <Enter> 键，可在该行下面添加一行。这一点与 PPT 不同，因为 PPT 中并不会有段落标记，也没有这一功能。

在“布局”选项卡上包含的常用工具较多，包括插入和删除表格里面的行和列、合并和拆分单元格、设置单元格的大小、单元格的对齐方式和表格的分布。这些工具是在设计表格时经常用到的，下面我们详细地介绍它们的具体使用方法。

4.3.1 表格的行与列

4.3.1.1 删除行 / 列

在“布局”选项卡上的“行和列”组内最左边的是“删除”下拉按钮，单击“删除”下拉按钮，会看到“删除列”和“删除行”，如图 4.3-1 所示。当要删除表格里面的行或者列时，只要把光标放在要删除的那一行或者那一列的单元格内，选择“删除行”或“删除列”就可以了。

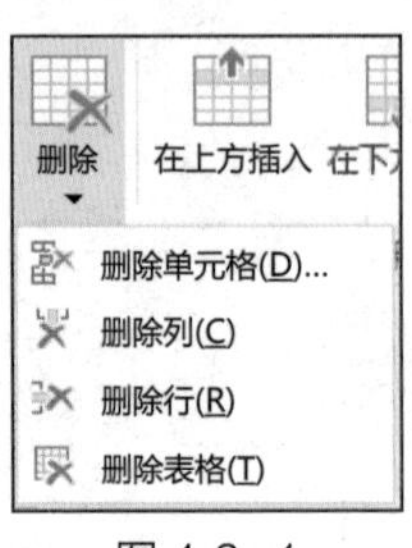

图 4.3-1

4.3.1.2 删除表格

删除表格并不是选择所要删除的内容后直接按 <Delete> 键，这样它只会删除表格的内容不会删除整个表格。删除表格的方法有以下 3 种。

方法一：选中整个表格，直接按 <Backspace> 键。

方法二：选中整个表格，按 <Shift+Delete> 快捷键。

方法三：选中整个表格，在“表格工具”下的“布局”选项卡的“行和列”组中单击“删除”下拉按钮，在下拉列表框中选择“删除表格”。

4.3.1.3 插入行 / 列

方法一：根据光标所在位置，在“表格工具”下的“布局”选项卡的“行和列”组中选择要插入的位置，单击相应按钮即可插入一行或一列，如图 4.3-2 所示。

方法二：把光标放在您需要插入行的上一行后面的回车符处，直接按 <Enter> 键即可插入一行空白行。

方法三：把光标移到您需要插入行的两行左侧之间，出现下图所示的“⊕”符号后，单击“⊕”就会插入一行空白行，如图 4.3-3 所示。（添加列的方

法相同，只是需要把光标移到表格上方两列之间）

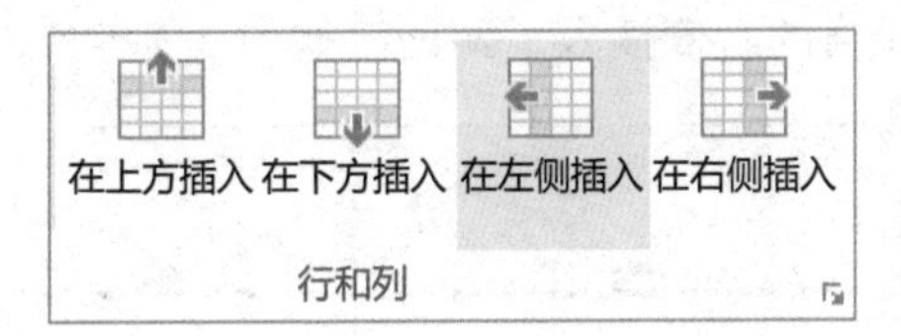

图 4.3-2

标题	标题
0000	0000
0000	0000
0000	0000

图 4.3-3

方法四：按 <Ctrl+C> 快捷键随便选择复制一行或多行，把光标放在您需要添加行的上一行之后按 <Ctrl+V> 快捷键进行粘贴。（添加列的方法相同）

使用快捷键在表格最后增加行的方法：首先把光标移到表格中的最后一个单元格内，然后按 <Tab> 键，即可在表格末端增加一行。

有时在填制表格内容时会误敲多余空格，从别处复制来的内容前后也会带有很多多余的空格。如果逐个删除多余空格不仅很麻烦、浪费时间，还可能一不小心误删内容。为大家介绍一个简便又快捷的方法：如果您的文本内容是居左的，选中所有文本内容将它设置为居中或居右，然后再选择使它居左的对齐方式，您就会发现多余的空格都不见了。

温馨提示

只要您后面做的操作与之前的不同，然后再回到之前的对齐方式就可以删掉多余空格。

（1）插入多行。

当选中上下两个单元格时：单击“在上方插入”按钮，就会看到在选中的两个单元格的上面插入了两行；单击“在下方插入”按钮，就会看到在选中的两个单元格的下面插入了两行，如图 4.3–4 所示。

（2）插入多列。

同样如果选中左右两个单元格时：单击“在左侧插入”按钮，就会看到在选中的两个单元格的左侧插入了两列；单击“在右侧插入”按钮，就会看到在选中的两个单元格的右侧插入了两列，如图 4.3-5 所示。

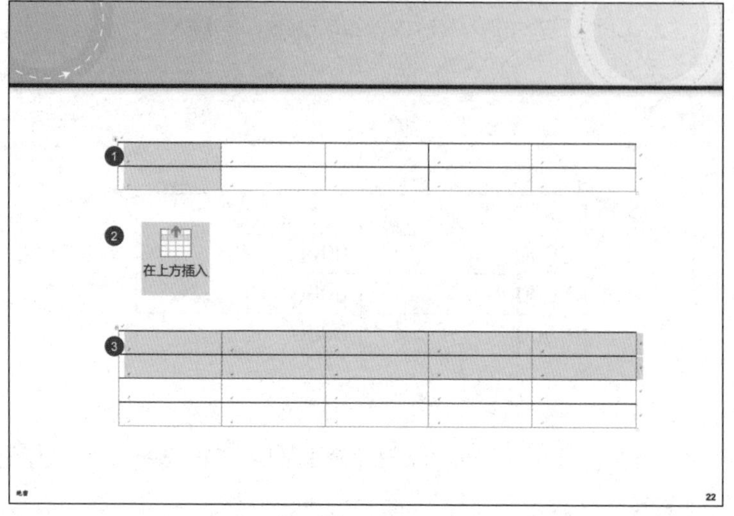

图 4.3-4

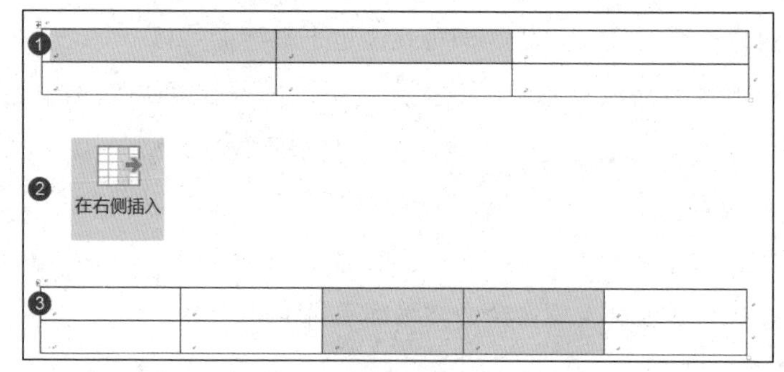

图 4.3-5

4.3.2 合并和拆分单元格

有时制作表格非常复杂，需要经过拆分、合并等。通过合并、拆分或删除单元格，可以轻松地更改表格的外观。图 4.3-6 为合并和拆分单元格功能按钮。

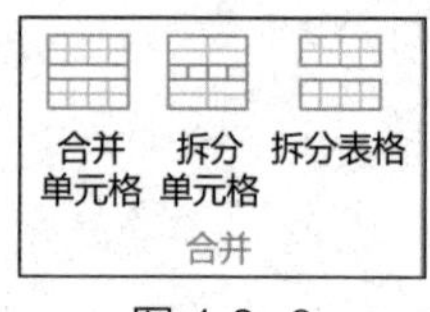

图 4.3-6

合并单元格：若要将相同的行或列中的两个或多个单元格合并为一个单元格，首先选中您需要合并的单元格，然后在“表格工具”下的“布局”选项卡的“合并”组中单击“合并单元格”按钮，最后把多余的内容删除。

拆分单元格：若要将表格单元格拆分为多个单元格，首先选中要拆分的表格单元格，然后在“表格工具”下的“布局”选项卡的“合并”组中单击“拆分单元格”按钮，在弹出的“拆分单元格”对话框中的“列数”和“行数”文本框内输入具体拆分的数值，如图 4.3-7 所示，最后单击“确定”按钮。

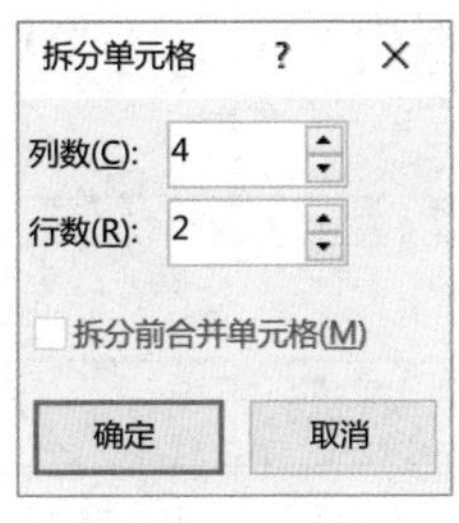

图 4.3-7

温馨提示

若要垂直拆分单元格，在列数框中，输入所需的新单元格的数目；若要水平拆分单元格，在行数框中，输入所需的新单元格的数目；若要拆分单元格为多行多列，在列数框中输入所需的新列数，然后在行数框中输入所需的新行数。

4.3.3 单元格内对齐

“对齐方式”组的功能主要是针对表格里文字在单元格中对齐方式的设置，如图 4.3-8 所示，包括水平对齐和垂直对齐，需要注意的是在 2013 版本的 Word 里设置段落缩进与单元格边距的显示效果类似，只是段落缩进可以用字符作为单位。

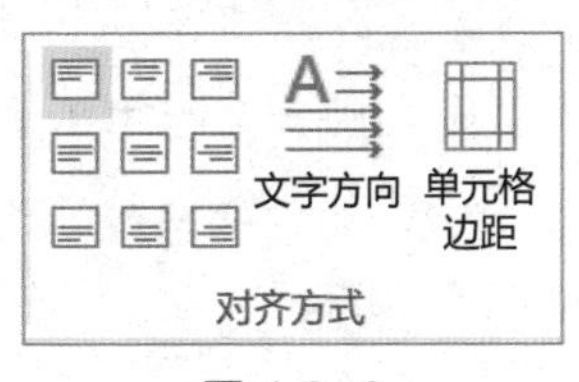

图 4.3-8

（1）顶端左对齐。

1	2	3	4
标题	文本内容	文本内容	文本内容
标题	文本内容	文本内容	文本内容

（2）中部居中。

1	2	3	4
标题	文本内容	文本内容	文本内容
标题	文本内容	文本内容	文本内容

（3）底端右对齐。

1	2	3	4
标题	文本内容	文本内容	文本内容
标题	文本内容	文本内容	文本内容

4.3.4 拆分表格

有时制作完一个表格后，觉得它拆分成两个表格表达内容会更准确，这时不需要重新制作成两个表格，对原有的表格进行拆分即可。

上下拆分表格，有以下两种方法。

方法一：将光标放在需要拆分成第 2 个表格的首行，在“页面布局”选项卡的“页面设置”组中单击“分隔符”下拉按钮，在下拉列表框中选择“分栏符”（快捷键为 <Ctrl+Shift+Enter>）。

方法二：将光标放在需要拆分成第 2 个表格的首行，在“表格工具”下的“布局”选项卡上，“合并”组中单击“拆分表格”按钮。

左右拆分表格的方法：确保要拆分的表格下至少有两个回车符（因为在表格下方没有空出一行，再制作表格就会与第 1 个进行连接，还是属于一个表格），选中需要拆分成第 2 个表格的全部内容，直接拖动到第 2 个回车符处，表格就会被左右拆分成两个独立的表格了。

4.4 表格的全选方式

在使用表格时，选择整个表格是很常用的一种手法，拖动鼠标指针全选表格是一种比较传统和浪费时间的方法，还可能一不小心将单元格内的内容移位，这里给大家推荐几种比较省时又快捷的方法。

方法一：把光标放在表格中任一单元格，表格左上角会出现锚点，单击锚点即可全选这个表格。

方法二：按小键盘左上角的 <Num Lock> 键将小键盘关闭，在小键盘关闭的情况下，把光标放在表格任一单元格内，按 <Alt+5> 快捷键（“5”是小键盘上的数字 5）即可选中整个表格。

方法三：将鼠标指针移到表格左侧（页面左边距区域），当指针变成向右指向箭头后进行拖动即可选中多行或整个表格。

方法四：将光标放在表格中任一单元格，在“布局”选项卡的“表”组中单击“选择”下拉按钮，在下拉列表框中选择“选择表格”。

温馨提示

方法四中，“选择”下拉列表框中的“选择单元格”即选中光标所在的单元格，“选择列”即选中光标所在的列，“选择行”即选中光标所在的行，“选择表格”即选中光标所在的整个表格，可根据需求进行选择。

4.5 表格的“自动调整”

“自动调整”就是自动调整表格中的列，根据表格中的内容，自动调整表格的高度和宽度。表格中的“自动调整”设置有 3 种方法：根据内容自动调整表格、根据窗口自动调整表格和固定列宽，如图 4.5-1 所示。

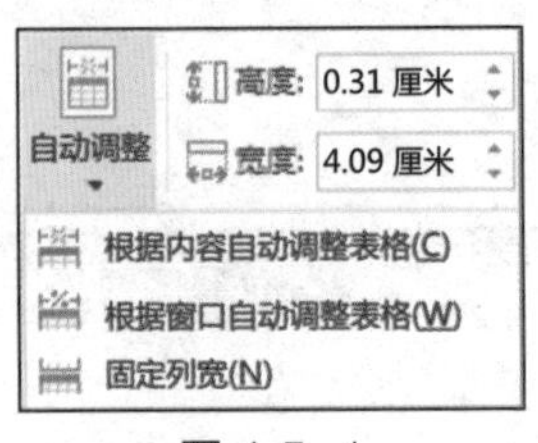

图 4.5-1

根据内容自动调整表格：根据每个单元格中的内容多少来决定每列的宽度。单元格中内容多它的列就宽，内容少列就窄。当文档纸张方向在“横向”“纵向”之间切换时，表格总宽会小于或等于窗口宽度。向单元格内填充文本时，优先显示在一行，如果一行无法全部显示则自动换行。

根据窗口自动调整表格：根据纸张窗口的变化而变化，适合窗口宽度（快捷键为 <Alt+A+A+W>）。当文档纸张方向在“横向”“纵向”之间切换时，表格总宽始终保持窗口大小的宽度。向单元格内填充文本时，优先显示在一行，如果一行无法全部显示则自动换行。

固定列宽：整个表格的宽度是一个固定值，不会根据窗口的变化而变化。当文档纸张方向在“横向”“纵向”之间切换时，表格的宽度不会改变，有时表格可能会超出页面窗口。

大多数人做的表格如图 4.5-2 所示。

Case / 案例	Test Data / 测试数据
Item 1 / 项目 1	0.7
Item 2 / 项目 2	2.0
Item 3 / 项目 3	3.5
Item 4 / 项目 4	5.0
Item 5 / 项目 5	4.0

Case / 案例	Test Data / 测试数据
Item 1 / 项目 1	0.7
Item 2 / 项目 2	2.0
Item 3 / 项目 3	3.5
Item 4 / 项目 4	5.0
Item 5 / 项目 5	4.0

---- 页边距

图 4.5-2

明显图 4.5-2 两种表格的排列方式均没有与文章左右边距对齐，运用此前的 <Alt+A+A+W> 快捷键，“根据窗口自动调整表格”会让表格和页面设定的宽度同宽。

调整结果如表 4.5-1 所示。

表 4.5-1　调整结果

Case / 案例	Test Data / 测试数据
Item 1 / 项目1	0.7

续表

Case / 案例	Test Data / 测试数据
Item 2 / 项目2	2.0
Item 3 / 项目3	3.5
Item 4 / 项目4	5.0
Item 5 / 项目5	4.0
Item 1 / 项目1	0.7
Item 2 / 项目2	2.0
Item 3 / 项目3	3.5
Item 4 / 项目4	5.0
Item 5 / 项目5	4.0

4.6 不让表格的列宽和行高变形

在表格内输入文本或插入图片时，表格单元格的列宽或行高可能会发生改变，使得整个表格在整个文档中显得不够整洁、统一，这是制作表格时常见的问题之一。如果想使整个文档中的表格一致就要对表格的列宽和行高分别进行固定设置，可以按照以下方法设置，使表格的列宽和行高不变形。

设置列宽方法一：将光标放于表格内，在“表格工具”下的“布局”选择卡的“对齐方式”组单击“单元格边距”按钮，在弹出的“表格选项”对话框中取消勾选“自动重调尺寸以适应内容”复选框，如图 4.6-1 所示。完成

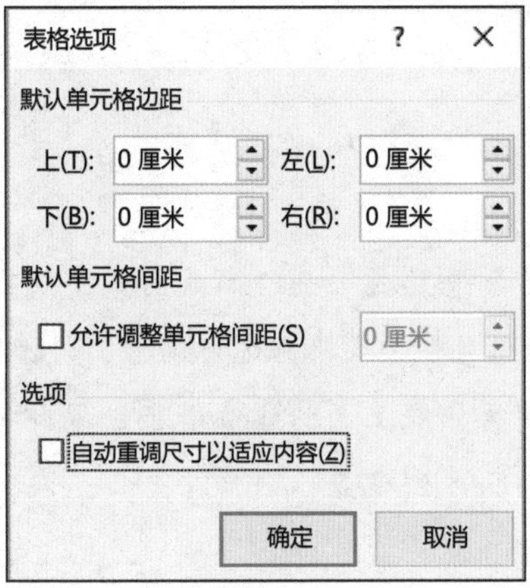

图 4.6-1

这个设置后无论您在表格单元格内插入多少文本，行高可自动变化，但是列宽不会改变。

设置列宽方法二：右击目标对象，在快捷菜单中选择“表格属性”，在弹出的对话框中切换到“列”选项卡，勾选“指定宽度”复选框，然后在文本框内输入具体的数值，在“度量单位”的下拉列表框中选择“厘米”，最后单击“确定”按钮，如图 4.6–2 所示。

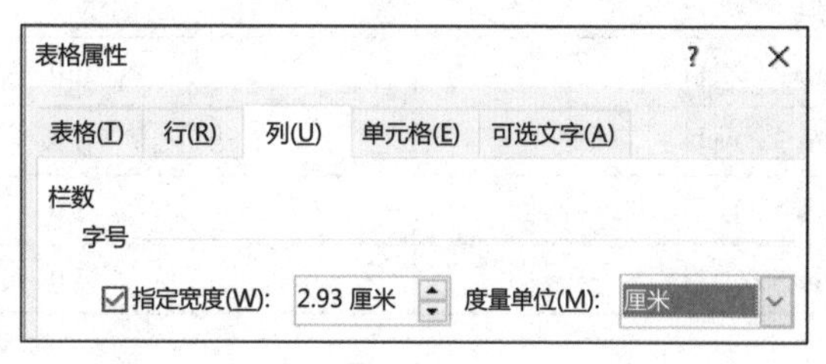

图 4.6–2

设置行高的方法：参考“设置列宽方法二”，在弹出的“表格属性”对话框中切换到“行”选项卡勾选“指定高度”复选框，在文本框内输入具体的数值，然后在“行高值是”的下拉列表框中选择“固定值”，最后单击“确定”按钮，如图 4.6–3 所示。

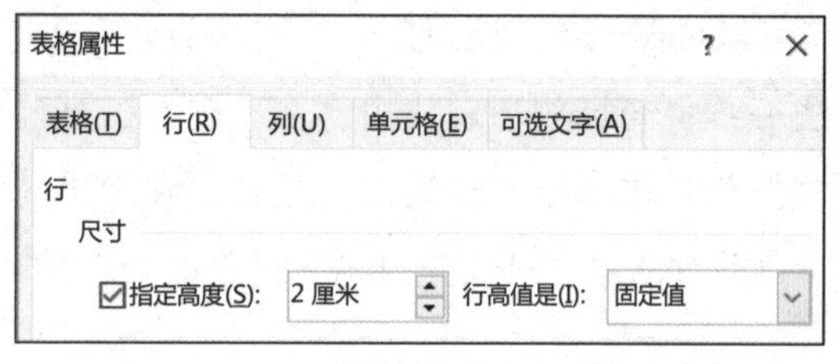

图 4.6–3

温馨提示

如果要把整个表格都设置成一个行高或列宽，选中整个表格按照上面的方法设置即可；如果不想对整个表格都进行设置，只改变其中的几行或几列，选中您想改变的行和列再按照上面的方法进行设置即可；如果将光标放在某个单元格内，按照上面的方法设置，则只对光标所在的单元格的行或列进行设置。

4.7　重复表格的标题行

有时制作的表格会很长，在一页中无法全部显示，它将会被分割成几页，但是只有第 1 页会有表格标题，后面几页不显示标题，在阅读时就很难分辨要表达的主题。必须要回到表格的第 1 页，手动为每一页添加标题，在修改标题时还得在每一页上反复进行修改，这样既浪费时间又容易出错。这时可以利用“重复表格标题行”来实现每页都带有标题（表格必须是自动分页）的目的。这样做后，在预览或打印文件时，每一页的表格都会有标题，并且在修改标题时调整第 1 页表格的标题，其他表格的标题也会自动做出相对应的调整。

方法一：将光标置于表格的第 1 行或选中表格的标题行，在“表格工具”下的“布局”选项卡的“表”组中单击“属性”按钮，在弹出的“表格属性”对话框中切换到“行”选项卡，勾选“在各页顶端以标题形式重复出现”复选框，单击“确定”按钮即可，如图 4.7–1 所示。

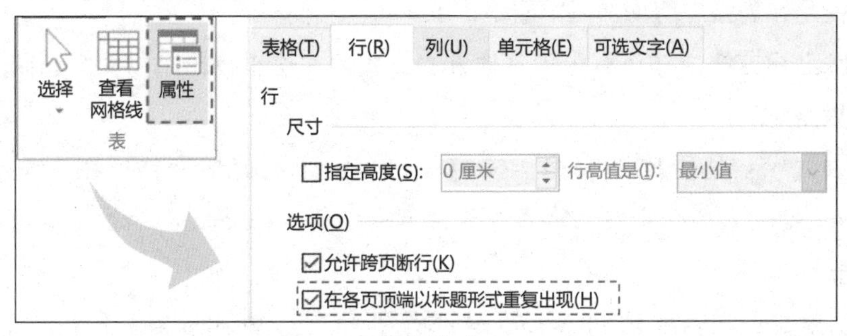

图 4.7–1

方法二：将光标置于表格的第 1 行或选中表格的标题行，直接在“表格工具”下的“布局”选项卡的“数据”组中单击“重复标题行”按钮，如图 4.7–2 所示。

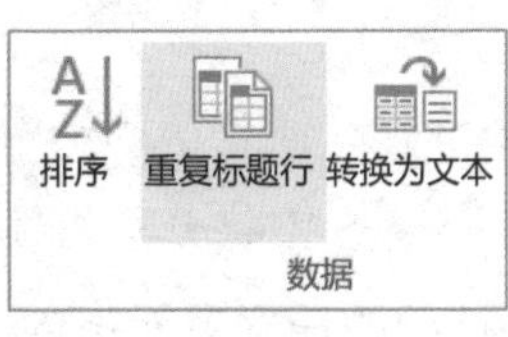

图 4.7–2

4.8 如何在页首表格上方插入空行

在制作 Word 文档的过程中，您也许会遇到这样一种情况，文件是以表格起始的，但现在需要在其前面添加一个回车符以便进行标题或正文描述文字的输入，但若将光标置于表格中，然后直接按 <Enter> 键是无法实现的。

解决的原始办法是在表格最后之外的页面上多加一个回车符，然后复制整个表格并将其粘贴到此回车符之后，但若表格过长或其因损坏而产生断裂将会给您完成此操作造成一些困扰。这里有一个最为简单高效的方法，大家可以试一下将光标置于表格首行的任意单元格内，按 <Ctrl+Shift+Enter> 快捷键，您将发现表格上方多了一个回车符。其原理还要从这个快捷键的功能说起，<Ctrl+Shift+Enter> 快捷键的功能在“拆分表格”已有提及，其实际功能为断开表格。将光标放到表格中间的某行任意单元格中并执行此快捷键，得到的将是此单元格所在行之上的表格与本行所在表格被一个回车符断开成两个独立表格的结果。这一功能若用在表格首行，因首行之前已无可断开的表格，自然就是在表格之前增加一个回车符了。

除上述方法之外还有很多其他方法，我们在这里提出来供大家开阔文档制作思路。

方法一：选中整个表格，按 <Ctrl+X> 快捷键剪切表格，在空白处按 <Enter> 键输入一个空行，将光标放在下一段落再按 <Ctrl+V> 快捷键对表格进行粘贴即可。

方法二：在表格下方按 <Enter> 键输入一空行，单击表格左上角的锚点，光标变成十字形，再对表格进行向下拖动即可。

方法三：按小键盘左上角的 <Num Lock> 键将小键盘关闭，在小键盘关闭的情况下，把光标放在表格任意一单元格内，按 <Alt+5> 快捷键（“5”是小键盘上的数字 5）选中整个表格，然后再按 <Shift+Alt+ ↓ > 快捷键，整个表格将会移动到下一个段落。

方法四：将光标放在表格首行的任意单元格内，按 <Ctrl+Enter> 快捷键会出现一个分页符，再按 <Backspace> 键将分页符删除即可。

方法五：将光标放在表格首行的任意单元格内，在“页面布局”选项卡的“页面设置”组中单击“分隔符”下拉按钮，在下拉列表框中选择“分栏符”即可。

方法六：将光标放在表格首行最左端的单元格内（或按 <Ctrl+ Home> 快捷键），再按 <Enter> 键即可。

4.9 如何让表格跨页的同时不断行

有时制作的表格会很长，在一页中无法全部显示，它将会被分割成几页，但是在新插入一个表格时的默认情况下，勾选“允许跨页断行”复选框，即在一个表格被分成两页的情况下，由于前一页最后一行表格中的内容太多，超过了单个单元格宽度，单元格内容将会出现在下一页，造成拆分表格的现象。这样会给读者带来困扰，让读者以为是两个或多个单元格的内容，为了阅读方便，希望同一个单元格的内容只显示在一个页面上。

将光标放在跨页行内或全选整个表格，在“布局”选项卡的“表”组中单击“属性”按钮，在弹出的“表格属性”对话框中切换到“行”选项卡，在“行”选项卡下取消勾选“允许跨页断行”复选框，单击“确定”按钮即可，如图 4.9–1 所示。（“行”选项卡中的“指定高度”复选框在一般情况下是不勾选的）

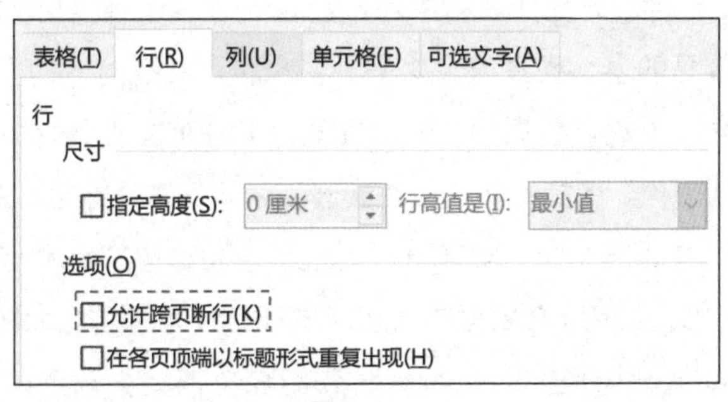

图 4.9–1

4.10 标尺在单元格中的使用

文字在单元格中的文本对齐在前面已经讲过，当单元格数据没有小数点的数据时，若要在视觉上迅速判断数据的大小，又要单元格内美观，就需要设置数据居中右对齐，如图 4.10–1 所示。在单元格内的文字均为段落，光标放在单元格内，会在页面顶部看到标尺，选中同一列需要对齐的数据文本，将对齐方式修改为“右对齐”，然后调整这一列数据的右侧标尺到单元格中间，就完成了。

股东户数	
报告日期	户均持股数变化
2014 年 6 月 30 日	10357
2013 年 12 月 30 日	9791
2012 年 12 月 30 日	8172
2011 年 12 月 31 日	5158
资料来源：公司年报	

图 4.10–1

4.11 制表位在单元格中的使用

有时用 Word 制作的统计表格中经常会包含带有小数点的数据，这时要实现对齐不是件容易的事。现在教大家一种快速将小数点对齐的方法。

只要选中含有小数点数据的某列单元格，并在上方标尺处先单击一次，使其出现一个“制表位”图标（是一个小折号），然后双击这个“制表位”图标，弹出“制表位”对话框，在“对齐方式”选项组中选中“小数点”单选按钮，单击“确定”按钮。之后所有数据将会以小数点为中心对齐，如图 4.11–1 所示。当然也可以继续拖动标尺上的小数点对齐制表位调整小数点的位置，直到满意为止。

标题	标题
0000	000.00
0000	00.000
0000	0000.0

标题	标题
0000	000.00
0000	00.000
0000	0000.0

图 4.11–1

4.12　Word 的计算能力

当您面对一个烦冗的 Word 数据表格，需要对其进行一些简单的汇总或计算，并需将计算结果录入其中时，是否会第一时间想到使用 Excel 软件？其实完全不用，很多简单计算 Word 也能完成。

下面准备了表 4.12-1 中的 3 个案例来展示 Word 强大的计算能力。

表4.12-1　3个案例展示

Case I / 案例一	Test Data / 测试数据
Item 1 / 项目1	1
Item 2 / 项目2	2
Item 3 / 项目3	—
Item 4 / 项目4	5
Item 5 / 项目5	5
Calculate / 计算结果	10
Formula / 公式	20
Description / 描述	当前单元格上方数据相加 公式：{ = sum（above）} 注：当前单元格以上全部数据相加，遇到空白或非数字字符时停止向上连加
Case II / 案例二	**Test Data / 测试数据**
Item 1 / 项目1	0.7
Item 2 / 项目2	2.0
Item 3 / 项目3	3.5
Item 4 / 项目4	5.0
Item 5 / 项目5	4.0
Calculate / 计算结果	8.5
Formula / 公式	8.5
Description / 描述	指定单元格数据相加 公式：{ =R4C2+R5C2 }，其中R为行（如：R4），C为列（如：C2） 注：二者组合即为第4行第2列与第5行第2列的和

续表

Case III / 案例三	Test Data / 测试数据		
Item 1 / 项目1	23	34	5
Item 2 / 项目2	7	21	3
Item 3 / 项目3	12	10	7
Item 4 / 项目4	25	11	6
Item 5 / 项目5	17	16	1
Calculate / 计算结果	198		
Formula / 公式	198		
Description / 描述	指定区域单元格数据相加 公式：{ =sum（B2:F4）}，其中字母为行（如：B），数字为列（如：2） 注：二者组合即为第2行第2列到第6行第4列区域的全部单元格		

那么应该如何添加公式呢？我们用下面这个案例为大家说明。

单击空白单元格，如图 4.12–1 所示，接着在“表格工具”中的“布局”选项卡中单击“公式”按钮，如图 4.12–2 所示。

Case I / 案例一	Test Data / 测试数据
Item 1 / 项目 1	1
Item 2 / 项目 2	2
Item 3 / 项目 3	-
Item 4 / 项目 4	5
Item 5 / 项目 5	5
Calculate / 计算结果	❶

图 4.12–1

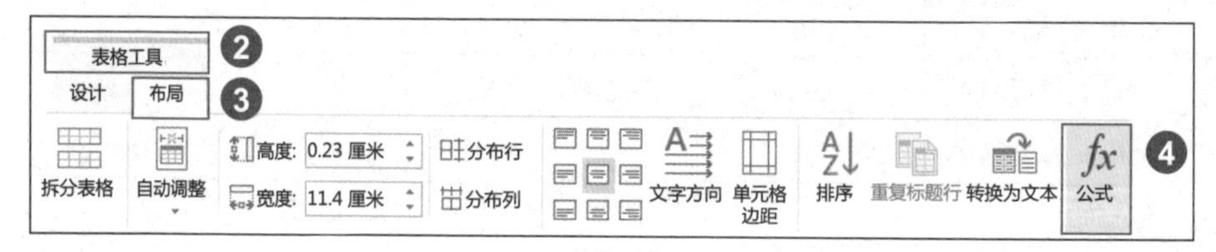

图 4.12–2

此处我们选择插入默认的“SUM（ABOVE）”公式，如图 4.12–3 所示，计算的则是此单元格上方连续不为空白单元格的和，根据图 4.12–4 中的数据，我们可以得到计算范围如图 4.12-5 所示，计算结果如图 4.12-6 所示。

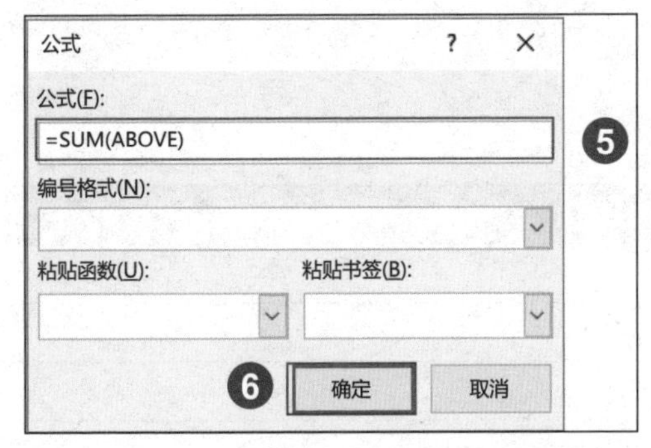

图 4.12-3

Case I / 案例一	Test Data / 测试数据
Item 1 / 项目 1	1
Item 2 / 项目 2	2
Item 3 / 项目 3	-
Item 4 / 项目 4	5
Item 5 / 项目 5	5
Calculate / 计算结果	公式 { =SUM(ABOVE) }

图 4.12-4

于是我们可以在“计算结果”一栏得到结果“10”。

Case I / 案例一	Test Data / 测试数据
Item 1 / 项目 1	1
Item 2 / 项目 2	2
Item 3 / 项目 3	-
Item 4 / 项目 4	计算范围 5
Item 5 / 项目 5	5
Calculate / 计算结果	10

图 4.12-5

Case I / 案例一	Test Data / 测试数据
Item 1 / 项目 1	1
Item 2 / 项目 2	2
Item 3 / 项目 3	-
Item 4 / 项目 4	5
Item 5 / 项目 5	5
Calculate / 计算结果	完成 10

图 4.12-6

应用 Word 进行运算处理其实并不难，关键是要理清逻辑关系并准确运用计算函数，表 4.12-2 和表 4.12-3 是 Word 计算函数攻略，列出以方便大家使用时随时备查。

表 4.12-2　Word 计算函数功能表

Word计算函数及其作用
abs（）
计算指定范围数据绝对值
and（）
计算所有参数是否均为“true”
average（）
计算指定范围数据平均值
count（）
计算指定范围数据数量
defined（）
计算括号内部的参数是否已定义。如果参数已定义，且在计算时未出现错误，则返回“1”；如果参数尚未定义或出现错误，则返回“0”
false
不带参数，始终返回“0”
if（）
计算第1个参数。如果第1个参数为“true”，则返回第2个参数；如果第1个参数为“false”，则返回第3个参数（注：需要3个参数）
int（）
将指定数据按计算终值向下舍入到最接近的整数
max（）
返回指定范围数据的最大值
min（）
返回指定范围数据的最小值
mod（）
带两个参数（必须为数字或计算为数字）。返回将第1个参数除以第2个参数之后所得到的余数。如果余数为0（零），则返回“0.0”
not（）
带一个参数。计算该参数是否为“true”。如果该参数为“true”，则返回“0”；如果该参数为“false”，则返回“1”。在IF公式中较常用

续表

Word计算函数及其作用
or（）
带两个参数。如果有任何一个参数为“true”，则返回“1”。如果两个参数均为“false”，则返回“0”。在IF公式中较常用
product（）
计算括号中指定的项目的乘积
round（）
带两个参数（第1个参数必须为数字或计算为数字；第2个参数必须为整数或计算为整数）。将第1个参数舍入到第2个参数指定的位数。如果第2个参数大于零（0），则将第1个参数向下舍入到指定的位数。如果第2个参数为零（0），则将第1个参数向下舍入到最近的整数。如果第2个参数为负数，则将第1个参数向下舍入到小数点左侧
sign（）
带一个参数，该参数必须为数字或计算为数字。计算括号内指定的项目是大于、等于还是小于零（0）。如果大于零，则返回“1”；如果等于零，则返回“0”；如果小于零，则返回“-1”
sum（）
计算括号内指定的项目的总和
true（）
带一个参数。计算该参数是否为“true”。如果该参数为“true”，则返回“1”；如果该参数为“false”，则返回“0”。在IF公式中常用

表 4.12-3　Word 计算参数说明表

Word计算参数及其作用
+，-，*，/
加、减、乘、除等基本符号和Excel计算公式使用方法一样
ABOVE
当前单元格上方
BELOW
当前单元格下方
LEFT
当前单元格左侧
RIGHT
当前单元格右侧

续表

Word计算参数及其作用
参数组合
以上参数可以相互组合使用，组合时两个参数以英文逗号“,”隔开（如：“ABOVE,BELOW”则为当前单元格的上方和下方）

4.13 如何删除文档最后顽固的空白页

在编辑文档时，可能会遇到文档的最后的一页空白页无法删除的情况，如图 4.13-1 所示，不管用什么办法最后的空白页依然存在，找到根本原因方可准确地解决当前问题。查看文档最后是否为表格，因为在 Word 中回车符是文件的起始，用于基本段落文字的输入，也应该是整篇文档结束时的最后符号。虽然从逻辑上当前文档已经结束，但从 Word 程序角度来看，不排除当前文档未来仍有添加段落文字的需求，而基于表格的特殊格式属性并不能作为回车符的替代物置于整篇文档的结束，这就是最后一页空白页始终无法被删除的根本原因。

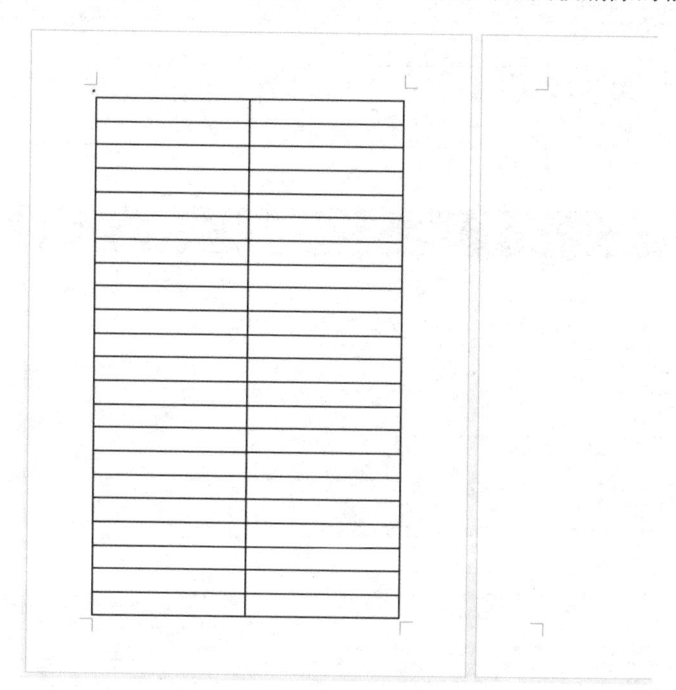

图 4.13-1

我们理解文档模板的规范要求，因此不会建议大家通过调整页边距将回车符收上去；我们也理解之所以表格会将回车符挤到下一页，可能是因为要让最后一页看上去更加饱满或让表格内容看上去间距适中、不显拥挤，因此也不会建议大家通过调整间距来压缩表格所占页面空间来为回车符留出空间。

我们建议的解决思路为压缩回车符所占空间，使其可以紧跟在表格之后而非出现在下一页。具体解决步骤是：选中最后一页的唯一回车符，在“开始”选项卡的“段落”组中单击右下角的箭头按钮，在弹出的对话框中将“间距”选项组上的“段前”与“段后”参数清零；然后将“行距”设置成“固定值”并将后面的“设置值”调整为“0.7 磅”，如图 4.13-2 所示，之所以调整为 0.7 磅而非清零，是因为 Word 所能够接受的最小行距为 0.7 磅，即使输入 0 磅，也会被程序提示调整为 0.7 磅。完成上述操作后，还需确认“间距”选项组下方的“如果定义了文档网格，则对齐到网格”复选框是非为勾选状态，原因是文档网格的默认状态为“只指定行网格”而非“无网格”，这一点基本不会被人为修改，而且很多文档制作的时候会因为制作者某些不经意的操作而改变文档网格设置高度，那样的话即使将行距固定值调整为 0.7 磅也无法成功将页面收上去。当您将所有参数调整完毕后，单击“确定”按钮，将发现文档末尾的空白页面消失了，同时文件最后的回车符也不见了。其实并没有删掉回车符，只是将其高度压缩到了最低，以致肉眼不可见，而其本身还忠实地跟在表格后面。

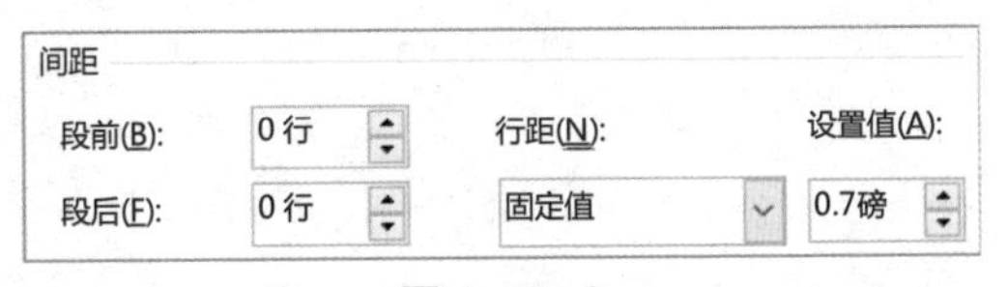

图 4.13-2

当然，如果文字过多也会把预留回车符挤到下一页，在这种情况下仅需将此回车符删除即可，并不会出现最后空白页无法被删除的现象。

第5章

Word中的图表

图表是文件中的常见元素，也是增强文件数据生动性和说服力的有效工具。其最终目的始终是通过直观、可视的方式来增强数据的生动性和表现力。人们在使用图表的过程中通常会有更高的视觉化和设计感需求（图表的美化并没有唯一确定的标准，所以对图表的设计做到简洁、和谐、突出重点即可），因此对图表的设计和标准规范是在任何文件中用好图表的关键点，也应该是让数据能够被读者一眼看出其中的规律和事实的主要方法。同时还应注意图表的数据化，切勿为追求效果而使图表丧失可调整数据的基本功能，这样既不利于数据的准确表达，也无法满足快速更新的基本需求。因此以形状堆砌表现图表是一种饮鸩止渴、舍本逐末的方式，是不可取的。

现在从研究报告案例中的第一个股价图来了解图表的功能及制作方法。看到图 5-1，大家可以先想一想，这个图表的类型是什么？

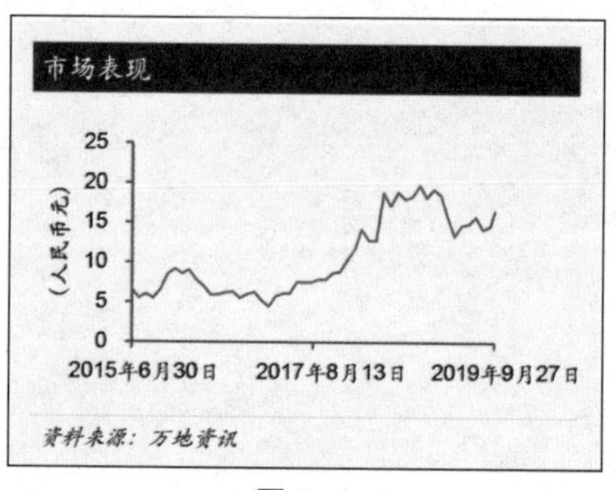

图 5-1

如果您的回答是折线图，那么我敢保证 90% 的股价图您都无法正确制作出来。股价图最重要的信息表现是其时效性，因此一定要将股价更新至报告发表前的最后一天，同时对应横轴日期也要显示至最后一天，这样才是最为严谨的处理方法。

如果以折线图来制作此类图表，您将会发现大多数股价图均无法显示最后一个数据的日期，原因是折线图的横轴最小显示单位为天，如果要将横轴截成几个时间段并显示日期，很可能会遇到总天数无法除尽的问题，这也就是折线图制作的股价图往往显示不出最后一天日期的根本原因。其实这类图表真正的图表类型是散点图，而非折线图。若要制作出该图表，必须首先了解一系列的图表制作的基本功能。

5.1　插入图表

插入图表的方法 Word 和 PowerPoint 是相通的，在“插入”选项卡上单击“图表”按钮，弹出“插入图表”对话框，在选择适当分类后进行所需图表的插入。对话框左侧预设组合中提供了 10 多类备选图表，如图 5.1-1 所示：柱形图、折线图、饼图、条形图、面积图、XY（散点图）、股价图、曲面图、雷达图和组合图表等。其中最常用的是柱形图、折线图、条形图和饼图这 4 类图表，只要我们熟练掌握了这 4 类图表的常用功能，也就掌握了其他图表的操作。

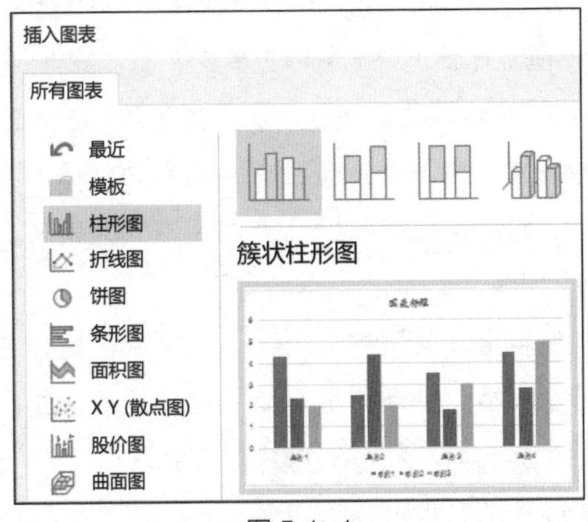

图 5.1-1

通过这种方式插入的图表为当前软件内嵌 Excel 对象，其与 Excel 中直接粘贴过来的图表对象不同，此对象的数据直接存储于当前文档之中，无须第三方 Excel 文件的支持，也不用考虑因 Excel 图表粘贴进 Word 或 PowerPoint 的方式不同，而造成的各种不同问题、困扰或潜在风险。

该研究报告中按此方法插入散点图，将股价数据添加到插入图表的 Excel 编辑区。默认样式如图 5.1-2 所示。

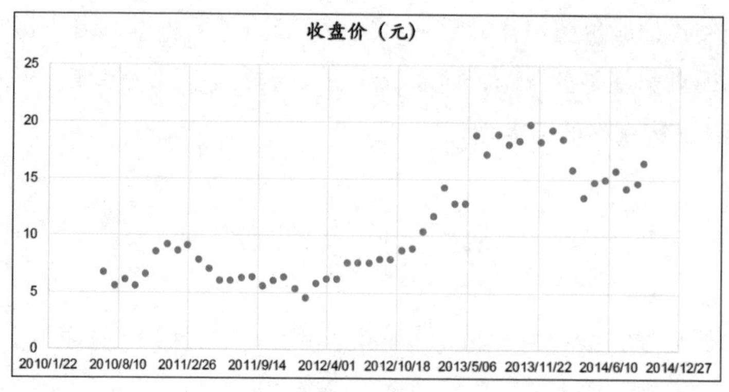

图 5.1-2

5.2 各元素的功能概述

根据插入的默认图表，了解一下图表中各元素的常用名称及其所对应的功能。默认图表中出现的元素有“图表区”“绘图区”“图表标题”“垂直轴（纵坐标轴）”“水平轴(横坐标轴)”“水平轴主要网格线”“垂直轴主要网格线”“各系列数据点”（单击图表内元素，在工具栏上出现的“图表工具”下的“布局”选项卡中的“当前所选内容”组会显示这些元素的名称）。图表中这些元素相互独立，组合在一起方是图表，因此当选择不同元素时，右击打开的快捷菜单因元素的不同，功能上均会有一定的差异。

可将内嵌图表常规格式的调整分为 9 个部分进行设计美化：图表区域；绘图区域；图表标题；横、纵坐标轴；横、纵坐标轴标题；网格线；数据系列；数据标签；图例。可对这 9 个部分按需分别进行添加、删除、更改元素、样式调整等操作。设计图表也要具体问题具体分析，根据您所需类型及模板规范进行不同量级的美化设计。

选中目标图表，此时菜单栏中会出现“图表工具”，在此之中可以对图表进行“添加图表元素”“快速布局”“更改颜色”“图表样式”等调整，如图 5.2-1 所示。如果没有标准模板规范且不太熟悉图表制作的基本原理，可以通过这些模块快速得到一些相对美观的图表。但我们想让大家了解的是精细化图表的一致性调整，因此不建议大家在未来制作中应用“快速布局”和“更改颜色”等功能。

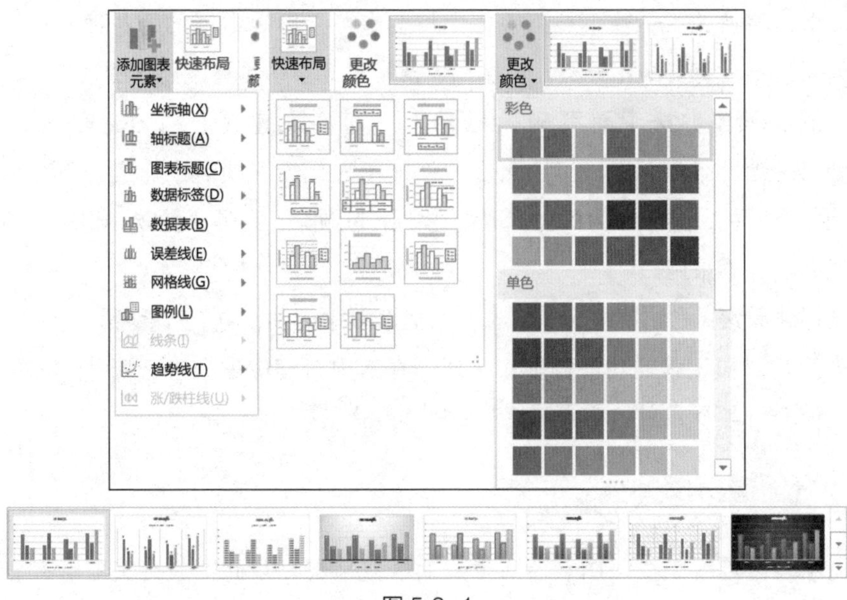

图 5.2-1

添加元素：在默认生成的图表中常见元素有些是默认出现的，有些则需要自行添加。部分元素的添加可以通过右击打开的快捷菜单进行设置，但部分原有但后期删除的元素如数轴等，若再次添加就需要通过菜单栏中的功能来实现。选中目标图表后在“图表工具”下的“设计”选项卡上有“添加图表元素”按钮，如图 5.2-2 所示。

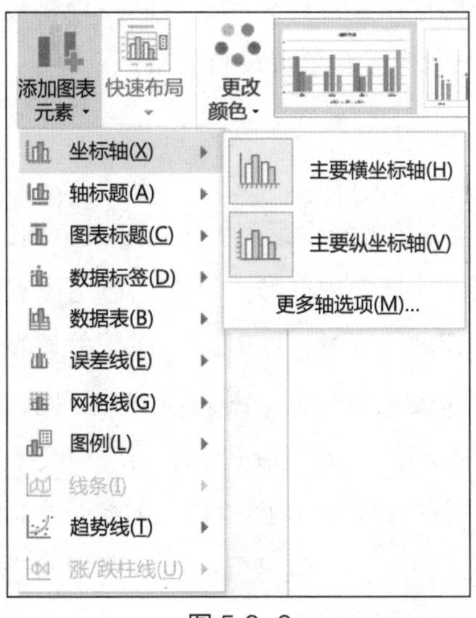

图 5.2-2

单击该按钮后，在下拉列表框中将会有可在图表中添加的各种元素，每个元素展开后有其细化分类，自然也包括常见元素中可移除元素的选项。

删除元素：选中想要删掉的元素，直接按键盘上的<Backspace>或<Delete>键即可删除；同时也可在“添加图表元素”功能中完成，所有选项就像一个开关，选中即为添加，取消选中则为删除，只是这种方式相对烦琐，一般我们并不采用。

调整元素：右击对应元素，选择快捷菜单中的“设置[元素名称]格式”，均会弹出对应元素的功能调整对话框，在其中对相应参数进行调整即可，稍后我们会对各个元素的功能调整对话框逐一讲解。

5.2.1 图表区域

图表区域就是插入图表后所生成的区域范围，与此图表有关的所有显示元素都被收纳在这个区域范围之内。通过选中外轮廓选中图表区域可以复制整个图表，并可通过右击，在打开的快捷菜单中选择“设置图表区域格式”，在弹出的对话框中对当前图表的背景颜色和边框进行设置（此设置方法与文本框背景颜色和边框颜色设置方法一致），若将图表区域背景设置为无色（透明），那么就会透过此区域显示背后的图层；设为透明底色后的图表方可用于带背景页面之中，否则所插入的图表因其自带背景色而像一块块膏药般展示在页面上，极其影响页面的整体美观。除此之外在对话框中还可以对整个图表进行效果调整和对尺寸、位置等进行设置。

5.2.2 绘图区域

绘图区域就是图表中放置数据系列的矩形区域范围，也就是除横/纵坐标轴、图表标题、图例以外最大的区域。绘图区域与图表区域是两个完全不同的区域，可以分别对其进行调整，同时两个区域的调整可以并存。若对绘图区域填充的颜色及边框设置的颜色与图表区域的不同，图表区域中就会呈现另一个契合绘图区域大小的有色矩形。当绘图区域设置为无填充色（透明填充色），那么绘图区域就会显示整个图表背景的颜色，即图表区域颜色。因此，当在有色页面上应用图表时，不但要保证图表区域的透明，也要保证绘图区域的透明，这样方可得到透明图表效果。

5.2.3 图表标题

图表标题顾名思义就是用来显示图表标题的文本框，可随意调整其摆放位置。因其属于内嵌图表对象之一，又受图表区域范围控制，因此对其位置的调整受到很大局限，在调整图表时也不好控制，一般情况下标准文档中的图表标题基本多以模板标题样式出现。因此，建议大家直接删除此标题并将图表标题置于一单独文本框中，以便进行格式及位置的统一调整。

5.2.4 横、纵坐标轴

横、纵坐标轴就是在图表中用来标识 X、Y 坐标轴的轴线。可以对坐标轴设置线型和颜色，以及此坐标轴上所列数据的文本展示方式。右击横、纵坐标轴，在快捷菜单中选择“设置坐标轴格式”将弹出对话框，从中可通过不同标签对坐标轴进行调整，如图 5.2-3 所示；从图标样式中我们很容易判断，前 3 个标签为基本设置标签，最后一个为图表专属标签。

图 5.2-3

第 1 个标签中的线条设置是对坐标轴线的设置，而填充设置则是对坐标轴标签的数据所用文本框进行背景色设置；第 2 个标签“效果”、第 3 个标签“布局属性”和“文本选项”中的参数选项则也是针对坐标轴标签的设定，与坐标轴线无关。“坐标轴选项”是将坐标轴进行数据化调整的参数组，也是其核心功能。在图表中纵轴与横轴也是相对独立的，横轴会随着所用图表的不同在对话框的“坐标轴选项”中呈现不同参数选择。

在这里我们先以柱状图为例，看一下相对通用的纵轴参数，以便大家对于图表参数调整有一个基本概念。

5.2.4.1 坐标轴选项

图 5.2-4 为坐标轴选项示意图。

边界：“边界”中的“最小值”及“最大值”代表了纵轴上的起始及结束数据，两者之差则为图表所显示的数据范围。其可以设定小数点后无限位数，但出于美观应对其做整数取整或将其后小数位数控制在一个相对少的范围内取整。在文本框中直接输入数值后，按 <Enter> 键人工调整并确认，若将其参数进行人工调整，此参数后面的“自动”提示将变为“重置”按钮，单击“重置”按钮，数据将恢复自动设定。

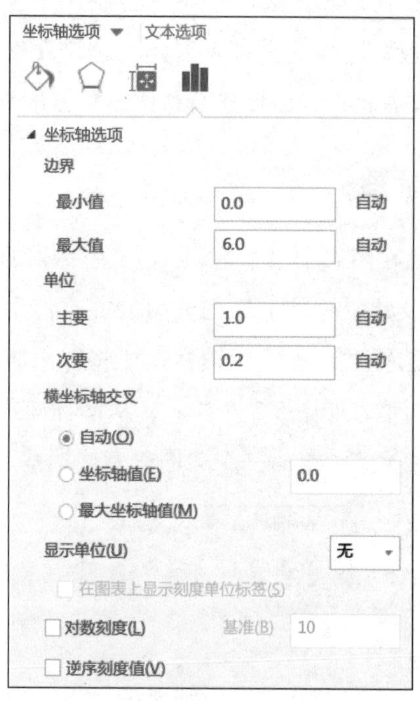

图 5.2-4

单位：“单位”为纵坐标轴上刻度线的距离，“主要”参数是针对“主要刻度线标记”（参见此后“刻度线标记”）而言，“次要”参数是针对“次要刻度线标记”而言。当次要数据大于主要数据时，主要数据将随次要数据的调整而调整，并与其数值相等。此参数用于控制刻度线在纵坐标轴上的显示位置，以便绘制出整齐、标准的图表。相信大家时常见到，坐标轴上所显示的数据及刻度线并未出现在坐标轴的结束位置，而是与其尚有一段距离，这就是未调整好此参数所导致的。

横坐标轴交叉：此选项组中的参数只存在于纵坐标轴的设定中，用于确定横坐标轴与纵坐标轴的交叉位置。众所周知，生成的图表纵、横坐标轴均默认在 0 位处交叉，其实这并不是一成不变的。

自动：此单选按钮为选中状态，则纵、横坐标轴在 0 位处交叉。

坐标轴值：此单选按钮为选中状态，则纵、横坐标轴在纵坐标轴指定数值位置处交叉。这里需要注意的是，此参数设定后图表显示效果仍受纵坐标轴的最大值或最小值限制。例如，当数据范围是 –3 ～ 6，数据为 3.5 时，若设定此参数为 –4，则图表横坐标轴将只会下降到 –3，同时数据将从 –3 处开始显示，并到 3.5 时截止；当此参数为 8 时，横坐标轴也只会显示在纵坐标轴 6 的位置，同时横坐标轴标签仍显示在横坐标轴之下，且柱状图的柱子将从上至下显示到 3.5，这一点貌似有些怪异但其实是合理的，如果将 8 看作 0，则 3.5 就是相对于它的负数，因此这样的显示方式就再合理不过了。

最大坐标轴值：“最大坐标轴值”单选按钮的功能与将坐标轴设定为最大值效果和生成理论基本一致，只是横坐标轴数据标签将显示在横轴之上。

显示单位：在下拉列表框中可选择将横坐标轴数据标签的数值适度缩小或放大，这样在进行图表制作时可以在不调整原数据的前提下进行单位的提升调整，以避免产生因纵坐标轴数据标签单位过小而出现太多位数，进而占据过多空间的问题。在预设菜单中此选项提供了从百到兆 9 种选择，足以涵盖日常工作所需。

在图表上显示刻度单位标签：若勾选此复选框 Word 会将所选定的单位以文本框的形式添加到纵坐标轴旁，但一般情况下不会勾选此复选框，而是通过调整纵坐标轴标签中的单位表述来传达单位信息。

对数刻度：在这里先来重温一下对数的概念，如果 a 的 x 次方等于 B（$a>0$，且 a 不等于 1），那么数 x 为以 a 为底 B 的对数，记作 $x=\log aB$。其中，a 为对数的底数，B 为真数。勾选“对数刻度”复选框，Word 将所输入参数按对数形式进行进位，虽然在坐标轴上的间距相等，但每个刻度间的间隔数据却逐级增大、各不相同。例如，当对数刻度参数设定为 2，则纵坐标轴刻度的排列方式将为 1、2、4、8、16、32、64 等；设定为 3，则排列方式将为 1、3、9、27、81 等。因 a 必须大于 0，且 a 不等于 1，所以设定对数刻度后，边界的最小值不能是负数或 0，其自动默认值为 1，但也可以按需将其设定为 0.1 或其他小数。

逆序刻度值：将纵坐标轴的数据标签顺序逆序排列，同时其所对应的图表中各项数据亦将逆序展示。若此前图表纵坐标轴的数据为自下而上从 0 到 9 排列，勾选“逆序刻度值”复选框后则为自上而下从 0 到 9 排列。

5.2.4.2 刻度线标记

图 5.2-5 为刻度线功能选项组。

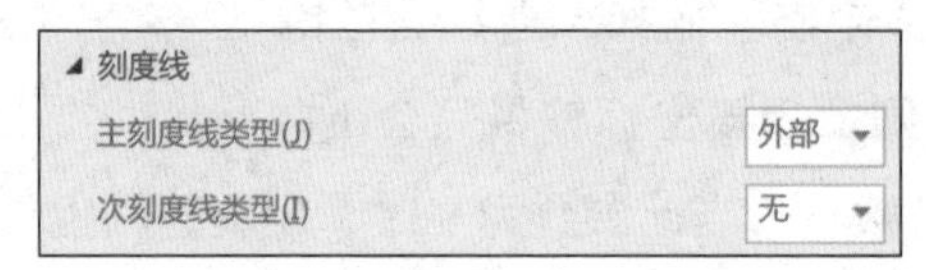

图 5.2-5

主刻度线类型：主要刻度线标记为坐标轴上的间隔短线，主要类型是自动生成图表时表现在坐标轴上的短横线，间隔距离由“坐标轴选项”中的“单位”参数控制。默认为“外部”显示，除此之外还有“无”“内部”“交叉”3个选项，“外部”向坐标轴标签处延伸，“内部”显示效果为向图表内部延伸，“交叉”效果可以理解为外部和内部同时显示，而“无”就是不显示。

次刻度线类型：次要刻度线标记相对主要刻度线标记而言，其表现效果与主要刻度线标记相比略短，为主刻度线之间的辅助参考刻度。值得注意的是，如果仅设定了次要刻度线单位，而在这里将类型选择成“无”，刻度线将不会显示；另外，当次要刻度线与主要刻度线间隔一致时，两者将会重叠。

5.2.4.3 标签位置

图 5.2-6 为标签选项组。

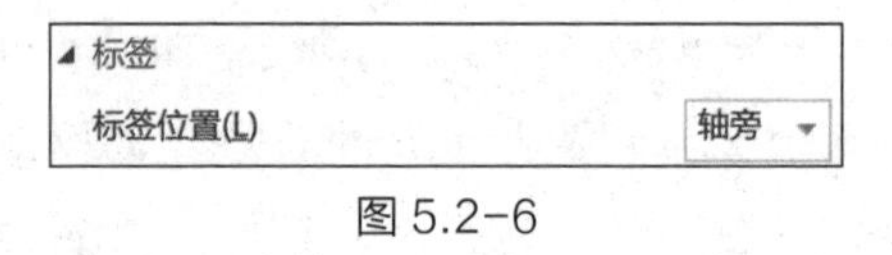

图 5.2-6

数轴标签位置：数轴上的标签是指数轴旁边数据标签的位置，与图表中的标签位置概念完全不同，此位置完全是围绕着标签与数轴的位置关系而设定的。

纵轴标签位置关系：默认为轴旁即数轴的外侧旁边。若将参数调整为“高”，则标签将会出现在图表的另一侧，与数轴相对。如将参数调整为“无”，则为隐藏数据，标签不显示。当我们使用双坐标轴图表时，若将左纵轴的标签调整为“高”，则其标签将位于右侧坐标轴标签位置的左侧，因此若发现某一图表左侧没有数轴标签而右侧有两组时，那么此时左边那组代表左轴刻度标签，右边的则代表右轴刻度标签。

横轴标签位置关系：不同图表横轴标签设定参数并不一定相同。以柱形图为例，其中除“标签位置”外还包含“标签间隔”和“与坐标轴的距离”两个参数，如图 5.2-7 所示。

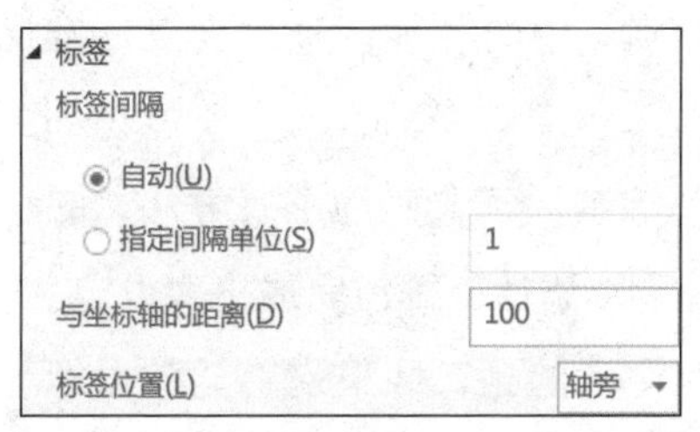

图 5.2-7

标签间隔：大多数情况下自动间隔就是 1，间隔为 1 即逐一显示；但当我们标签中的文字信息量过大的时候，“自动”功能则会将间隔调整为 2 或者 3，甚至更大。若间隔为 2 则为隔一个显示一个，间隔为 3 则是隔两个显示一个。

与坐标轴的距离：默认值为 100，其代表标签距离数轴的距离，数值增大则代表距离增大；如果我们感觉图表所占空间过于拥挤需要压缩图表空间时，可以考虑将此参数清零。即便参数清零，标签仍会和数轴保持一定的空间距离，不会影响图表整体的辨识性和美观性。

5.2.4.4 数字

图 5.2-8 为数字所涉及的功能选项。

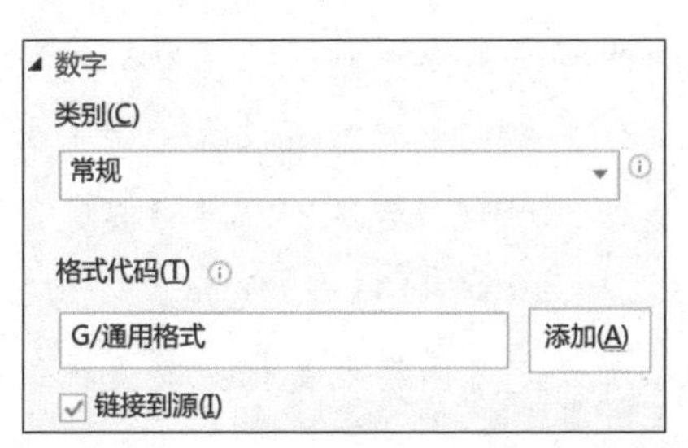

图 5.2-8

这里的“数字”也为仅针对当前数轴标签信息作用的数字格式参数选项，相信大家均已熟练使用 Excel 并对其中的代码规范有了充分的了解，在这里我们仅阐述一些关键注意点，具体各类代码参数的原理和用法不做赘述。

类别：在“类别”下拉列表框中可以选择数字、货币、日期或百分比等标准所需格式选项，选择不同类别后，其下方会展开对应设定参数，可对其进行额外设定。例如在数字类别中可以选择需保留的小数位数、是否使用千位符以及负数的表现形式等。

格式代码：在“类别”中的各种调整均会以标准代码的形式展示在“格式代码”之中，其实对于程序本身而言，它所能识别的是这组代码而非上方的选项，因此若大家熟练掌握了代码的书写方法，完全可以抛开选项直接在这里书写相关代码，单击“添加”按钮完成格式设定。

在这里想提醒大家注意的是，如果您感觉数据标签相比常规图表距离数轴较远，却在参数中并无多余空格等占位情况时，需要看参数后是否有“_）”这个代码，这一代码在参数中就会起到占位作用。例如，若代码是“#,##0.00_）;[红色]（#,##0.00）”，应将其调整为“#,##0.00;（#,##0.00）”，单击“添加”按钮后标签与数轴之间的占位就被删除掉了。大家一定发现了我们同时删除了负数前面的红色参数，原因很简单，每个模板均有其完善的标准配色系统，而系统默认红色因其纯度很高，大多数情况下不会出现在配色系统中，而负数如不用红色表示也会因符号不同而清晰表现。因此为保持通篇文档的配色统一，我们建议大家不要使用红色表现图表中的负数。

温馨提示

当在坐标轴上将颜色设置为“无线条”，但保留轴旁标签数据时，其效果为隐藏坐标轴线；当坐标轴被隐藏时您还可以继续对此坐标轴进行编辑，编辑时如果没有发现变化并不代表您没有设置，而是坐标轴线未显示。而删除坐标轴是另外一个概念，删除以后不可以再对其进行设计，必须再添加才能进行所需的美化设计。当坐标轴设置为“无线条”，同时标签也设定为“无”时，亦为删除坐标轴。所以，当调整或美化图表坐标轴时一定要了解其状态是隐藏还是删除。

5.2.5 横、纵坐标轴标题

虽然在默认图表中没有出现横、纵坐标轴标题，然而横、纵坐标轴标题在图表中还是经常使用的。纵坐标轴标题的文字常为数据单位，当横坐标轴的类别名称有特别的综述标题时，也会用到横坐标轴标题，这时就需要添加坐标轴标题元素，并修改文字。

横、纵坐标轴标题其本质为内嵌图表中的一个独立文本框，可对其进行文本框的常规设置，如图 5.2–9 所示。其在实际应用中的主要作用多为表示所属数轴的单位或注释，例如股价对比图中的“基准重调至 100”等。在这里需要提醒大家的是，一定要注意模板规范的坐标轴标题的标准表现形式和位置，通篇文档的图表坐标轴标题格式逻辑应完全一致。

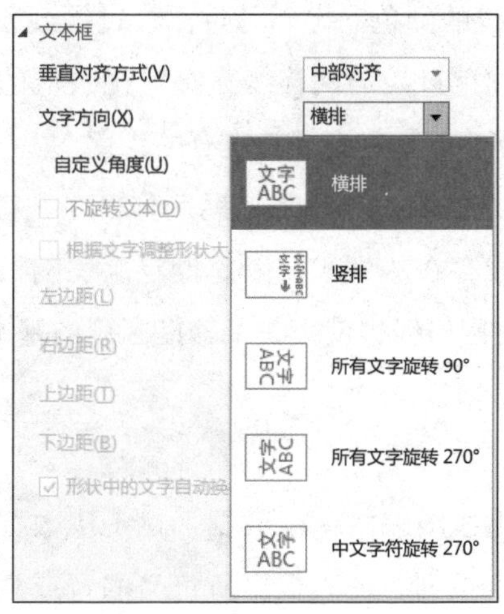

图 5.2–9

为了规范制作的坐标轴样式，可以用对齐方式来调整坐标轴标题。垂直对齐方式有“顶端对齐”“中部对齐”“底端对齐”“顶部居中”“中部居中”“底部居中”。文字方向有“横排”“竖排”“所有文字旋转 90°”“所有文字旋转 270°”“中文字符旋转 270°”。用得较多的是“所有文字旋转 270°”和“横排”，纵坐标轴上的标题一般都用“所有文字旋转 270°”并对于坐标轴居中，横坐标轴上的标题一般用“横排”并对于坐标轴居中；或者纵坐标轴标题用“横排”置于坐标轴顶端并相对居中，横坐标轴上标题也用“横排”置于坐标轴右端，也相对居中。无论放入哪一位置，二者均需统一，这样图表看起来将比较一致和美观。

5.2.6 网格线

网格线就是坐标轴刻度的延长显示线，以整个绘图区域为宽度或长度。网格线可以使图表更易区分每部分数据所在数值区域，在没有数据标签提示的情况下可以快速找到所对应的坐标轴数据区间，使读者一目了然。但每个事物都有两面性，其既可以引导读者也可能也会干扰读者，在不必要的情况下反而会干扰读者的视线，使图表显得比较混乱，所以应具体情况具体分析。网格线分为主要网格线和次要网格线，与坐标轴上的主要刻度和次要刻度分别对应。

应用网格线时应注意以下几点。

（1）颜色。网格线的颜色一定不可过深，过深会干扰图表中实际数据的表现；也不可过浅，颜色过浅的网格线在亮度比较低的投影仪上或分辨率不高的打印机上显示不清，也就丧失了其应有的作用。

（2）密度。网格线的基本作用是辅助区分，在非特殊需求的情况下，这一基本作用才是网格线存在的意义，因此设定次要网格线时一定要注意控制其密度，当密度过高时网格线也就失去了辅助区分的基本作用。

5.2.7 数据系列

数据系列是用来生成图表的一组数据，每一组数据就是一个“系列”，若有多组数据就有多个系列，图表根据所定义的行或列进行数据系列划分。图表中的某个数据系列通常就是指图表的一组数据图形，例如柱形图中的同色柱形、折线图的某一条折线、饼图中的任意一份扇区等。单击这些图形，可以同时选中整个系列中的每个数据标记，再次单击则是选中当前的单一数据标记。选择图表中某一系列，右击图形可以看到打开的快捷菜单。从这些可使用功能上就能看到对系列可进行的操作有哪些。

选中所需数据标记的图形后，通过右击图形打开快捷菜单，选择“设置数据系列格式”，如图 5.2-10 所示，弹出相应对话框，并对其进行相关美化、调整。因各种图表展现所用元素不同，在进行数据系列设置时一定要注意当前所选标记是线条还是形状，方可对其进行正确调整。

系列可以选择绘制在主坐标轴或次坐标轴，如图 5.2-11 所示，默认图表系列均在主坐标轴。主坐标轴默认出现在图表绘图区左侧，当有两组数据并且其大小差距较大，需要在同一幅图中展现时，例如其中一组为百分比，另一组为常规数字，我们会选择左右两个坐标轴进行绘图，这时就需要其中一个或多个系列选择次坐标轴了，次坐标轴在绘图区的右侧显示。

系列重叠是指不同系列之间的间距关系，数值区域为 -100% ～ 100%。值为 -100% 时，可以看到系列间距为一个系列所占的宽度；值为 0% 时，系列会紧挨在一起，没有间距；值为 100% 时，系列会重叠在一起。通常情况下，系列重叠设置为 0%。

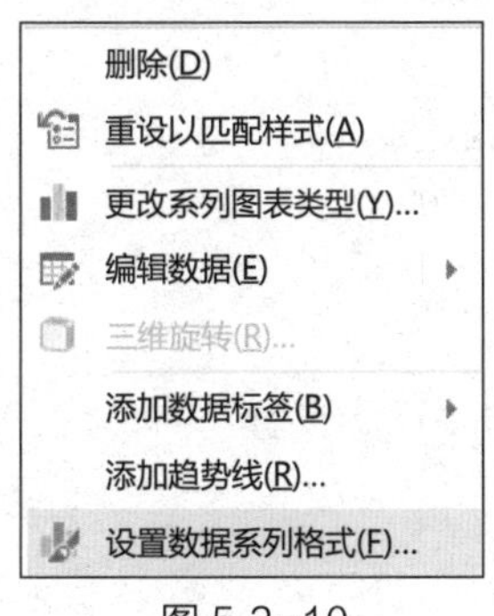

图 5.2-10

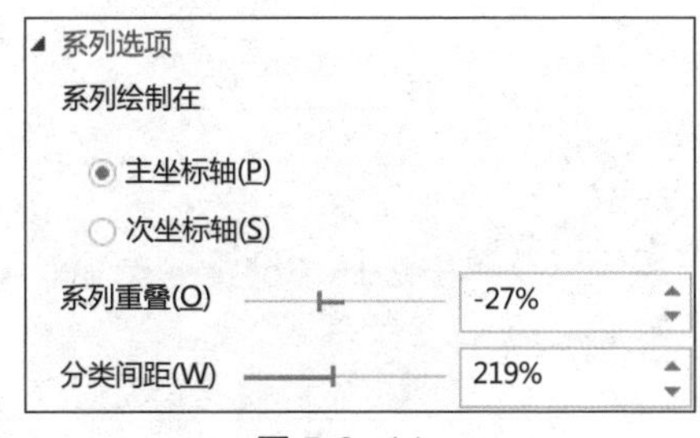

图 5.2-11

分类间距是指不同类别之间的间距关系，数值区域为 0% ～ 500%。值为 0 时，类别之间没有间距；值为 100% 时，类别间距正好是一个系列宽度；同理可推，类别间距的效果为以系列宽度为单元乘以分类间距的值。当绘图区宽度固定时，系列显示效果由系列重叠值与分类间距值共同决定。

对数据标记进行颜色填充和边框颜色设置时，如图 5.2-12 所示，若将“填充”和“边框”均设置为无色，那么数据系列就会显示出图表或页面背景色，即当前数据标记为透明。

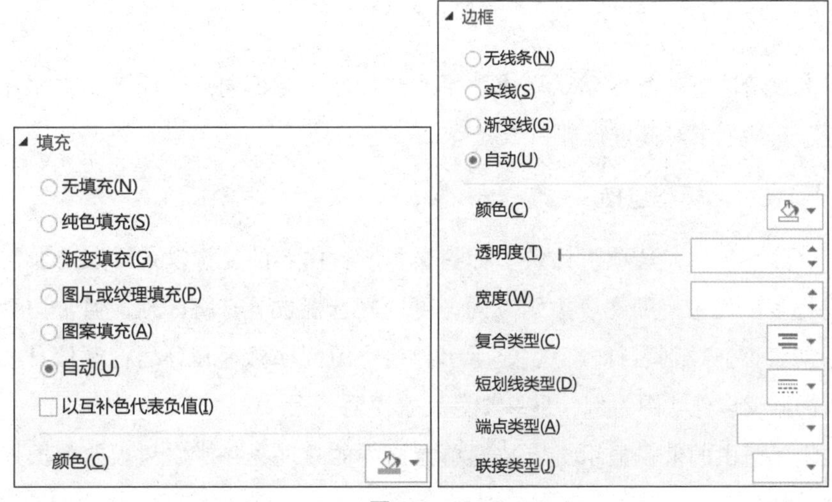

图 5.2-12

5.2.8 数据标签

数据标签是在数据系列上直接标识每个数据标记类别的文本框类文字说明，通过选中目标图表的对应数据标记，右击打开快捷菜单，选择快捷菜单中的“添加数据标签”即可完成添加，如图 5.2–13 所示。

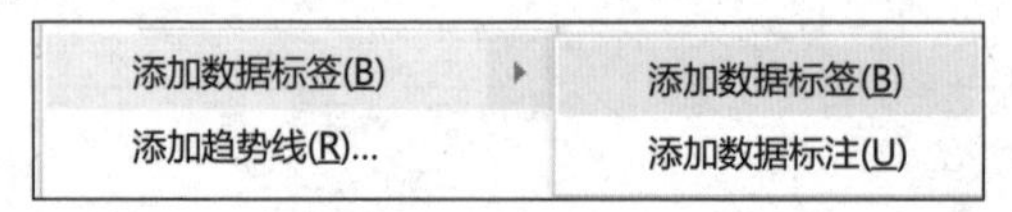

图 5.2–13

在快捷菜单中选择“设置数据标签格式”，弹出“标签设置”对话框，如图 5.2–14 所示。

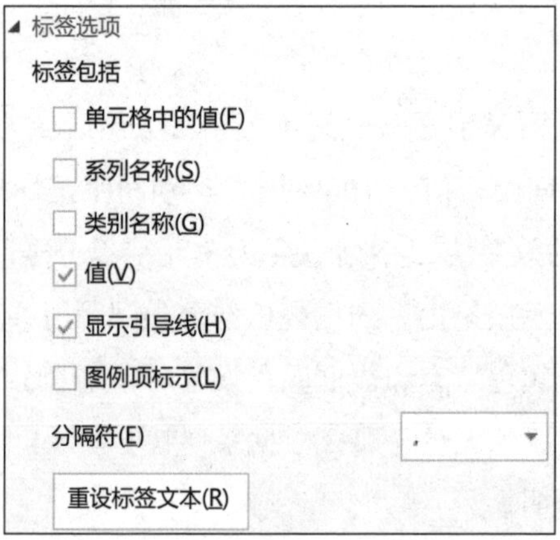

▲ 标签选项

标签包括

☐ 单元格中的值(F)

☐ 系列名称(S)

☐ 类别名称(G)

☑ 值(V)

☑ 显示引导线(H)

☐ 图例项标示(L)

分隔符(E) ,

重设标签文本(R)

图 5.2–14

多数情况下标签的默认生成效果或与标准规范不同，因此需要在“标签设置”对话框中对其进行进一步调整。

5.2.8.1 标签包括

“标签包括”选项组提供了标签文本所含内容的复选框，可以对所需元素进行多项勾选，随图表类别不同，可选复选框也会有所区别，通常均会包含系列名称、类别名称、值、显示引导线、图例项标示和分隔符等信息。下面我们继续以柱状图为例，进一步为大家说明。

单元格中的值：显示指定数据单元格中的数据，并使之与当前数据标记联动。

系列名称：显示当前数据标记所属数据系列名称。

类别名称：显示当前数据标记所属类别名称。

值：显示原始数据单元格中的数据。

显示引导线：当数据标签距离目标数据标记过远时，程序将自动生成引导线，从数据标记指向数据标签，所生成引导线也可按需调整线条格式。

图例项标示：将所属数据标记的颜色表现样式以图例的形式展现在数据标签之中，此选项虽可进一步帮助读者辨识数据标签所属系列，但因一般数据标签距离数据标记位置均不远，且标准图表均不会让数据标签重叠或混淆，以及在数据标签中增加图例反而会干扰读者获取标签信息等问题，我们不建议大家在制作图表时为数据标签增加图例。

分隔符：分隔符用于确认复选数据标签所显示信息后分隔信息的样式，分为逗号、分号、句号、分行符、空格 5 种方式，可以根据模板规范或文本一致性原则来具体选择。一般我们建议大家使用分行符，这种方式很容易区分名称和数值，名称一行数值一行，比较直观、简洁，更容易让读者快速捕捉所需信息。

5.2.8.2 标签位置

图 5.2-15 为标签位置功能选项组。

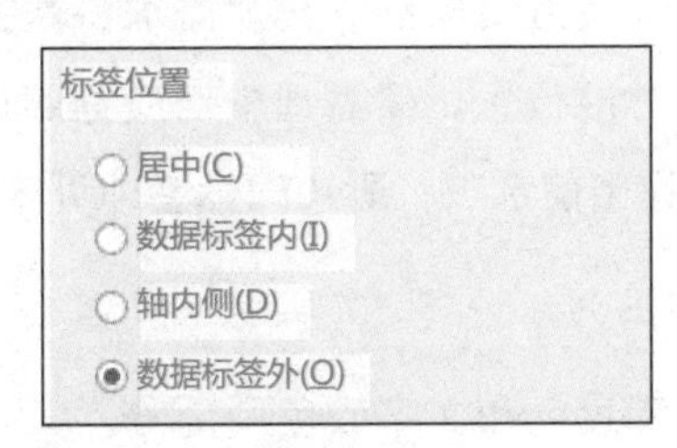

图 5.2-15

居中：将标签放在所有数据标记的中心，即位于数据标记内的中部。

数据标签内：准确来讲应为“数据标签位于数据标记内”，其效果为将标签放在数据标记的内侧，并将这些标签顶部与数据标记顶部对齐，即位于数据标记内侧的顶端。

轴内侧：将标签放在数据标记的内侧，并将这些标签排列在接近数轴的位置，即位于数据标记内侧的底端。

数据标签外：将标签放在接近数据标记的外侧，标签底部与数据标记顶部对齐；由于累加柱状图由多组数据标记叠加组成，为避免歧义，其图中标签无此配置。

最佳匹配：除上述 4 种标签位置之外，在饼图中还有“最佳匹配”选项，此选项为将标签放在最可见的位置，此配置会自动测算标签及对应数据标记所占空间，并按相对合理的逻辑对标签进行数据标记内侧或外侧放置的随机分配。这种分配方式为延续状态，即人为移动某一标签后，其他标签会自动重新选择最佳位置排列。由于此种分配方式会影响其他标签的既定位置，以及导致内外分布不统一，因此在专业文档中很少使用；同时，因其特殊匹配方式，仅在饼图中有此配置。

5.2.8.3　标签的选择

当单击一个标签时，首先默认选中的是当前一组标签，此时若再次单击这组标签的某一标签，则会仅选中当前标签。基于这两种选择方式所选对象的维度不同，既可以进行同组标签的统一调整，亦可按需针对某一个标签进行单独调整。

5.2.8.4　被移动标签如何恢复

某些情况下，可能会因为误操作或其他需求将数据标签位置人为移动，这时若要使其全部恢复标准位置，仅需选中对应标签后选择任意一个其他位置选项，然后再重新选择当前选项，所选的标签即可恢复标准位置。

5.2.8.5　标签的颜色

标签的颜色可分为背景色和文字颜色两部分。大多数情况下标签的文字均为深色，当将标签置于数据标记内时，一定要考虑背景色与文字颜色的差异化，以保证信息的可读性。部分情况下会通过调整背景色来突出文字颜色，但这种方式会让图表中的标签看起来像膏药一样贴在图表上，非常影响美观。因此遇到这种问题时应调整文字颜色，对其进行反白处理，而不是调整标签背景色。

5.2.8.6　标签样式调整

数据标签中的数值也可通过自定义数字格式进行调整。与坐标轴标签一样，数字格式分为常规、数字、货币、会计专用、日期、时间、百分比、分数、自定义等类别，每个类别又分别细分为更加具体的格式，当其中没有您所需的格式样式时，您可自行按格式代码设定格式样式并添加到自定义格式中，添加后在本文档后续中可直接应用该格式。

5.2.9 图例

图例就是用于区分图表图片中的序列与数据标记。在大多数图表类型中，每个图例项都表示一个数据系列，显示了数据系列所表现的具体样式（包括填充色、边框色、线条色、效果等）并和数据系列名称相互对应、共同出现，以方便读者辨析。

图例位置：图例的摆放位置和所占空间可随意调整，也可以通过“图例位置”参数进行“靠上”“靠下”“靠左”“靠右”“右上”5种调整，如图5.2–16所示，这些位置均是相对于当前图表的绘图区而言的。选中图表图例，右击打开快捷菜单，选择快捷菜单中的“设置图例格式”会弹出图例修改对话框。

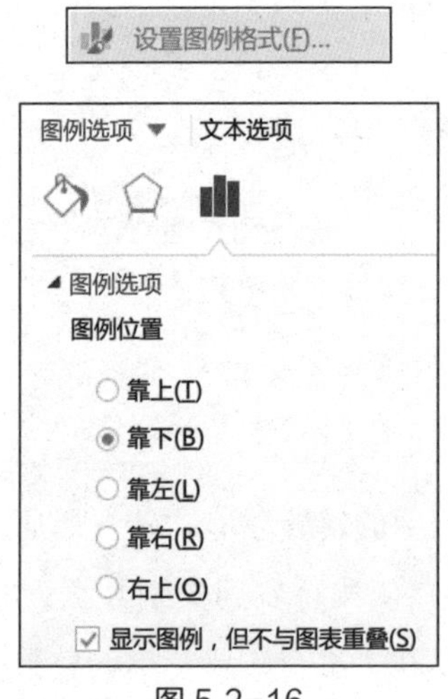

图 5.2–16

显示图例，但不与图表重叠：此复选框若被勾选，则图例位置的5种调整是沿着绘图区轮廓外侧移动的；若不勾选，则是沿着绘图区内侧移动的。如不勾选，则要注意当前图例是否与图表的实际信息部分重叠，若已重叠则建议勾选此复选框，否则整个图表将略显杂乱无章，可读性也会被削弱。

图例的形状大小与其后文本信息的字号大小一致，即可通过字号的调整来控制图例形状的尺寸，当然为保持整体风格的一致性，我们建议大家图例字号应与图表中其他文本信息字号保持一致。

以上介绍的这些元素就是图表中一些常见的元素，也是图表制作和美化设计的关键所在。除此以外图表还提供了误差线、趋势线、涨跌连接线等元素，用于进一步的数据分析展现，这些元素的应用与 Excel 的相关图表制作原理完全一致。

5.3 各种数据

制作图表必然不能脱离数据，当创建图表后大家会发现在图表生成的同时，在页面中还会出现一个内嵌的 Excel 数据编辑窗口，在这里可以对当前图表所表现的数据信息进行调整。当此窗口后期被关闭后，也可通过快捷菜单或菜单栏中的“编辑数据”功能再次打开。

插入图表后可以在主菜单栏“图表工具”下的“设计”选项卡上发现“数据”组，在此组中有两个实用功能按钮，如图 5.3-1 所示。

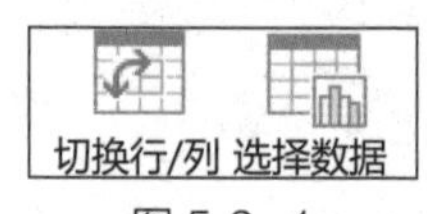

图 5.3-1

5.3.1 切换行 / 列

相信大家都知道 Excel 中的转置功能，转置后原来以行来排列的数据会转换为以列排列。在图表中默认按行罗列类别数据，按列罗列系列数据，“切换行 / 列”按钮的作用就是在不进行转置（不调整数据排列顺序）的前提下使图表中的类别数据和系列数据的逻辑颠倒。更通俗一点讲，以柱状图为例，如果把图表数据中的行理解为横坐标轴上两个刻度线之间的一组数据，列数据就是各组数据中同类颜色的数据组。切换行 / 列的图形化的表现为：若行标题为图表横坐标轴标签，列标题就是图表的图例。切换行 / 列后，两项逻辑及对应信息对调并呈现相应数据变化。

切换行 / 列实现方法：选中目标图表，在“图表工具”下的“设计”选项卡的“数据”组中单击“切换行 / 列”按钮。当前的“切换行 / 列”按钮为灰色，说明此功能并未处于激活状态，然后单击“编辑数据”按钮弹出此图表的内嵌 Excel 数据表格，此时“数据”组中“切换行 / 列”按钮就会变为可用状态。单击“切换行 / 列”按钮，当前图表就会快速切换数据所对应的行与列数据。为方便用户使用，在“选择数据源”对话框中也有“切换行 / 列”按钮。

5.3.2 选择数据

通过更改图表中包含的数据区域范围，对图表所选择数据进行重新索引，如图 5.3-2 所示。图表数据区域可以是连续的，也可以是不连续的。

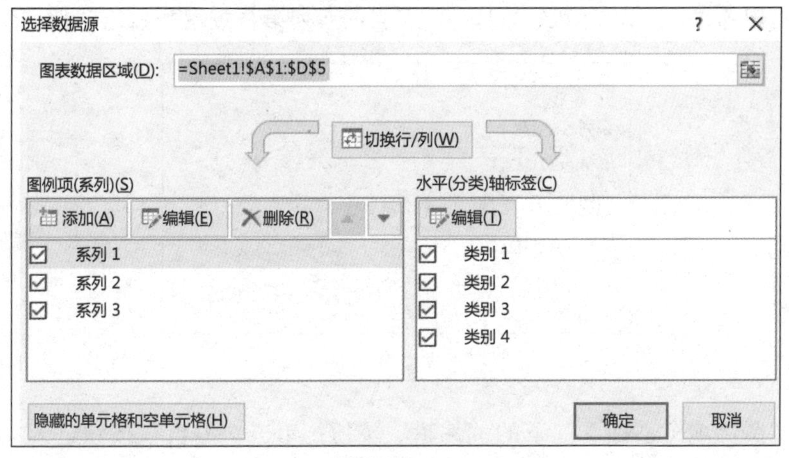

图 5.3-2

图表数据区域：设定了图表数据取值范围，若扩大或缩小取值范围，可以直接在此处调整数据；在 Excel 表格中拖动数据区域右下方的蓝色区域调整箭头也可直接调整数据区域范围，调整后数据区域参数也将相应改变。

“图例项（系列）”和“水平（分类）轴标签”：这里分别枚举了生成图表中显示的全部系列和类别，若要在图表中隐藏某一组数据，仅需在此处取消勾选该组数据即可，不用在数据表中删除对应数据。

“图例项（系列）”下的“添加”与“删除”按钮：在“图例项（系列）”选项组单击“添加”按钮，将弹出“编辑数据系列”对话框，如图 5.3-3 所示。

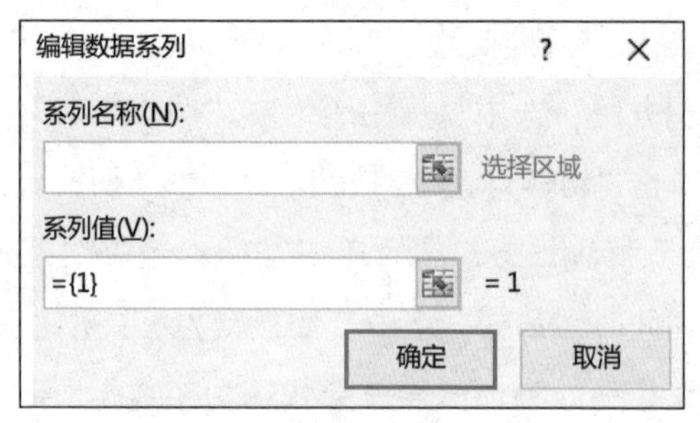

图 5.3-3

将光标放在“系列名称”文本框内后，单击数据表格中所需添加标题的单元格，对应参数将会出现在文本框内，如图 5.3-4 所示。将光标放在“系列值”文本框内，单击需添加数据区域单元格，文本框内参数将变为如“={1}+Sheet1!$D$2:$D$5”的形式，若要确实形成有效数据必须删除代码中默认出现的“{1}+”，默认“{1}”代表当前系列第一数据为数值“1”。

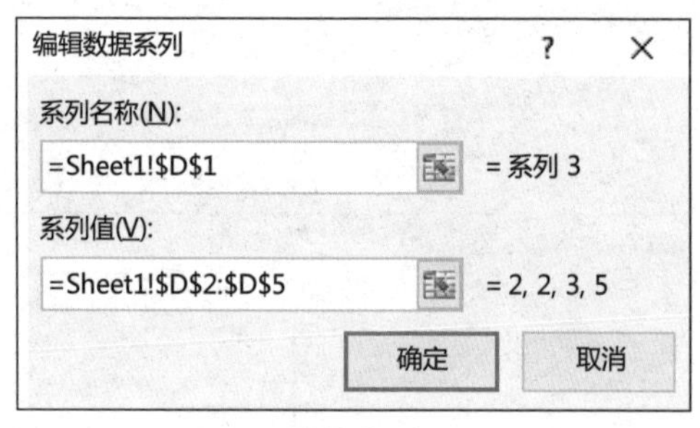

图 5.3-4

“图例项（系列）”下的“编辑”按钮：单击“编辑”按钮进入“编辑数据系列”对话框，此对话框与单击“添加”按钮后弹出的“编辑数据系列”对话框功能一致。在这里可以通过调整参数或直接选择对应数据区域进行数据范围调整。通过数据编辑可以引用非连续数据组，同时也可以将系列名称通过字符输入直接定义。

5.4 图表元素的调整

现在大家已经了解了图表制作的常用参数与功能，现在再回过头来看本章最开始所说的股价图是如何一步步制作出来的。

（1）删除水平主要网格线、垂直主要网格线、图表标题；修改图表外框线为“无填充”；添加主要纵坐标轴的轴标题元素，填入单位文字“（人民币元）”，文字加粗；修改图表的文字字体，中文为华文楷体，英文为 Arial，字号设置为 10 磅，颜色设置为黑色；添加横、纵坐标轴刻度线，修改坐标轴边线颜色为 RGB（64，64，64），使其和研究报告模板统一，如图 5.4-1 所示。

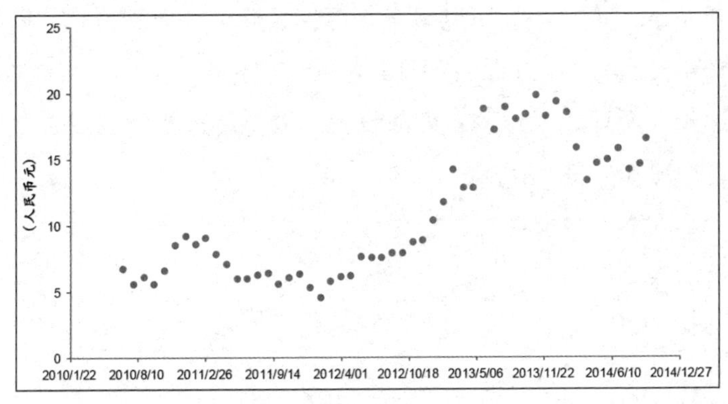

图 5.4-1

（2）修改散点图数据点的样式，使其显示为折线效果。选项“设置数据系列格式”，在对话框的“填充”选项组，修改标记为“无填充”，线条为“实线”，颜色为“蓝色”，效果如图 5.4-2 所示。

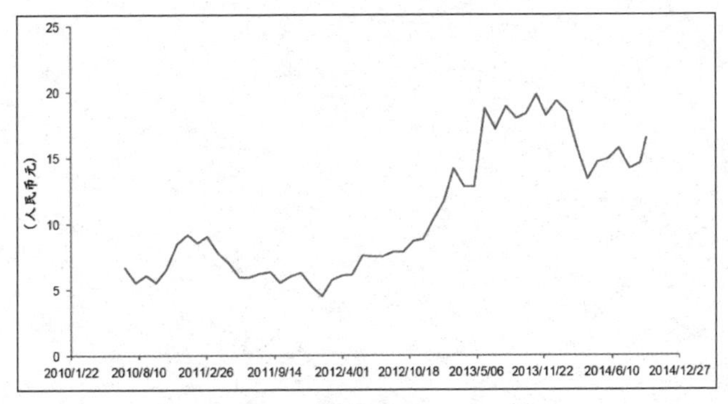

图 5.4-2

（3）接下来要调整横坐标轴的边界值，使其与数据区域日期的起始值和结束值相符，并设定标签个数、计算单位，使标签显示完整、无遮盖、无缺少，方法如下。

在“编辑数据”的 Excel 界面中，复制起始日期与结束日期，粘贴到两个空白单元格中，设置这两个单元格格式为“数值”，您会看到日期换算为数字了（日期与数字的换算是以 1900/1/1 为绝对起始第一天，当前日期与起始日期 1900/1/1 的天数差值即为换算的数字），这两个数值分别作为坐标轴的最小值和最大值，使用结束日期的数值减去起始日期的数值，得到天数的差值，使用差值除以需要的标签个数（由可放置空间得出），得到的数值，就可以作为主要单位数值。对中文研究报告，可将日期设为中文格式，即修改坐标轴数字的日期类型为“某年某月某日”。

如上述步骤所述，通过一系列的设置与调整将散点图变成了一幅完美的股价图了，如图 5.4-3 所示。

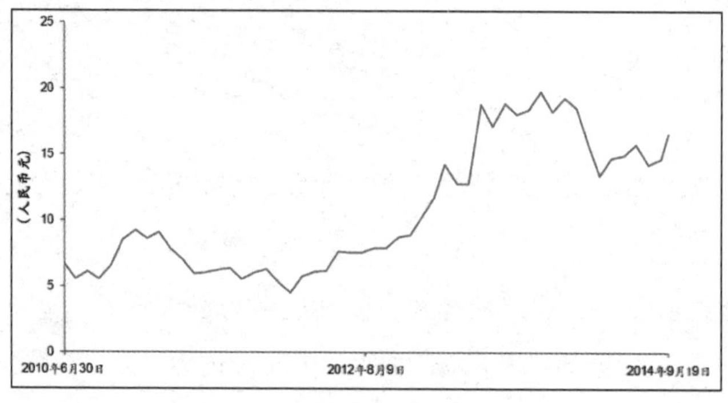

图 5.4-3

第6章

用 Word 搞定 3 个文件制作

6.1 新员工入职表单的制作

在 Word 上制作文件之前，要在脑海里有两个概念：首先是文件内容要有一个大纲，理清文件内容共分为几个部分，每个部分包含的信息量是哪些；其次是这个文件在设计风格和色彩搭配上是否符合公司文件的模板要求。这些都想清楚了就可以开始在 Word 上制作文件了。

下面我们就制作新员工入职表单来分析一下设计思路和内容结构。设计上我们要运用现在很流行的简约风格，除了简单的边框和底纹外，利用留白作为点缀，除此之外并不运用过多的装饰，但是要注意在颜色使用上有一定逻辑性。重点内容都要配上底纹突出显示，底纹的深浅又有一定的区分，最重要的信息使用深色，以此类推。这种设计想法能让读者在第一时间抓取到重要的信息。除此之外还可以使用线条和空白做区域的划分，使表单条理上更加清晰。表单内容分为 5 个部分，分别是岗位信息、个人资料、家庭成员资料、教育经历和工作经历。为了体现公司文件的统一性，要给这份表单添加页眉和页脚，并且在页眉和页脚的位置标注公司的名称和 LOGO。了解了这些设计思路，下面将具体介绍表单制作的详细步骤。

打开一个空白的 Word 文件，设置纸张大小为 A4，页边距设置中“上”为 2.45 厘米，“下”“左”“右”均为 2 厘米。然后制作文件的页眉和页脚。双击页眉，使页眉为编辑状态，选中页眉，在“页面布局”选项卡上单击“页面边框”按钮，在弹出的对话框中切换到“边框”选项卡，如图 6.1–1 所示，选择应用于“段落”，单击右面的下边框图标，使其取消选中状态，即在预览区看到边框消失，最后单击“确定”按钮，这样就删除了页眉下面的黑色边框了。

在页眉处添加一个 1 行 2 列的表格，清空表格的页边距，并把表格的边框设置为无框线，然后设置表格边框颜色为 RGB（71，75，120），粗细设置为 1 磅，添加下边框，表格的文字设置为华文楷体，字号为 8 号，加粗，颜色为 RGB（71，75，120），段前间距为 4 磅，段后间距为 3 磅。在第 1 个单元格内输入“绝密”，对齐方式是左对齐；在第 2 个单元格内输入“公司名称”，对齐方式是右对齐。接着制作页脚，插入页码之后同样插入 1 行 2 列的表格，并把边框设置为无框线，把页码放在表格的第 2 个单元格内，并删除之前页码的那一行，把表格的文字设置为华文楷体，字号为 8 号，加粗，颜色为 RGB（71，75，120），段前间距为 4 磅，段后间距为 3 磅。在第 1 个单元格内输入“logo”，对齐方式是左对齐；第 2 个单元格内页码的前面输入“第”，页码的后面输入“页”，对齐方式是右对齐。（注：此文件为模板文件，在正常使用时页眉的“公司名称”应改成真实的公司名称，页脚的“logo”应为 WMF 格式的高清公司 logo 图案）如图 6.1–2 所示。

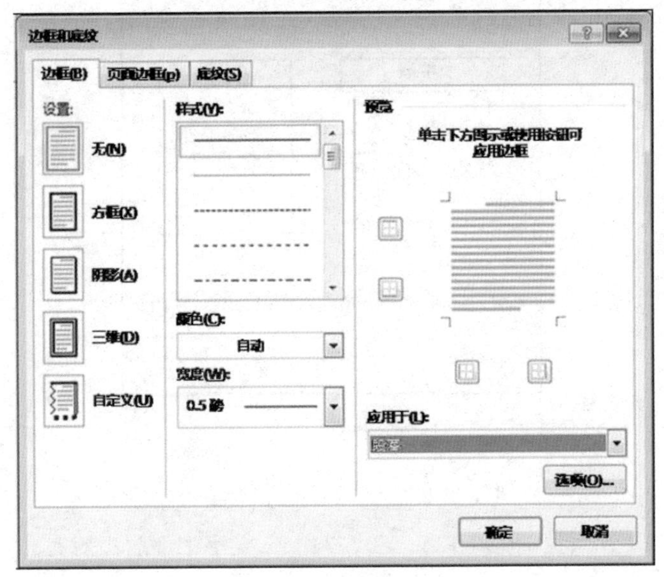

图 6.1–1

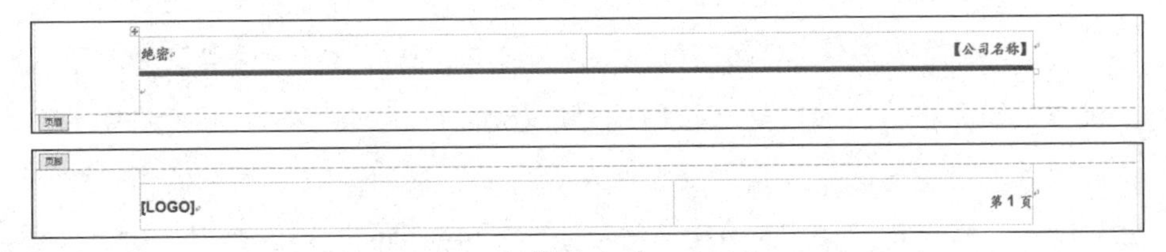

图 6.1–2

退出页眉、页脚的编辑模式，在正文内容的第 1 行输入文字“新员工登记表”，并设置文字字体为华文楷体，大小为 18 磅，加粗，颜色是黑色，对齐方式是居中对齐。段后间距是12磅，单倍行距。

插入一个4行6列的表格，清空表格的页边距，表格的边框选择无框线，设置中文字体为华文楷体，英文字体为Arial，字号为9号，文字颜色为黑色，文字左对齐，左右各缩进0.32个字符，段前、段后间距均设置为6磅，单倍行距。选中第1列的第2行到第4行，合并单元格，右击合并后的单元格，在快捷菜单中选择“文字方向”，在“文字方向－主文档”对话框中，将方向选为“竖排”，也就是第2行的第2个，如图6.1–3所示。文字大小设置为10磅，加粗，文字颜色为白色，中部居中对齐，段前、段后间距设置为0行。

图6.1–3

选中表格的最后一列的第2行到第4行，合并单元格，设置文字大小为8磅，加粗，RGB颜色值为（125，60，74），文字中部居中对齐。这个是放照片的单元格，所以文字不需要和正文文字大小相同。

选中表格第1行的第5个单元格，拆分单元格为1行2列，这时表格的第1行就变成7列，选中最后两列单元格进行合并，这样就给“编号”做出了一个单独的单元格，能够很好地控制编号的位置，又不会影响到下面照片单元格的尺寸。设置这个单元格的文字大小为8磅，加粗，RGB颜色值为（35，37，60），文字右对齐，选中这一行把段前、段后的间距均设置为3磅。

为了使表格看起来整齐、美观，要调整表格内单元格的宽度和高度。可以看出这个表格除编号那一行外分为4部分，可以把相同部分的表格宽度设置成相同的数值。第1列是一部分，因为是竖着的文字排版，所以可以稍窄一些；第 2 列和第 4 列是一部分，因为最多的文字量是 4 个字，所以也不需要太宽；第 3 列和第 5 列是一部分，因为是员工自己填写的部分，不确定文字量，所以可以稍微宽一些；照片是一部分，照片的尺寸控制在一寸照片（2.5 厘米 ×3.5 厘米）的尺寸大小。调整后的表格如图 6.1–4 所示。

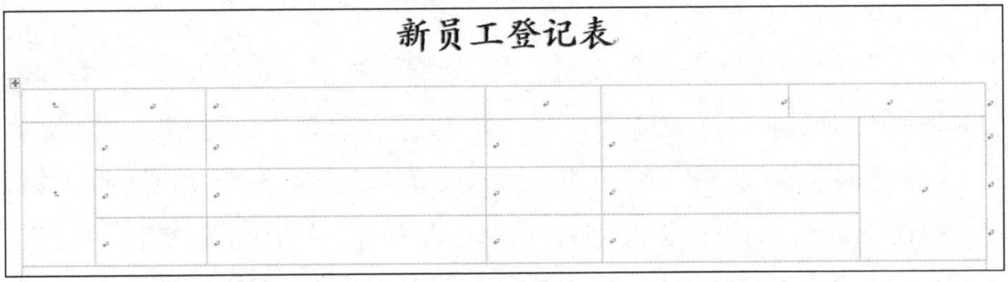

新员工登记表

图 6.1–4

表格的基本格式设置完成后，要在表格的相应位置添加上文字，然后要进一步美化表格，给表格添加底纹和边框。选中第 1 列的第 2 行单元格，添加底纹，RGB 颜色值设为（71，75，120）；选中第 2 列的第 2 行到第 4 行，添加底纹，RGB 颜色值设为（174，177，207）；选中第 4 列的第 2 行到第 4 行，按 <F4> 键，添加和第 2 列的第 2 行到第 4 行同样的底纹。并给这些添加了底纹的单元格的文字加粗，设置表格的边框为 0.75 磅，边框样式为直线，RGB 颜色值为（71，75，120）。选中除第 1 行以外的单元格添加所有边框（如果一次无法选中可以分批次添加边框）。这个表格的设置就完成了，如图 6.1–5 所示。

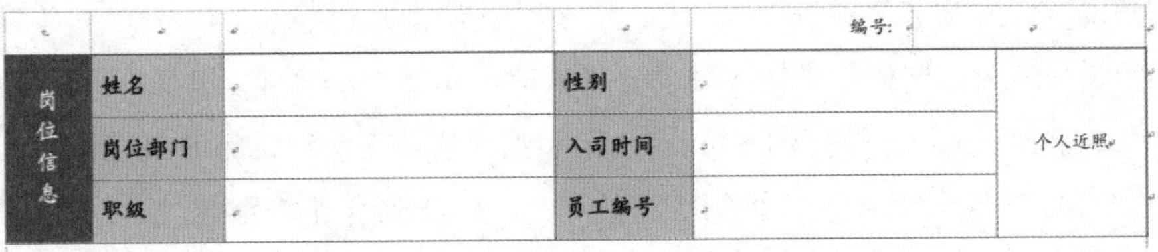

				编号:	
岗位信息	姓名		性别		个人近照
	岗位部门		入司时间		
	职级		员工编号		

图 6.1–5

然后制作下一个表格。在这个表格的下面添加一个硬回车，在这个硬回车处添加一个 9 行 1 列的表格。还是要先清空表格的页边距，表格的边框设置为无框线，设置中文字体为华文楷体，英文字体为 Arial，字号为 8 号，文字颜色为黑色，左对齐，左右各缩进 0.32 个字符，段前、段后间距均设置为

3 磅，单倍行距。

光标放在表格的第 1 行，字号改为 10 号，加粗，RGB 颜色值改为（35，37，60），文字居中对齐，段前间距改为 12 磅。设置表格边框为 0.75 磅，边框样式为直线，RGB 颜色值为（71，75，120）。添加下边框，输入表格标题“个人资料”。

选中第 2 行，右击打开快捷菜单，在表单中选择“表格属性”，在弹出的对话框中切换到“行”选项卡，把“指定高度”设置为 0.1 厘米，“行高值是”设置为固定值，单击“确定”按钮。这行对于这个表格而言就是一个装饰，可以用这个方法使表格标题和内容之间有一些距离，让表格看起来有空间感，所有内容不会全部挤在一起，使表格的条理更加清晰。用这种留白的方法做装饰也符合这个表格简约的风格。

选中第 3 行和第 4 行，把单元格拆分成 6 列 2 行，第 1 列的两行填充底纹，RGB 颜色值设为（174，177，207）。然后分别选中第 3 列和第 5 列并按 <F4> 键，给这两列也添加上同样的底纹，并给这些添加了底纹的单元格中的文字加粗。

选中第 5 行到最后一行，把单元格拆分成 2 列 5 行，选中第 1 列填充底纹，将 RGB 颜色值设为（174，177，207），并把文字加粗。选中第 7 行的第 2 个单元格（也就是没有添加底纹的单元格），拆分为 5 列 1 行，给第 2 列和第 4 列分别填充 RGB 颜色值为（174，177，207）的底纹，并把文字加粗；然后把第 8 行第 2 个单元格拆分为 3 列 1 行，同样给第 2 列单元格添加相同颜色底纹，并把文字加粗。

最后一行，同样把光标放在没有底纹的单元格内，把这个单元格拆分成 6 列 2 行，这个第 1 行的第 1 列、第 3 列和第 5 列填充底纹，将 RGB 颜色值设为（214，215，231）。先把第 2 行的第 2、3、4 列合并单元格，然后填充第 1 列和第 3 列的底纹，将 RGB 颜色值设为（214，215，231）。将填充底纹的所有单元格的文字加粗。

很多人在设置这一步时总觉得单元格的宽度不好控制，明明只想移动这一行的单元格的宽度，没想到上一行的单元格也一起移动了，整个表格会越调越乱。在这里教给大家一个小技巧，就是善于利用合并和拆分单元格。移动单元格里面的竖线是控制单元格宽度的快捷方法，可是移动时，在同一条竖线上的单元格会一起移动，这时就要用拆分单元格的方法来添加表格中的竖线，移动不在同一条竖线上的边框到想要的位置，然后再合并单元格来恢复原始单元格的数量。

最后给表格添加一个边框，设置边框的样式为直线，宽度为 0.5 磅，RGB 颜色值为（217，217，217）。选中第 3 行到表格的最后一行，添加内部横线和下框线。此时的表格如图 6.1–6 所示。

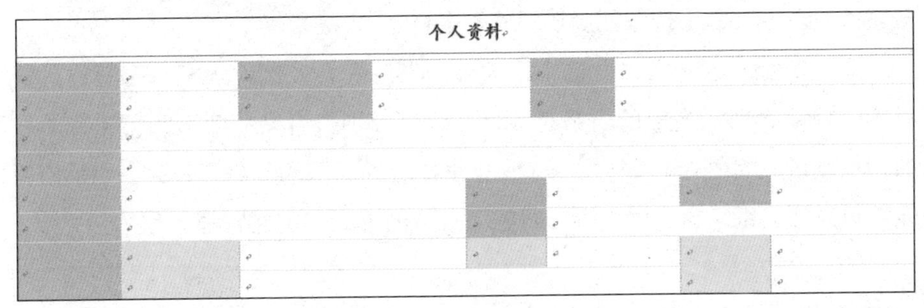

图 6.1–6

在表格的相应位置输入文字。在这里值得一提的是“出生日期”对应的填写区域是用空格隔开的距离，“婚姻状况”对应的填写区域的小方块是插入的特殊符号，普通文本里的空心方块符号，字符代码是 25A1，“户口所在地”对应的填写区域是按 <Tab> 键做出的间距。具体做法前文都有详细的讲解，在这里就不复述了，但是出于对格式的规范考虑，两个 Tab 符的文字之间的留白要基本相同。在制作的每一步都要考虑到页面美观的问题。填写完成后的表格如图 6.1–7 所示。

个人资料						
身高（厘米）		体重（千克）		出生日期	年 月 日	
民族		政治面貌		婚姻状况	未婚 □ 已婚 □ 离异 □	
身份证号码						
户口所在地	→ 省/市区（县） → 派出所					
现住地址			邮编		住宅电话	
手机			Email			
紧急情况联系人	姓名		关系		联系电话	
	联系地址				邮编	

图 6.1–7

下面来制作“家庭成员资料”这个表格。为了使表格的格式保持统一，逻辑更加清晰，这个表格的第 1 行和第 2 行将采用和“个人资料”完全相同的表格样式和文本样式，那么就可以选中“个人资料”表格并复制（注意这两个表格之间也要有一个硬回车）。选中第 3 行到最后一行，按 <Delete> 键，删除里面的文本。把“个人资料”改为“家庭成员资料”。这样一来省去了调整表格文本基本样式的时间，提高工作效率。

选中整个表格不需要在表格里面拖动鼠标来选中，那样很容易漏选，单击表格的左上方的小按钮就会选中整个表格。

接下来修改这个表格。选中第 5 行到最后一行，删除表格。家庭成员资料的表格是 5 列，当前的表格是 6 列，所以分别去合并第 3 行和第 4 行的后两列单元格。如图 6.1-8 所示。（在这里用合并而不用删除，是因为如果使用删除单元格，系统会自动把第 1 行和第 2 行的单元格也删除掉）

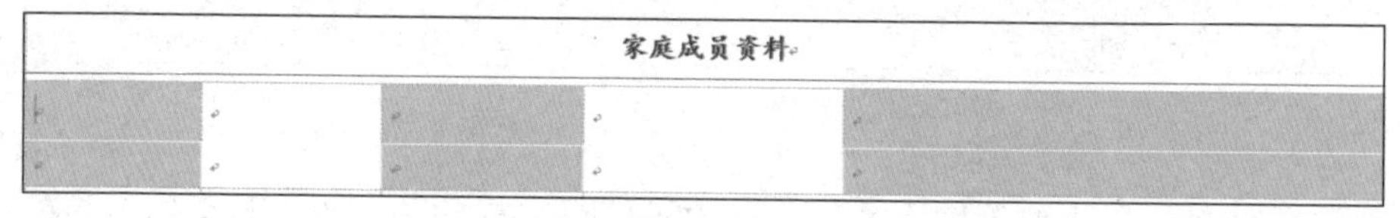

图 6.1-8

在最后一行的单元格下面添加 8 行，设置这 10 行单元格文字不加粗、无底纹、无边框。选中第 1 行单元格，添加底纹，将 RGB 颜色值设为（174，177，207），文字加粗。第 2 行单元格的“固定行高”设置为指定高度 0.1 厘米。第 4、5、7、8 行和最后一行单元格的“固定行高”都设置为 0.1 厘米，设置边框的样式为直线，宽度为 0.5 磅，RGB 颜色值为（217，217，217）。选中第 4、5 行添加内部横线，再选中第 7、8 行按 <F4> 键。第 1 列文字设置加粗。如图 6.1-9 所示。

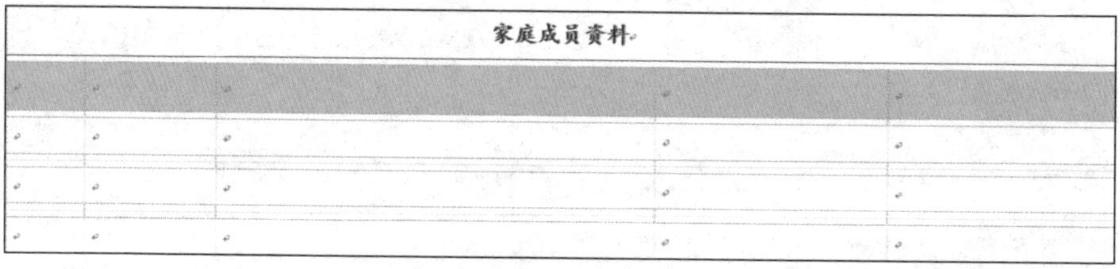

图 6.1-9

这个表格的配色和风格都和上一个表格是一致的，只是因为这个表格的内容没有上一个表格那么丰富，所以在装饰上多增加了几处留白，使表格看上去更加有设计感，但是又不违背整个表格简约的设计风格。最后输入文字，再根据具体填充内容文字量调整表格宽度。如图 6.1–10 所示。

家庭成员资料				
关系	姓名	工作单位/住址	职业/职务	联系电话
父亲				
母亲				
配偶				

图 6.1–10

温馨提示

由于固定行高的表格太窄，不好选中，建议用键盘上的上、下、左、右键配合 <Shift> 键一起使用，别忘记使用神奇的 <F4> 键。

接下来制作“教育经历（自高中起填写）”这个表格，制作思路和“家庭成员资料”表格的制作思路相同，可以复制“家庭成员资料”表格然后进行调整，注意这两个表格之间要添加一个硬回车。

首先把“家庭成员资料”修改为“教育经历（自高中起填写）”，删除最后 3 行，把最后两列的单元格合并，使表格变为 4 列。使用 <Delete> 键删除表格原有文本，再输入新文本，根据文本内容调整单元格的宽度，这个表格就完成了。

最后一个表格，继续采用这种“偷懒”的办法去制作。复制“教育经历（自高中起填写）”表格，再次提醒别忘了添加硬回车。把“教育经历（自高中起填写）”修改为“工作经历”。这个表格和“教育经历（自高中起填写）”表格都是 4 列，所以不需要考虑调整列的问题。在最后一行的后面再添加 5 行，选中表格的第 5 行，右击打开快捷菜单，在快捷菜单中选择“表格属性”，弹出对话框，在对话框中取消勾选“指定高度”复选框，选中第 7 行添加“指定高度”的固定值为 0.1 厘米，对第 9 行和最后一行也做同样的设置。

下面要给表格添加底纹，第 5 行和第 10 行的第 1 个单元格和第 3 个单元格都要添加上 RGB 颜色值为（214，215，231）的底纹，并加粗文字，如图 6.1–11 所示。

最后在相应位置输入文字，这个表格就完成了。

工作经历			

图 6.1-11

因为这个表格较为复杂，为了使表格内单元格的宽度容易控制，我们把它分成了几个部分来分别制作。到这里，我们把新员工入职表单的每一个部分都制作完成了，但是新员工入职表单应该是一个完成的表格，那么怎么把这几个部分合在一起呢？很简单，还记得每做一个新表笔者就会不厌其烦地提醒大家添加硬回车吗？只要把这个表格与表格之间的硬回车给删掉，表格就自然地连接在一起了。所以，说到这里我也要提醒大家，做文件时两个表格是在一起的，表格之间一定要添加硬回车，如果觉得这个硬回车的空间不符合要求，可以通过字号和行距的配合来缩小或者放大这个间距。

通过以上的操作步骤，我们把表格里面的所有内容又巩固了一遍。通过以上的学习希望大家明白，在 Word 里面表格是一个很好操作的规范工具，不只可做表格本身的归纳整理，还可以用作设计的元素。通过以上的练习，希望大家对 Word 有一个全新的理解，它是一个很人性化的排版软件，只要您懂得每一个小工具的使用原理，就可以很顺利地操控它。

6.2 工作组通讯录的制作

工作组通讯录在日常做项目时是使用频率较高的文件，并且这份文件的内容会随着项目进程而增加，这时就需要时时更新内容，所以它的制作排版也是大家需要熟练掌握的工作内容之一。一份逻辑清晰的工作组通讯录会节约人们在工作中的沟通时间。所以在制作文件时要清楚地了解到哪些是它该包含的内容，在此基础上大家要考虑怎么设计才会使文件更加美观并符合公司的整体风格。

一份完整的工作组通讯录在结构上应该包括封面、目录和正文内容。正文内容又可以再细分为每一个小的项目。在内容上要包括每一个公司的基本信息及联系方式，更要包括项目工作人员的姓名、职位及联系方式。内容结构很简单，大家可以在设计上花一点小心思，但是不必过于花哨，因为这个文件毕竟是实用性大于展示性的，使用简洁的线条和适当的留白会使这份文件既实用又美观。下面来说具体操作流程。

首先还是打开一个新的 Word 文件，第一件事还是要设置纸张大小和页边距，设置“纸张大小”为 A4，常规且便于打印。页边距一般左右相同，上下可以不一致，因为上下页边距的差别并不影响页面平衡感，如图 6.2-1 所示。

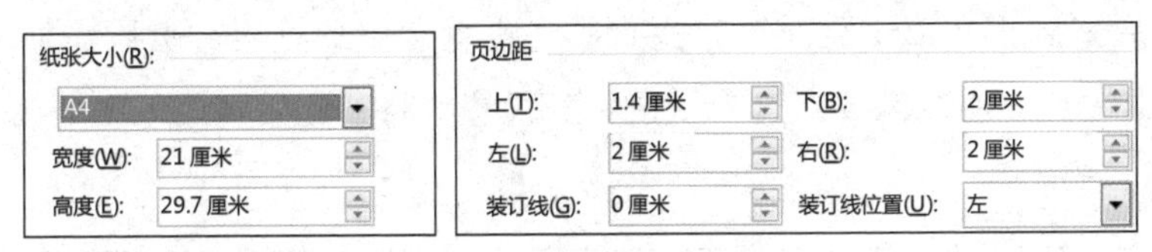

图 6.2-1

设置完成后还是从页眉、页脚开始设置。双击页眉，进入页眉编辑状态，清空原有页眉的黑色边框，添加表格并清空表格的页边距。在这里可以根据页眉设计的不同样式添加不同行列的表格；还可以更加灵活一些，不仅用表格的边框作为装饰，还可以通过设计表格的固定高度并填充底纹来做表格的装饰物。这种方法就不会受到表格边框最宽为 6 磅的限制了。我们就采用这个方法来制作这个文件的页眉，如图 6.2-2 所示。

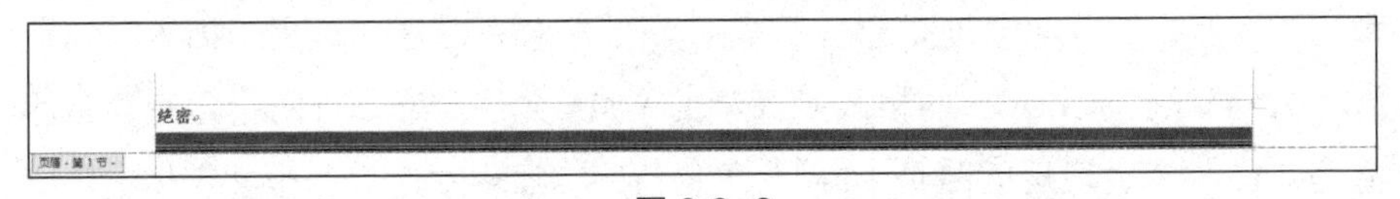

图 6.2-2

封面的页眉设置完成后，要给文件的目录页面和正文页面设置页眉。因为页面布局不同，所以内文不需要设置太醒目的页眉，而是把固定行高缩小，再加上线条和留白来制作页眉，这样内文页眉既和封面页眉相互呼应又符合页面的整体布局，如图 6.2-3 所示。（温馨提示：在设置目录页面的页眉时要断开和封面页眉的链接）

页眉设置完成后，再来设置页脚。页脚也同样插入表格，封面不需要设置页脚，所以从目录页面开始设置。目录页面和正文页面的页脚也有一定的区别，先把公共性的页脚在目录页面做完，如图 6.2-4 所示。

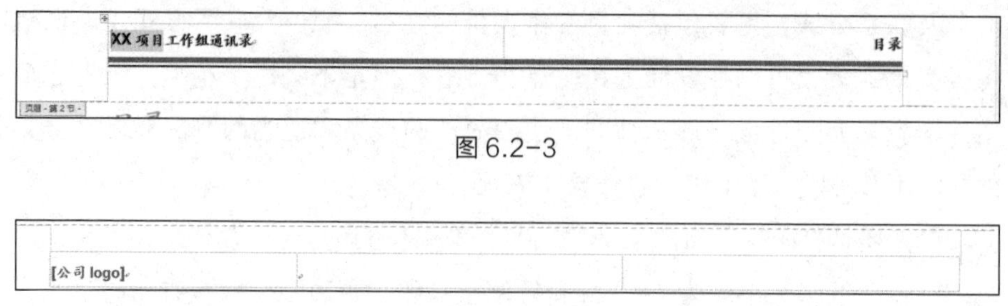

图 6.2-3

图 6.2-4

然后来到正文第 1 页设置个性页脚，也就是添加页码，页码添加上后可能数字不是 1，所以需要对这个页码重新设置，将“起始页码”设置为 1，如图 6.2-5 所示。

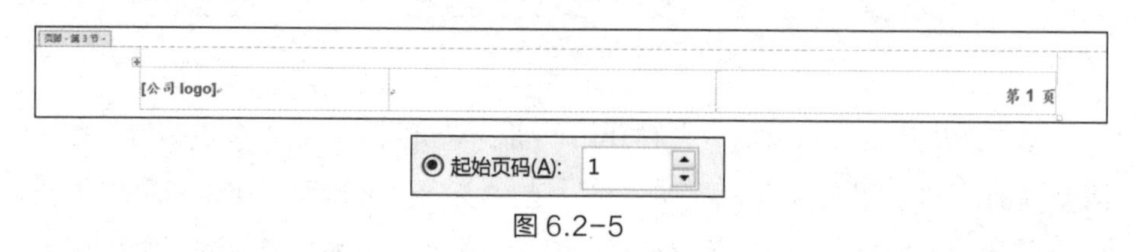

图 6.2-5

页眉和页脚设置完成后，就要设计封面了，最终效果如图 6.2-6 所示。

封面的设计思路也是要通过搭建表格来控制整体的页面布局。首先插入一个 1 列 4 行的表格，第 1 行的指定行高最小值为 4.74 厘米，段前和段后间距均为 5 磅，左右均缩进 0.32 个字符，靠下左对齐，这一行用来插入公司的 LOGO，同样要求 LOGO 的格式是高清的 WMF 文件。第 2 行的指定行高最小值是 7.16 厘米，段后间距是 18 磅，单倍行距，居中左对齐，中文字体是华文楷体，英文字体是 Arial，字号是小初，加粗，文字颜色是黑色，这一行单元格的内容是项目名称。下面的一行是“工作组通讯录”（文件名称），这一行的指定行高最小值是 6.98 厘米，段前间距是 86 磅，单倍行距，居中左对齐，字号是小一，加粗，文字颜色是黑色。最下面一行是日期，这一行的指定行高最小值是 6.22 厘米，段前间距是 4 磅，段后间距是 1 磅，单倍行距，靠下左对齐，中文字体是华文楷体，英文字体是 Arial，字号是小二，加粗，文字颜色是黑色。表格设置为无边框、无底纹。最后要给封面添加一些装饰，如图 6.2-7 所示。双击进入页眉、页脚的编辑状态，插入一个矩形，并给矩形添

绝密

[公司 LOGO]

XX项目

工作组通讯录

二〇一六年

图 6.2-6

加图案填充，在“填充效果”对话框中的“图案”选项卡上添加前景色和背景色，如图 6.2-8 所示，再添加两个同宽但是高度不同的矩形，并为其添加颜色，对设计好的矩形排版，退出页眉、页脚的编辑模式。

把装饰元素添加到页脚，是为了防止在以后的制作中不小心将其移动，这样退出页脚编辑的时候，图形呈锁定状态，不会轻易被移动。封面的设计及布局在前面没有说过，所以在这里给大家详细讲述一遍，但可以看出来，里面的知识点用的都是本书前面讲的内容，只是设计思路不同。

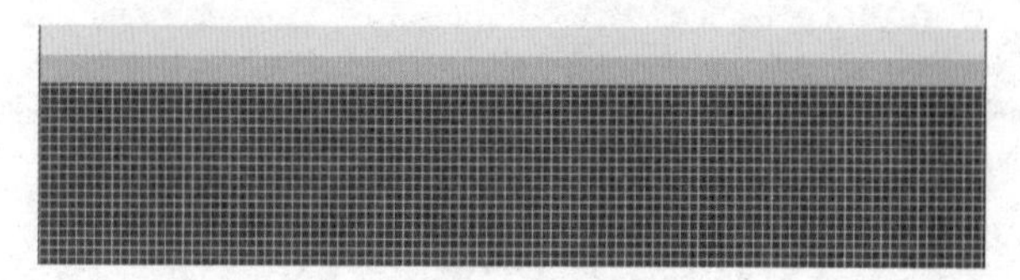

图 6.2–7

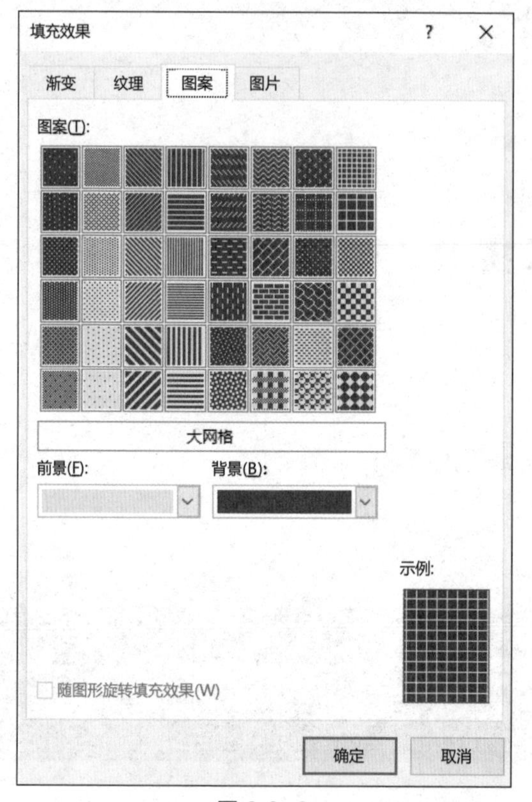

图 6.2–8

目录页面很简单，只有标题和插入的目录。先输入标题，并根据之前教给大家的文字样式修改方法，来设置目录标题的样式，然后按照前面教给大家插入目录的方法插入目录。这个页面的设置就完成了，如图 6.2–9 所示。

温馨提示

对页面进行任何修改后，都不要忘记更新目录，最简单的是按 <F9> 键，然后选择“更新整个目录”。如果忘记这一步的操作，会给后期的使用带来很大的困扰。

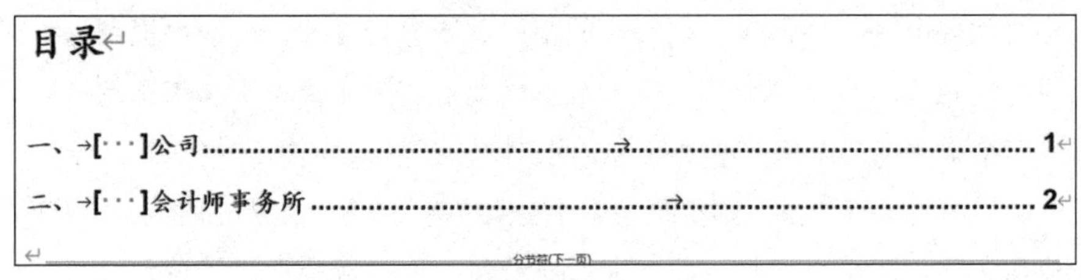

目录

一、[···]公司……1
二、[···]会计师事务所……2

图 6.2-9

接下来是正文页面，正文页面分为 3 部分，第 1 部分是标题，也就是公司名称，如图 6.2-10 所示。

一、[···]公司

图 6.2-10

第 2、3 部分是两个表格，第 1 个表格是对公司的基本介绍，包括公司名称、地址和联系方式。这个表格的内容较少而且都很重要，为了和下面表格做一个内容主次的区分，可以给这个表格全部填充底纹，并且加上外边框，如图 6.2-11 所示。

名称：北京… 邮编：******	地址：香港…	传真：+86 10 0000 0000 邮箱：***@xbmail.com.cn

图 6.2-11

第 2 个表格又分为两个小部分，上面是领导组的姓名及职位、联系方式和邮箱，下面是其余小组的姓名及联系方式，所以只给每一个小组的标题添加底纹，其余的内容利用灰色的边框进行区分，如图 6.2-12 所示。这两个大

姓名及职位 / Name & Title	联系方式 / Contact	电子邮箱 / E-mail
公司领导		
姓名* 职位	电话：+86 10 手机：+86	Mail: name@xbmail.com.cn
姓名 职位	电话：+86 10 手机：+86	Mail: name@xbmail.com.cn
姓名 职位	电话：+86 10 手机：+86	Mail: name@xbmail.com.cn
姓名 职位	电话：+86 10 手机：+86	Mail: name@xbmail.com.cn
……		

图 6.2-12

表格之间要有一个硬回车，硬回车的距离需要进行设置，前面也提到过可以用段前间距和字号来设置。表格的最下面要有资料来源，资料来源的字号可以设置得小一点，以免占据太多的空间。

从使用的角度考虑，建议把每一个公司单独设置一个 Word 页面，以便打印成册，使用时可以更加方便。因此要给每一个一级标题设置段前分页，如图 6.2-13 所示。

图 6.2-13

说到这里要和大家分享一个很基础又很实用的设计原则——不管是设计文件还是设计其他的制作物时，都应该想到后期的使用或者制作是否符合现实需求。不管您的设计物多么美观，只要它使用起来非常不方便，或者后期根本无法制作，那么这个设计就是失败的。一个好的设计工作者会把实用性和可实现性放在第一位，毕竟工作的意义之一就是服务客户。

通过对这个工作组通讯录的设计制作，大家再次练习了页面的设置、页眉和页脚的设置，以及表格的基本设置，与此同时也练习了文本和段落的设置，这些都是制作一份完美的文件必不可少的技能。当然，最重要的还是制作文件的您对 Word 软件的了解程度，只有熟练地掌握了这个软件每一个工具的功能，掌握了它的规律，使用的时候才能更加灵活。有了这个基础，再配合设计思路，就能制作出想象中的文件。

6.3 邮件的合并

在实际工作中，可能会遇到这种情况：需要处理的文件主要内容基本相同，只是具体数据略有变化。例如，不同收信人的通知、收信人标签等。如果是逐份编辑、打印，虽然每份文件只需修改个别数据，也将耗费执行人大量的工作时间，同时亦要耗费大量时间用于编辑后的校对。如果采用留空，打印完成后手工填写的方式，那就更显得工作效率低下了。

为解决上述问题，Word 提供了另一个功能——邮件合并功能。此功能用于处理批量信件、通知等文档。此类文档的共同特点为形式和内容相同，但姓名、邮编、电话等信息各不相同。应用此功能可大幅提升使用者工作效率，同时亦有效降低了因复制、粘贴而造成的出错的概率。

后面我们将以图文结合的形式，一步一步为您演示在 Word 中如何实现邮件合并。

第 1 步：确认数据来源。

此功能的工作原理是将一个系列的 Excel 数据按顺序插入 Word 文档中，即在 Word 中调用一个 Excel 数据文件。因此，第 1 步要将两个文件关联起来，具体步骤如下。

选定拟添加字段位置，在“邮件”选项卡上单击“选择收件人”按钮，在下拉列表框中选择“使用现有列表”，如图 6.3-1 所示。

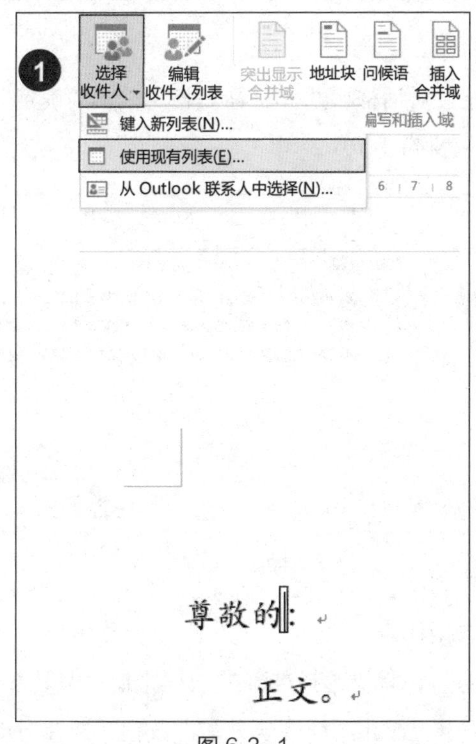

图 6.3-1

此后将弹出“选取数据源”对话框，选择目标文件（目标文件将会在右边生成预览，以方便使用者确认文件的正确性），单击“打开”按钮，如图 6.3-2 所示。

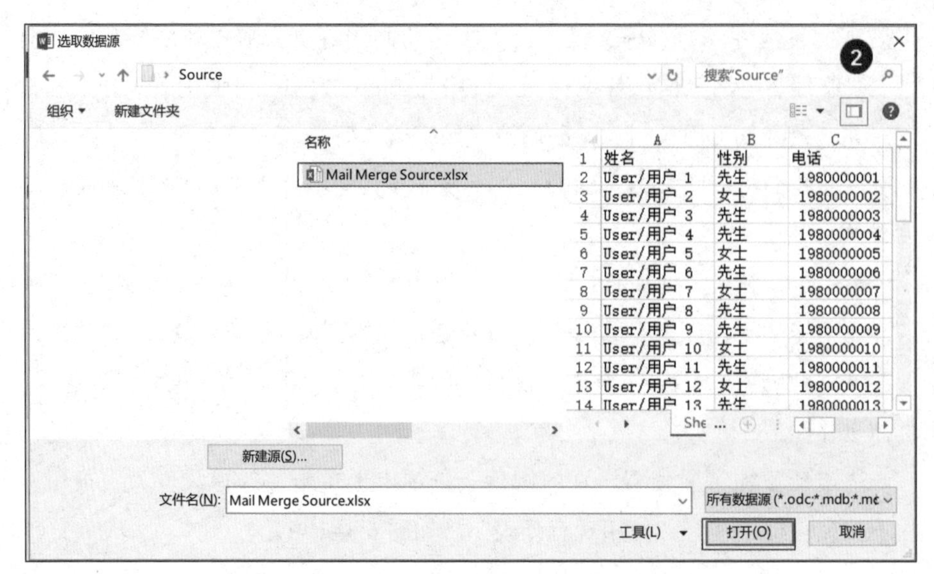

图 6.3-2

弹出“选择表格”对话框，选择目标表格，单击“确定”按钮，如图 6.3-3 所示。（完成数据来源确认）

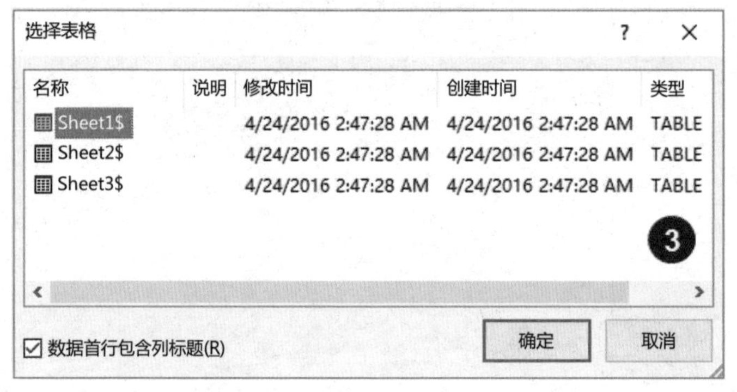

图 6.3-3

第 2 步：添加数据代码。

文件关联在一起后，就要选择准确的数据来源，具体步骤如下。

在“邮件”选项卡上单击“插入合并域”按钮，选择对应字段，如图 6.3-4 所示。比如要插入的是姓名，且字段名叫作“Name”，则选择“Name”字段，单击“完成”按钮。（“Name”字段会自动出现在第 1 步选定的拟添加字段位置，如图 6.3-5 所示）

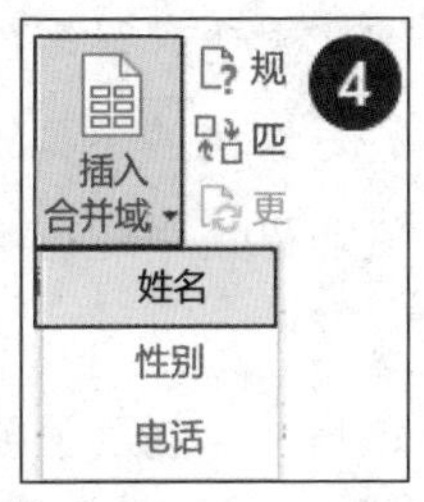

图 6.3-4

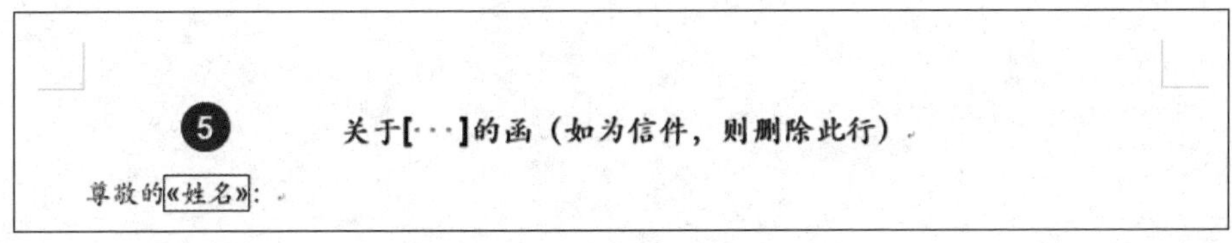

图 6.3-5

第 3 步：生成成品文件。

一切准备就绪，还等什么？马上生成文件吧。具体步骤如下。

在“邮件”选项卡上单击“完成并合并”按钮，在下拉列表框中选择“编辑单个文件”，如图 6.3-6 所示，程序自动生成一个为每一个联系人分配一封信的新文件，如图 6.3-7 所示。

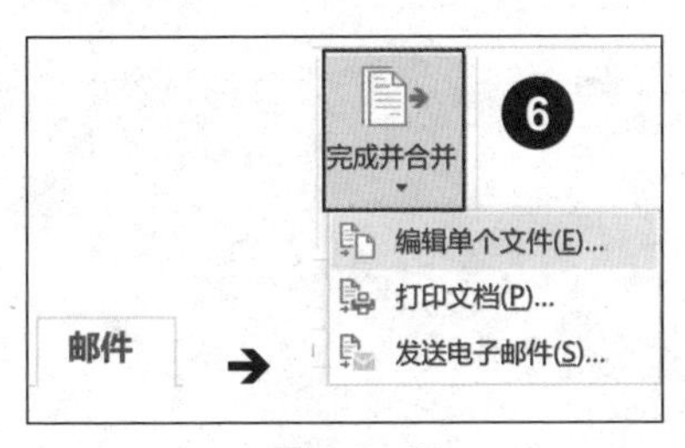

图 6.3-6

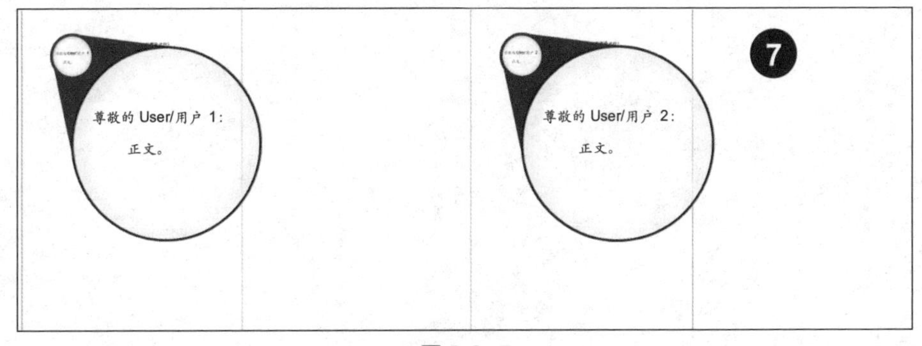

图 6.3-7

此功能虽叫邮件合并，仔细想想还有很多可扩展的功能。对于人力资源部门来讲这是制作工资单、年终分红单的工具；公关部门用它来制作名单经常变化的邀请函；当您面对手机通讯录里的名字，编辑称谓不同的拜年信息时也可运用此功能……

将 Word 与 Excel 关联到一起后，也就赋予了 Word 无限的计算功能，此功能还有很多扩展空间，大家可以开动脑筋慢慢思考。

附录 A　Word 域代码功能说明

1. AddressBlock 域代码

AddressBlock 域代码语法
{ ADDRESSBLOCK [开关] }
所谓“开/关”就是域代码里面配置的参数，域代码参数才是决定域显示的内容。域结果是对域代码进行计算之后文档中显示的内容。若要在域代码和域代码结果之间切换，请按<Alt+F9>快捷键

AddressBlock 域代码开关
\c
指定是否包含国家/地区的名称。输入“0”（零）将忽略国家/地区；输入“1”会始终包含国家/地区；输入“2”则仅在与\e 的值不同时包含国家/地区
\d
指定根据收件人的国家/地区设置地址的格式。如果没有使用此开关，将根据Microsoft Word“控制面板”的区域设置中指定首选项设置地址的格式
\e
指定地址中排除的国家/地区。当邮件既包括国内收件人又包括国外收件人时，这个开关很有用注意：如果要排除多个国家或地区，请对每个国家或地区使用\e 开关
\f
通过提供合并域占位符模板，指定名称和地址的格式
\l
指定用于设置地址格式的语言ID。默认的语言ID 为文档中第1个字符的语言ID

2. Advance 域代码

Advance 域代码语法
{ ADVANCE [开关] }
所谓“开/关”就是域代码里面配置的参数，域代码参数才是决定域显示的内容。域结果是对域代码进行计算之后文档中显示的内容。若要在域代码和域代码结果之间切换，请按<Alt+F9>快捷键

Advance 域代码开关
\d
指定将域后面的文本向下移动的磅数。例如，“{ADVANCE \d 4}”为将文本向下移动4 磅

续表

Advance 域代码开关
/u
指定将域后面的文本向上移动的磅数
\l
指定将域后面的文本向左移动的磅数
\r
指定将域后面的文本向右移动的磅数
\x
指定将域后面的文本移动到列、框架或文本框左边界的距离处。例如，{ ADVANCE \x 4 } 为将从距离左边界4 磅处开始排列文本
\y
指定将域后面的文本移动到相对于页的垂直位置。移动包含域的整行文本

3. Ask 域代码

Ask 域代码语法
{ASK 书签"提示" [可选开关] }
所谓“开/关”就是域代码里面配置的参数，域代码参数才是决定域显示的内容。域结果是对域代码进行计算之后文档中显示的内容。若要在域代码和域代码结果之间切换，请按<Alt+F9>快捷键
Ask 域代码说明
书签
指定提示的应答信息的书签名，例如“客户姓名”
提示
指定显示在对话框中的提示文本，例如“输入客户姓名”
Ask 域代码开关
\d“默认值”标识符
如果您未在提示对话框中输入任何内容，则将指定默认响应。例如，如果您未输入响应，则域{ ASK Typist "输入打字员的缩写：" \d "tds"} 将“tds”指定给书签Typist。 如果不指定默认响应，则Word 将使用上一次输入的响应。要将空白项指定为默认响应，请在开关后输入空引号。例如，输入\d “”
/O
用于邮件合并主文档时仅提示一次，而不是每次合并新的数据记录都提示。在生成的所有合并文档中插入相同的响应

4. Author 域代码

Author 域代码语法
{AUTHOR ["新名称"]}
所谓“开/关”就是域代码里面配置的参数，域代码参数才决定域显示的内容。域结果是对域代码进行计算之后文档中显示的内容。若要在域代码和域代码结果之间切换，请按<Alt+F9>快捷键
Author 域代码新名称
新名称
替换活动文档或模板的“属性”对话框中的作者姓名的可选文本。该名称最多可包括255 个字符，并且必须加引号
示例
若要在文档的每页上打印相同的信息（如“文档：销售报告，由张建国于11月11日打印”），页眉或页脚中插入下面的文本和字段 文档：{ FILENAME }，由{ AUTHOR } 于{ PRINTDATE } 打印 在下面的Author 域中，Fill-In 域将提示输入的作者姓名。姓名打印在文档中并添加到“属性”对话框 { AUTHOR "{ FILLIN "作者姓名？"}"}

5. AutoNum 域代码

AutoNum 域代码语法
{AutoNum [开关] }
所谓“开/关”就是域代码里面配置的参数，域代码参数才是决定域显示的内容。域结果是对域代码进行计算之后文档中显示的内容。若要在域代码和域代码结果之间切换，请按<Alt+F9>快捷键
AutoNum 域代码开关
\s
定义放置于紧随切换之后的分隔符字符
注意
AutoNum 域按顺序对段落进行编号。该域被视为已过时，但提供此域是为了与Microsoft Word 2000 或早期版本兼容。当使用Microsoft Word 2013、Word 2010、Word 2007、Word 2003 或Word 2002 时，我们建议您用ListNum 域代替AutoNum 域 使用内置标题样式格式的段落，Word 重新启动编号1 中每个连续的标题级别。如果包含括字段标题和后括字段中的主体文本段落，则重新编号与正文文本1跟在每个标题后。如果标题不包含括字段，正文文本段落包含整篇文档中括字段编号连续的系列 您无法手动更新AutoNum 域。如果AutoNum 域嵌套在IF域内，将不会显示域的结果

6. AutoNumLgl 域代码

AutoNumLgl 域代码语法
{AutoNumLgl [开关] }
所谓“开/关”就是域代码里面配置的参数，域代码参数才是决定域显示的内容。域结果是对域代码进行计算之后文档中显示的内容。若要在域代码和域代码结果之间切换，请按<Alt+F9>快捷键

AutoNumLgl 域代码开关
\e
以合法格式显示不含时期的数字
\s
定义放置于紧随切换之后的分隔符字符
注意
AutoNumLgl 域对法律和技术出版物的段落进行编号。该域被认为已过时，但可用于与Microsoft Word 2000 和更早版本的兼容。当使用Microsoft Word 2013、Word 2010、Word 2007、Word 2003 或Word 2002 时，我们建议您使用ListNum 域代替AutoNumLgl 域。您无法手动更新AutoNumLgl 域。如果AutoNumLgl 域嵌套在If 域内，将不会显示域的结果

7. AutoNumOut 域代码

AutoNumOut 域代码语法
{AUTONUMOUT}
所谓“开/关”就是域代码里面配置的参数，域代码参数才是决定域显示的内容。域结果是对域代码进行计算之后文档中显示的内容。若要在域代码和域代码结果之间切换，请按<Alt+F9>快捷键
注意
AutoNumOut 域会自动对大纲样式中的段落进行编号。该域被视为已过时，但提供此域是为了与Microsoft Word 2000 或早期版本兼容。在使用Microsoft Word 2013、Word 2010、Word 2007、Word 2003 或Word 2002 时，建议您用ListNum 域代替AutoNumOut 域 在文档中使用内置标题样式标题，设置格式，然后在标题中的每个段落的开头插入AutoNumOut 域。数字反映对应的标题样式的标题级别 您无法手动更新AutoNumOut 域。如果该域嵌套在IF 域中，Word 将不显示AutoNumOut 域的结果

8. AutoText 域代码

AutoText 域代码语法
{AUTOTEXT AutoTextEntry}
所谓“开/关”就是域代码里面配置的参数，域代码参数才是决定域显示的内容。域结果是对域代码进行计算之后文档中显示的内容。若要在域代码和域代码结果之间切换，请按<Alt+F9>快捷键
AutoText 域代码说明
AutoTextEntry
自动图文集词条名称
示例
如果更新下列AutoText 域，Word 将插入为“自动图文集”词条“Disclaimer”定义的当前文本 { AUTOTEXT Disclaimer }

9. AutoTextList 域代码

AutoTextList 域代码语法
{AUTOTEXTLIST "字面文字"\s ["样式名称"] \t ["提示文本"]}
所谓“开/关”就是域代码里面配置的参数，域代码参数才是决定域显示的内容。域结果是对域代码进行计算之后文档中显示的内容。若要在域代码和域代码结果之间切换，请按<Alt+F9>快捷键
AutoTextList 域代码说明
“字面文字”
用户显示快捷菜单之前显示在文档中的文字。如果文本包含空格，请用引号引起
“样式名称”
在列表中显示自动图文集词条时所用的样式名称。此样式可以是段落样式或字符样式。如果样式名称包含空格，请用引号引起
“提示文本”
当鼠标指针悬停于域结果时在屏幕提示中显示的文本。将文本放在引号中
AutoTextList 域代码开关
\s
指定列表包含基于特定样式的词条。没有此开关时，则显示当前段落样式的自动图文集词条。如果当前样式没有相应词条，则显示所有自动图文集词条

续表

AutoTextList 域代码开关
\t
指定在屏幕提示中显示的特定文字，以替代默认的提示文字

10. Bibliography 域代码

Bibliography 域代码语法
{ BIBLIOGRAPHY [可选开关] }
所谓“开/关”就是域代码里面配置的参数，域代码参数才是决定域显示的内容。域结果是对域代码进行计算之后文档中显示的内容。若要在域代码和域代码结果之间切换，请按<Alt+F9>快捷键

Bibliography 域代码可选开关
\l 区域设置ID
确定显示书目源文件的语言。当在“创建源”或“编辑源”对话框中的“语言”列表中选择了“默认”时，您可以使用\l 开关及区域设置ID 以指定语言显示书目项目。有关区域设置ID 的列表，请参阅特定语言文件的区域设置标识编码。 注意：单击了“引用”选项卡上的“引文与书目”组中的“书目”按钮之后，只有通过选择“插入书目”来插入Bibliography 域代码，而不是选择书目库中的某个预设格式的书目项，\l 开关才会显示
\f 区域设置ID
根据区域设置ID 筛选书目。书目中仅包括语言设置为“默认”的源，或其设置与区域设置ID 相匹配的源。例如，域代码{ BIBLIOGRAPHY \f 1041 }可产生仅列出在“新来源”或“编辑来源”对话框中的“语言”列表中选择“默认”或“日语”的源

11. Citation 域代码

Citation 域代码语法
{ CITATION标记[可选开关] }
所谓“开/关”就是域代码里面配置的参数，域代码参数才是决定域显示的内容。域结果是对域代码进行计算之后文档中显示的内容。若要在域代码和域代码结果之间切换，请按<Alt+F9>快捷键

Citation 域代码说明
标记
为源列表提供唯一的标识符。当为源列表添加新源时，Word 可生成一个标记名称。Citation 域代码的标记属性是当您向列表添加源或更改现有源时，显示在“创建源”和“编辑源”对话框中的标记名称。标记名称区分大小写

Citation 域代码可选开关
\l 区域设置ID
标识要显示引文的语言。当在“创建源”或“编辑源”对话框中的“语言”列表中选择了“默认”时，您可以使用\l 开关及区域设置ID 以指定语言显示引文
\v 卷号
向引文中添加指定卷号
\f“前缀”
将引号中的文本添加到引文开头。例如，域代码{ CITATION \l 1033 Che01 \f "qtd. in"}中产生类似于此的引文，为MLA 引文样式：（qtd. in Chen）
\s“后缀”
将引号中的文本添加到引文末尾。例如，域代码{ CITATION \l 1033 Che01 \s "in press"} 中产生类似于此的引文，为APA 引文样式：（Chen,2003,in press）
\m 标记名称
向同一引文中添加另一个源。 注意：向同一引文中添加另一个源的其他方法是选择现有引文然后向其中插入其他源
示例
域代码{ CITATION \l 1033 Che01 \v3 \m Kra \v2 } 中产生类似于此的引文，为APA 引文样式：（Chen，2003，vol. 3; Kramer,2006,vol. 2）

12. Comments 域代码

Comments 域代码语法
{ COMMENTS ["新批注"] }
所谓“开/关”就是域代码里面配置的参数，域代码参数才是决定域显示的内容。域结果是对域代码进行计算之后文档中显示的内容。若要在域代码和域代码结果之间切换，请按<Alt+F9>快捷键

Comments 域代码说明
"新批注"
可选文本替换“批注”框中的内容。文本不得超过255 个字符并且必须加引号
示例
在下面的示例中，Fill-In 域提示输入新批注。Microsoft Word 将您的响应打印（如“由于管理审核而产生的修订”）代替文档中的Comments 域，并将修订后的响应添加到“属性”对话框中的“批注”框 修订活动：{ COMMENTS "{ FILLIN"更新此修订的Comments 属性:"}"}

13. Compare 域代码

Compare 域代码语法
{ COMPARE Expression1 运算符Expression2 }
所谓“开/关”就是域代码里面配置的参数，域代码参数才是决定域显示的内容。域结果是对域代码进行计算之后文档中显示的内容。若要在域代码和域代码结果之间切换，请按<Alt+F9>快捷键

Compare 域代码说明
Expression1,Expression2
要比较的值。表达式可以是书签名、文本、数字、返回一个值或数学公式的嵌套的域的字符串。如果表达式包含空格，将该表达式用引号引起来
运算符
比较运算符。请在运算符前后各插入一个空格 “=”等于；“<>”不等于；“>”大于；“<”小于；“>=”大于或等于；“<=”小于或等于 注意：如果运算符是“=”或“<>”，则Expression2 可用问号（?）表示任意单个字符，或用星号（*）表示任意字符串。该表达式必须用引号引起才能作为字符串进行比较。如果在Expression2 中使用星号，则Expression1 中对应星号的部分加上Expression2 中的所有剩余字符，总数不能超过128 个字符
示例
假设If 域在以下示例插入邮件合并主文档。比较字段检查CustomerNumber 和CustomerRating 的数据字段，如每个数据记录合并。如果数据域中至少一个指示较差的信用，其中打印在引号中的第一部分文本大小写，=（Formula）域的OR函数将返回值“1”（true） { IF { = OR（{ COMPARE { MERGEFIELD CustomerNumber } >= 4 }，{ COMPARE { MERGEFIELD CustomerRating } <= 9 }）} = 1"Credit not acceptable" "Credit acceptable"} 如果“邮政编码”数据域中的任何值为区域98 500～98 599，则下列Compare 域的结果为值“1”：{ COMPARE"{ MERGEFIELD PostalCode }"="985*"}

14. CreateDate 域代码

CreateDate 域代码语法
{ CREATEDATE [\@"日期-时间显示"] [开关]}
所谓“开/关”就是域代码里面配置的参数，域代码参数才是决定域显示的内容。域结果是对域代码进行计算之后文档中显示的内容。若要在域代码和域代码结果之间切换，请按<Alt+F9>快捷键

续表

CreateDate 域代码开关
\@"日期-时间显示"
指定不同于默认格式的日期和时间格式。如果您在“域”对话框中选择一种格式，Microsoft Word 2007 插入相应日期时间显示开关 要查看“域”对话框，请在“插入”选项卡上，“文本”组中单击“文档部件”下拉按钮，然后选择“域” 若要在字段对话框中使用未列出的格式，单击“域代码”按钮并直接在域代码中输入格式开关
\h
指定使用回历/农历
\s
指定使用萨卡时代日历
示例
若要在文档（如“此淀积采取1996 年11 月20 日。”）的每一页上打印相同的文本，插入页眉或页脚中的以下文本和字段：This deposition taken { CREATEDATE \@"MMMM d,yyyy"}

15. Database 域代码

Database 域代码语法
{ DATABASE [开关] }
所谓“开/关”就是域代码里面配置的参数，域代码参数才是决定域显示的内容。域结果是对域代码进行计算之后文档中显示的内容。若要在域代码和域代码结果之间切换，请按<Alt+F9>快捷键

Database 域代码开关
\b “和”
指定由\l 开关设置的哪种格式属性可应用于表格中。如果\l 开关为空，则\b 开关的值必须为16（自动调整）。输入下列值的任意组合之和，以指定开关的值。例如，开关\l “3” \b “11” 仅应用于由\l 开关设置的表格格式的边框、底纹和颜色属性 “0”为无；“1”为边框；“2”为底纹；“4”为字体；“8”为颜色；“16”为自动调整；“32”为标题行；“64”为最后一行；“128”为第1列；“256”最后一列
\c “连接信息”
指定与数据的连接。例如，Microsoft Office Access 数据库的查询可能包含连接指令\c “DSN=MS Access Databases; DBQ=C:\\Data\\Sales93.mdb; FIL=RedISAM;”
\d “Location”
路径和文件数据库的名称。用于对使用ODBC SQL 数据库表的查询除外的所有数据库查询。在路径中使用双反斜杠，例如“C:\\Data\\Sales94.mdb”

续表

Database 域代码开关
\f “StartNumber”
指定要插入的第1条数据记录的记录编号，例如\f “2445”
\h
将数据库中的域名作为列标题插入产生的表格内
\l “格式#”
将来自“表格自动套用格式”对话框的格式应用于数据库查询结果。数字“格式#”取决于您在对话框中选择的表格格式。如果使用此开关而且\b 开关不指定表格属性，Word将插入一个不带格式的表格
\o
在合并的开头插入数据
\s “SQL”
SQL 指令。您必须在指令中的每个引号前插入一个反斜杠（\）。例如，Access 数据库的指令可能如下所示：“select * from \s \” “Customer List\”
\t “EndNumber”
指定要插入的最后一条数据记录的记录编号，例如\t “2486”
示例
以下字段为使用数据库命令的ODBC Access 数据库的查询： { DATABASE \d"C:\\Data\\Sales93.mdb"\c"DSN=MS Access Database;DBQ=C:\\Data\\Sales93.mdb; FIL=RedISAM"\s"select * from \ Customer List\"\f"2445"\t"2486"\l"2"}

16. Date 域代码

Date 域代码语法
{ DATE [\@"日期时间显示"] [开关] }
所谓“开/关”就是域代码里面配置的参数，域代码参数才是决定域显示的内容。域结果是对域代码进行计算之后文档中显示的内容。若要在域代码和域代码结果之间切换，请按<Alt+F9>快捷键

Date 域代码开关
\@"日期-时间显示"
指定不同于默认格式的日期格式。如果您在“域”对话框中选择了一种格式，Word 将插入相应“日期-时间显示”开关。要使用字段对话框中未列出的格式，请单击“域代码”按钮，然后直接在域代码框中输入格式开关

续表

Date 域代码开关
\l
插入具有上一次在“日期和时间”对话框中所选格式的日期
\h
指定使用回历/农历
\s
指定使用萨卡时代日历
示例
{ DATE \@"dddd,MMMM d"} 显示11月26日星期六 { DATE \@"h:mm am/pm,dddd,MMMM d"} 显示11月26日星期六10：00 AM

17. DocProperty 域代码

DocProperty 域代码语法
{ DOCPROPERTY"名称"}
所谓“开/关”就是域代码里面配置的参数，域代码参数才是决定域显示的内容。域结果是对域代码进行计算之后文档中显示的内容。若要在域代码和域代码结果之间切换，请按<Alt+F9>快捷键 注意：域代码在确定域代码的值（如当前日期或页数）后，告诉Word 要插入或要提供给文档的内容。通常情况下，所得的值仅显示为文档的一部分。可以通过在Windows 上按<Alt+F9>快捷键或在Mac上按<fn+Option+F9>快捷键在查看结果和查看域代码之间进行切换
DocProperty 域代码说明
"名称"
“属性”对话框中属性的名称。要选择属性，请单击“域”对话框中“属性”框内的属性名称。要查看“域”对话框，请在“插入”选项卡上的“文本”组中单击“文档部件”下拉按钮，然后选择“域”
示例
联系人：{ DOCPROPERTY Manager * Upper } 在本示例中联系人是域结果前面的文本。DOCPROPERTY 是域名。Manager 是用于所需说明的文本（“名称”）。 * Upper 是一个可选开关，用于指定名称中的字母都以大写形式显示 如果“属性”对话框的“经理”字段上指定的经理姓名为“Christa Geller”，则在文档中插入此字段会导致以下结果：“联系人：CHRISTA GELLER”

18. DocVariable 域代码

DocVariable 域代码语法
{ DOCVARIABLE"名称"}
所谓“开/关”就是域代码里面配置的参数，域代码参数才是决定域显示的内容。域结果是对域代码进行计算之后文档中显示的内容。若要在域代码和域代码结果之间切换，请按<Alt+F9>快捷键

DocVariable 域代码说明
"名称"
文档变量的名称

19. Embed 域代码

Embed 域代码语法
{ EMBED ClassName [开关] }
所谓“开/关”就是域代码里面配置的参数，域代码参数才是决定域显示的内容。域结果是对域代码进行计算之后文档中显示的内容。若要在域代码和域代码结果之间切换，请按<Alt+F9>快捷键

Embed 域代码说明
类名
容器应用程序的名称，例如Microsoft Excel。您不能修改此指令

Embed 域代码开关
* MERGEFORMAT
将上一个结果的尺寸调整和裁剪应用于新结果。在更新域时要保留以前应用的尺寸调整和裁剪，不要从域中删除此开关
示例
下面的域显示在文档中嵌入Microsoft Graph 对象：{ EMBED MSGraph.Chart.8 * MERGEFORMAT }

20. FileName 域代码

FileName 域代码语法
{文件名称[开关] }
所谓“开/关”就是域代码里面配置的参数，域代码参数才是决定域显示的内容。域结果是对域代码进行计算之后文档中显示的内容。若要在域代码和域代码结果之间切换，请按<Alt+F9>快捷键

续表

FileName 域代码开关
\p
在文件名中包括文件位置或路径
示例
要打印文档的每一页上的"文档：C:\MSOFFICE\WINWORD\REPORTS\Sales for qtr4.doc"等信息，请在页眉或页脚中插入以下文本和域： 文档：{ FILENAME \p }

21. FileSize 域代码

FileSize 域代码语法
{ FILESIZE [开关] }
所谓"开/关"就是域代码里面配置的参数，域代码参数才是决定域显示的内容。域结果是对域代码进行计算之后文档中显示的内容。若要在域代码和域代码结果之间切换，请按<Alt+F9>快捷键

FileSize 域代码开关
\k
以千字节（KB）为单位显示结果，四舍五入到最接近的整数
\m
以兆字节（MB）为单位显示结果，四舍五入到最接近的整数
示例
域为{ FILESIZE \k }K；结果为（在大小为2 084 228 字节的文档中）{ FILESIZE \m } MB 域为2084KB；结果为（在大小为2 084 228 字节的文档中）2 MB

22. Fill-In 域代码

Fill-In 域代码语法
{ FILLIN ["提示"] [可选开关] }
所谓"开/关"就是域代码里面配置的参数，域代码参数才是决定域显示的内容。域结果是对域代码进行计算之后文档中显示的内容。若要在域代码和域代码结果之间切换，请按<Alt+F9>快捷键

Fill-In 域代码说明
"提示"
显示在对话框中的文字，例如"请输入客户姓名："

续表

Fill-In 域代码开关
\d"默认值"
如果未在提示对话框中输入任何内容，则将指定默认响应。如果未输入响应信息，则域{ FILLIN"输入打字员的缩写:"\d"tds"} 将插入"tds"。如果未指定默认响应，则Word 将使用上一次输入的响应。要将空白项指定为默认响应，请在开关后输入空引号。例如，输入\d""
\o
邮件合并期间仅提示一次，而不是每次新数据记录合并时都提示。在生成的所有合并文档中插入相同的响应信息

23. GoToButton 域代码

GoToButton 域代码语法
{ GOTOBUTTON 目标显示文本}
所谓"开/关"就是域代码里面配置的参数，域代码参数才是决定域显示的内容。域结果是对域代码进行计算之后文档中显示的内容。若要在域代码和域代码结果之间切换，请按<Alt+F9>快捷键

GoToButton 域代码说明
目标
书签、页码或项目（如脚注或批注）。页码可以使用"插入"选项卡上的"交叉引用"按钮插入的引用。使用项目的字母和数字，而不是页码。例如，要跳转到文档中的第三节，输入"s3"。"s"为分区；"1"为线条；"f"为脚注；"-"为批注。 注意：此标号不引用某个项目的实际标号。例如，"f4"是指在文档的第4个脚注，与其引用标记标号无关
显示文本
文本或图形，显示为"按钮"。您可以使用该结果在文本或图形，如书签或IncludePicture域。文本或图形必须出现在同一行中的域结果，否则，将发生错误
示例
在以下示例中，"摘要"被定义为一个书签，单击此处会使Word 跳转到摘要。双击{ GOTOBUTTON Summary here } 以跳转到摘要。此域和其周围的文本会产生结果：双击此处以跳转到摘要 以下示例中，在PageRef 域指示页码。要插入PageRef 域，请在"插入"选项卡上单击"交叉引用"按钮，然后选择以跳转到所需的项目（如表格或标题）。（在交叉引用对话框中，确保您在引用内容框中选择页码）您必须将字母"p"和PageRef 域括在引号中。双击"{ GOTOBUTTON"p { PAGEREF _Ref317041789 }"按钮图像}"以跳转到摘要。域将显示此结果：双击按钮图像以跳转到摘要

24. GreetingLine 域代码

GreetingLine 域代码语法
{ GREETINGLINE [开关] }
所谓“开/关”就是域代码里面配置的参数，域代码参数才是决定域显示的内容。域结果是对域代码进行计算之后文档中显示的内容。若要在域代码和域代码结果之间切换，请按<Alt+F9>快捷键

GreetingLine 域代码开关
\e
指定数据源中的名称域为空白时在合并域中包括的文本
\f
指定域中包括的名称的格式
\l
指定用于设置名称格式的语言ID，默认的语言ID 为文档中第1个字符的语言ID

25. Hyperlink 域代码

Hyperlink 域代码语法
{ HYPERLINK"文件名"[开关] }
所谓“开/关”就是域代码里面配置的参数，域代码参数才是决定域显示的内容。域结果是对域代码进行计算之后文档中显示的内容。若要在域代码和域代码结果之间切换，请按<Alt+F9>快捷键

Hyperlink 域代码说明
"文件名"
要跳转到的目标。如果位置包含具有空格的长文件名，请加引号。将单反斜线替换为双反斜线以指定路径，例如C:\\My Documents\\Manual.doc。 对Internet 地址，包括协议以及相同语法的URL，例如http://www.dpb.hk/和mailto:someone@dpb.hk

Hyperlink 域代码开关
\l
在文件中指定该超链接将跳转至的位置，例如某个书签
\m
将坐标追加至服务器端图像映射的超链接
\n
将在新窗口中打开目标网站

Hyperlink 域代码开关
\o
指定超链接的屏幕提示文本
\t
\t“_top”为整页；\t“_self”为同一框架；\t“_blank”为新窗口；\t“_parent”为父框架；默认设置（未指定开关）是“页面默认值”（无）
示例
此域代码和文本：项目的预算是最终状态。有关详细信息，请单击“{ HYPERLINK“C:\\My Documents\\budget.xls"}。”将产生内容：“项目的预算是最终状态。有关详细信息，请单击 1999 年预算。” 单击蓝色文本将打开“我的文档”文件夹中名为“Budget”的工作表。超链接文字是“1999 年预算”，该文字不包括在域语法中。您可以通过输入文字将其覆盖来编辑该域的显示文本

26. If 域代码

If 域代码语法
{ IF Expression1运算符Expression2TrueTextFalseText}
所谓“开/关”就是域代码里面配置的参数，域代码参数才是决定域显示的内容。域结果是对域代码进行计算之后文档中显示的内容。若要在域代码和域代码结果之间切换，请按<Alt+F9>快捷键

If 域代码说明
Expression1,Expression2
要比较的值。这些表达式可以是返回一个值或数学公式的合并字段数据、书签名、字符串、数字和嵌套字段。如果表达式中包含空格，请用引号引起 注释： Expression2 必须用引号引起，然后才能作为字符串进行比较。如果运算符是= 或<>，则 Expression2 可用问号（?）表示任意单个字符，用星号（*）表示任意字符串。如果在 Expression2 中使用星号，则Expression1 中对应于星号的部分加上Expression2 中的所有剩余字符，总数不能超过128 个字符
运算符
比较运算符。请在运算符前后各插入一个空格。 “=”为等于；“<>”为不等于；“>”为大于；“<”为小于；“>=”为大于或等于；“<=”为小于或等于

If 域代码说明
TrueText,FalseText
当比较结果为“true”（TrueText）或“false”（FalseText）时的文本。如果没有指定FalseText 并且比较结果为“false”，则IF 域无结果。每个包含多个单词的字符串必须放在引号中
示例
下面的示例指定如果客户的订单大于或等于100 个单位，则文本“谢谢”就会显示在文档中。如果客户的订单数量小于100 个单位，则文本“最低订单数量是100”就会显示在文档中。例如“{IF order>=100"谢谢""最低订单数量是100"}”

27. IncludePicture 域代码

IncludePicture 域代码语法
{ INCLUDEPICTURE"文件名"[开关] }
所谓“开/关”就是域代码里面配置的参数，域代码参数才是决定域显示的内容。域结果是对域代码进行计算之后文档中显示的内容。若要在域代码和域代码结果之间切换，请按<Alt+F9>快捷键
IncludePicture 域代码说明
"文件名"
图形文件的名称和位置。如果位置包含具有空格的长文件名，请加引号。用双反斜杠替换单反斜杠以指定路径，例如“C:\\Manual\\Art\\Art 22.gif”
IncludePicture 域代码开关
\c 转换器
标识要使用的图形过滤器。使用不带“.flt”文件扩展名的图形过滤器的文件名。例如，在Pictim32.flt 过滤器中输入“pictim32”
\d
通过不在该文档中保存图形数据减少文件大小 注意： 如果您双击某个由IncludePicture 域插入的图形，Word 会在功能区上显示“图片工具格式”选项卡。若要不使用Word 中的绘图工具而更改图形，请在创建该图形的应用程序中编辑图形，然后更新Word 中的域 如果Word 无法识别图形文件的格式，请选中“插入图片”对话框中的“文件类型”框（在“插入”选项卡上，单击“图片”按钮）。此列表显示在您的系统上安装的图形过滤器

28. IncludeText 域代码

IncludeText 域代码语法
{ INCLUDETEXT"文件名"[书签] [开关] }
所谓“开/关”就是域代码里面配置的参数，域代码参数才是决定域显示的内容。域结果是对域代码进行计算之后文档中显示的内容。若要在域代码和域代码结果之间切换，请按<Alt+F9>快捷键

IncludeText 域代码说明
"文件名"
文档的名称和位置。如果位置包含具有空格的长文件名，请加引号。用双反斜杠替换单反斜杠以指定路径，例如“C:\\My Documents\\Manual.doc”
书签
引用Microsoft Word 文档中要包括的部分的书签名称

IncludeText 域代码开关
\!
可防止Word 在插入的文本中更新域，除非先更新源文档中的域
\c 类名
以下是Word 提供的文件格式转换器及其相应类名称： WordPerfect version 6.x WordPerfect6x WordPerfect 5.x for Windows WrdPrfctWin
示例
此域插入摘要书签引用的部分文件： { INCLUDETEXT"C:\\Winword\\Port Development RFP"Summary }

29. Index 域代码

Index 域代码语法
{ INDEX [开关] }
所谓“开/关”就是域代码里面配置的参数，域代码参数才是决定域显示的内容。域结果是对域代码进行计算之后文档中显示的内容。若要在域代码和域代码结果之间切换，请按<Alt+F9>快捷键

Index 域代码开关
\b “书签”
为以指定书签标记的文档部分构建索引。域{ INDEX \b Select } 将为以“选择”标签标记的文档部分构建索引

续表

Index 域代码开关
\c “列”
在页面上创建具有多个列的索引。域{ index \c 2 } 将创建一个两列的索引。可以指定多达4个列
\d “分隔符”
与\s 开关配合使用，指定用于分隔序列号和页码的字符（最多5个）。域{ INDEX \s chapter \d":"} 将以格式“2:14”显示页码。如果省略\d 开关，则将使用连字符（-），字符加引号
\e “分隔符”
指定用于分隔索引项及其页码的字符（最多5个）。域{ INDEX \e";"} 将在索引中显示“插入文本; 3”之类的结果。如果您省略\e 开关，则将使用逗号（,）和空格，字符加引号
\f “标识符”
仅使用指定的项目类型创建索引。由域{ INDEX \f “a” } 生成的索引只包括以XE 域标记的项目，例如“{ XE"选择文本"\f"a"}”。默认项目类型是“I”
\g “分隔符”
指定用于分隔一系列页面的字符（最多5个），字符加引号。默认值是短划线（-）。域{ INDEX \g"至"} 显示页面范围，如“查找文本，3 至4”
\h “标题”
在索引字母组之间插入使用“索引标题”样式进行格式设置的文本。用引号引起该文本。域{ INDEX \h"—A—"} 将在索引中每个字母组之前显示适当的字母。若要在组之间插入一个空白行，请使用空引号：\h""
\K “分隔符”
指定用于分隔索引项及其交叉引用的字符。域{ INDEX \k":"} 将在索引中显示“插入文本：参见编辑”之类的结果。如果您忽略\k 开关，将使用一个句号和空格（.），字符加引号
\l “分隔符”
指定用于分隔多页引用的字符。默认字符是一个逗号和一个空格（,）。您可以使用多达5个字符，但必须用引号括起来。域{ INDEX \l"or"} 将在索引中显示这样一个结果，如“插入文本，23 或45 或66”
\p “范围”
编译指定的字母索引。域{索引\p 是-m }生成的索引，仅字母a到m。若要包含非字母字符开头的条目，请使用一个感叹号（!）。由{索引\p 生成索引!-t }包含任何特殊字符，以及字母a 到t
\r
使次索引项运行进入主索引项的同一行中。用冒号（:）分隔主索引项和次索引项，用分号（;）分隔次索引项。域{ INDEX \r } 将显示这样的条目，如“文本：插入5、9；选择2；删除15”

续表

Index 域代码开关
\s
当后面跟有序列名，包括使用页码的序列号。\D 开关用于指定默认情况下，这是一个连字符（-）以外的分隔符
\y
使您能够使用索引项的yomi 文本
\z
定义了Microsoft Word 用于生成索引的语言ID
示例
域{ INDEX \s chapter \d “.” } 将为主控文档构建索引。每个子文档为一章，章节标题包括对章节进行编号的SEQ 域。\d 开关将以点号（.）分隔章节号和页码。从该域生成的类似索引如下所示： 亚里士多德，1.2；地球，2.6；木星，2.7；火星，2.6

30. Info 域代码

Info 域代码语法
{ [INFO] 信息类型["新值"] }
所谓“开/关”就是域代码里面配置的参数，域代码参数才是决定域显示的内容。域结果是对域代码进行计算之后文档中显示的内容。若要在域代码和域代码结果之间切换，请按<Alt+F9>快捷键

Info 域代码说明
信息类型
属性类型。在“域”对话框中指定属性。属性也用于分隔Microsoft Word 域
"新值"
更新活动文档或模板的“属性”对话框的可选信息。您可以指定下列属性的新信息：作者、备注、关键字、主题和标题

31. Keywords 域代码

Keywords 域代码语法
{ KEYWORDS ["新关键字"] }
所谓“开/关”就是域代码里面配置的参数，域代码参数才是决定域显示的内容。域结果是对域代码进行计算之后文档中显示的内容。若要在域代码和域代码结果之间切换，请按<Alt+F9>快捷键

续表

Keywords 域代码说明
"新关键字"
替换“属性”对话框中“关键字”框中的当前内容的可选文本。文本不得超过255 个字符并且必须加引号

32. LastSavedBy 域代码

LastSavedBy 域代码语法
{ LASTSAVEDBY }
所谓“开/关”就是域代码里面配置的参数，域代码参数才是决定域显示的内容。域结果是对域代码进行计算之后文档中显示的内容。若要在域代码和域代码结果之间切换，请按<Alt+F9>快捷键

LastSavedBy 域代码语法
示例
如果最后保存文档的人员是A. Gabor，则文本和域为“修订者：{ LASTSAVEDBY }”显示结果为“修订者：A. Gabor”

33. Link 域代码

Link 域代码语法
{ LINK 类名"文件名"[位置引用] [开关] }
所谓“开/关”就是域代码里面配置的参数，域代码参数才是决定域显示的内容。域结果是对域代码进行计算之后文档中显示的内容。若要在域代码和域代码结果之间切换，请按<Alt+F9>快捷键

Link 域代码说明
类名
链接信息的应用程序类型。例如，对于Microsoft Excel 图表，类名是“Excel.Chart.8”。Word 根据源应用程序确定该信息
"文件名"
源文件的名称和位置。如果位置包含具有空格的长文件名，请加引号。将单反斜线替换为双反斜线以指定路径，例如“C:\\MSOffice\\Excel\\Rfp\\Budget.xls”
位置引用
标识源文件被链接的一部分。如果源文件是一个Microsoft Excel 工作簿，则引用的可以是单元格或命名区域。如果源文件是一个Word 文档，则引用的是一个书签

续表

Link 域代码开关
\a
自动更新LINK 域；删除此开关以使用手动更新
\b
插入链接对象作为位图
\d
文档中未存储图形数据，从而减少文件大小
\f
使链接对象根据以下参数之一以特定方式更新其格式设置："0"为保留源文件的格式设置；"1"为不支持；"2"为匹配目标文档的格式设置；"3"为不支持；"4"为如果源文件是一个Excel 工作簿，则保留源文件的格式设置；"5"为如果源文件是一个Excel 工作簿，则匹配目标文档的格式设置
\h
插入链接对象作为HTML格式文本
\p
插入链接对象作为图片
\r
Rtf 格式（RTF）中插入链接对象
\t
在纯文本格式中插入链接对象
\u
插入链接对象作为Unicode文本
示例
以下示例从Microsoft Excel 工作表中插入某个单元格区域。\a 开关确保当Microsoft Excel 中的工作表更改时，该信息随之更新：{ LINK Excel.Sheet.8"C:\\My Documents\\Profits.xls""Sheet1!R1C1:R4C4"\a \p }

34. ListNum 域代码

ListNum域代码语法
{ LISTNUM ["名称"] [开关] }
所谓"开/关"就是域代码里面配置的参数，域代码参数才是决定域显示的内容。域结果是对域代码进行计算之后文档中显示的内容。若要在域代码和域代码结果之间切换，请按<Alt+F9>快捷键

续表

ListNum 域代码说明
"名称"
使ListNum 域与特定列表相关联。要模拟AutoNum 、AutoNumOut 和AutoNumLgl 域，请使用ListNum域中NumberDefault、OutlineDefault 和LegalDefault 名称
ListNum 域代码开关
\l
在列表中指定级别，覆盖域的默认行为
\s
指定该字段的起始值。始终假定该值是一个整数
示例
本示例使用ListNum 域以生成数字（i）、（ii）和（iii）：购买人应当向银行交付首席财务官的证书，以证明（i）未发生违约，（ii）已根据通用的会计准则准备好附带的财务报表，以及（iii）附带的证书正确阐明了用于确定第5.08、5.09 和5.10 节中指定比率的计算方法 示例中的首个ListNum 域包括名称和层切换：{ LISTNUM NumberDefault \l 6}

35. MacroButton 域代码

MacroButton 域代码语法
{ MACROBUTTON 宏名称显示文本}
所谓“开/关”就是域代码里面配置的参数，域代码参数才是决定域显示的内容。域结果是对域代码进行计算之后文档中显示的内容。若要在域代码和域代码结果之间切换，请按<Alt+F9>快捷键
MacroButton 域代码说明
宏名称
双击域结果时要运行该宏的名称。宏在活动文档模板或全局模板中可用
显示文本
显示为“按钮”的文本或图形。您可以使用结果为文本或图形的域，例如书签或INCLUDEPICTURE。文本或图形在域结果中必须出现在同一行，否则将会出现错误
示例
双击以下字段，以运行PrintEnvelope 宏。双击{ MACROBUTTON PrintEnvelope 按钮图像}为该信函打印信封。结果为双击按钮图像为该信函打印信封

36. MergeField 域代码

MergeField 域代码语法

{ MERGEFIELD FieldName [开关]}

所谓“开/关”就是域代码里面配置的参数，域代码参数才是决定域显示的内容。域结果是对域代码进行计算之后文档中显示的内容。若要在域代码和域代码结果之间切换，请按<Alt+F9>快捷键

MergeField 域代码说明

FieldName

列出的所选数据源标题记录中的数据字段的名称。字段名称必须与标题记录中的字段名称完全匹配

MergeField 域代码开关

/b

指定要插入合并域的域之前，且域不为空的文本

\f

指定要插入以下合并域字段中，且域不为空的文本

\m

指定MergeField 字段映射的字段

\v

使字符转换为竖排格式

示例

MergeField后面所跟随的Fieldname可对应Excel数据字段名称，将下列3个MergeField域放在一起并用\f" "开关作为指定，可确保3个字段中若引用数据不为空则有它们作为字段间间隔。

{MERGEFIELD姓名\f" "}{MERGEFIELD敬称\f" "}{MERGEFIELD职位}

有以下结果：

如果所有字段都存在：吴铭女士董事总经理

如果敬称缺少的数据源：吴铭董事总经理

注意：如果您需要更改合并字段中指定的字段名称，可直接编辑MergeField 域代码中的字段名称。在域代码处于隐藏状态时直接更改所显示的引用目标字段名称不起作用

37. MergeRec 域代码

MergeRec 域代码语法

{ MERGEREC }

所谓“开/关”就是域代码里面配置的参数，域代码参数才是决定域显示的内容。域结果是对域代码进行计算之后文档中显示的内容。若要在域代码和域代码结果之间切换，请按<Alt+F9>快捷键

续表

MergeRec 域代码说明
可以在文档中使用MergeRec 域，也可以将MergeRec 域用作邮件合并的一部分 要在文档中使用MergeRec 域，请执行下列操作：在“插入”选项卡上，“文本”组中单击“文档部件”下拉按钮，然后选择“域”。在“域名”列表中，选择“MergeRec”。单击“确定”按钮 要将MERGEREC 域用作邮件合并的一部分，在设置邮件合并时，请执行下列操作：在“邮件”选项卡上，“编写和插入域”组中单击“插入合并域”下拉按钮，然后依次合并记录
示例
以下示例使用Printdate 域旁的MergeRec 域来创建唯一的发票编号。当主文档与数据源合并时，来自MergeRec 域的数字被添加到代表打印发票的日期和时间的数字 发票编号：{ PRINTDATE \@“MMddyyyyHHmm” }{ MERGEREC }第12 张发票打印于2007年2 月13 日9：46，文档如下所示： 发票编号：02132007094612

38. MergeSeq 域代码

MergeSeq 域代码语法
{ MERGESEQ }
所谓“开/关”就是域代码里面配置的参数，域代码参数才是决定域显示的内容。域结果是对域代码进行计算之后文档中显示的内容。若要在域代码和域代码结果之间切换，请按<Alt+F9>快捷键

MergeSeq 域代码说明
可以在文档中使用MergeSeq 域，也可以将此域用作邮件合并的一部分 要在文档中使用MergeSeq 域，请执行下列操作：在“插入”选项卡上，“文本”组中单击“文档部件”下拉按钮，然后选择“域”。在“域名”列表中，选择“MergeSeq”。单击“确定”按钮 要将MergeSeq 域用作邮件合并的一部分，在设置邮件合并时，请执行下列操作：在“邮件”选项卡上，“编写和插入域”组中单击“规则”下拉按钮，然后依次合并序列
示例
假定您向邮件合并中的主文档中添加MergeReq 域和MergeSeq 域。您从150 个记录的数据源筛选出有25 个姓名的收件人列表。在这种情况下，MergeReq 值和MergeSeq 值的范围都将是1 至25。如果您在“邮件合并收件人”对话框中（在“邮件”选项卡上，“开始邮件合并”组中单击“编辑收件人列表”按钮）取消勾选两个联系人姓名旁边的复选框而将其从合并中删除，则MergeReq 值的范围仍是1 至25，其中将丢失两个值，这是因为合并的数据源仍然包含25 个记录。但是在这种情况下，MergeSeq 值的范围现在是1 到23，因为仅合并23 个记录 注意：在您完成合并后才能在合并文档中看到MergeSeq 域中的值

39. Next 域代码

Next 域代码语法
{ NEXT }
所谓“开/关”就是域代码里面配置的参数，域代码参数才是决定域显示的内容。域结果是对域代码进行计算之后文档中显示的内容。若要在域代码和域代码结果之间切换，请按<Alt+F9>快捷键

MergeSeq 域代码说明
可以在文档中使用Next 域，也可以将此域用作邮件合并的一部分 要在文档中使用Next 域，请执行下列操作：在“插入”选项卡上,“文本”组中单击“文档部件”下拉按钮，然后选择“域”。在“域名”列表中，选择“Next”。单击“确定”按钮 要将Next 域用作邮件合并的一部分，在设置邮件合并时，请执行下列操作：在“邮件”选项卡上，“编写和插入域”组中单击“规则”下拉按钮，然后选择“下一条记录”
示例
下面的示例使用Next 域向收件人通知在收件人自己的约会之后的那个约会的开始时间： 您的约会是从{ MERGEFIELD"AppointmentStartTime"} 到{ MERGEFIELD "AppointmentEndTime"}。您的顾问有另一个约会，其将立即在{ NEXT }{ MERGEFIELD"AppointmentStartTime"} 开始，因此请相应地安排您的时间 如果此合并的数据源是按AppointmentStartTime 升序排序的，则生成的文档如下所示： 您的约会时间为10：00 到10：55。您的顾问有另一个约会，其将立即在11：00 开始，因此请相应地安排您的时间

附录 B　常用快捷键

1. 通用快捷键

快捷键	快捷键描述
按住键盘右边的<Shift>键8秒	启用或关闭筛选键
键盘左边的Alt+键盘左边的Shift+PrtSc	启用或关闭高对比度
键盘左边的Alt+键盘左边的Shift+Num Lock	启用或关闭鼠标键
按<Shift >键5次	启用或关闭粘滞键
按住<Num Lock>键5秒	启用或关闭切换键
Windows 徽标键 + U	打开轻松访问中心
Ctrl+C	复制选择的项目
Ctrl+X	剪切选择的项目
Ctrl+V	粘贴选择的项目
Ctrl+Z	撤销操作
Ctrl+Y	重新执行某项操作
Delete	删除所选项目并将其移动到“回收站”
Shift+Delete	不将所选项目移动到“回收站”而直接将其删除
Ctrl+A	选择文档或窗口中的所有项目
Alt+Enter	显示所选项的属性
Alt+F4	关闭活动项目或者退出活动程序
Alt+空格键	为活动窗口打开菜单
Ctrl+F4	关闭活动文档（在允许同时打开多个文档的程序中）
Alt+Tab	在打开的项目之间切换
Ctrl+Alt+Tab+任意方向键	在打开的项目之间切换
Ctrl+鼠标滚轮	更改桌面上的图标大小
Windows徽标键+Tab	使用 Aero Flip 3-D 循环切换任务栏上的程序
Ctrl+Windows徽标键+Tab+任意方向键	通过 Aero Flip 3-D 循环向前、向后切换任务栏上的程序
Alt+Esc	以项目打开的顺序循环切换项目
Shift+F10	显示选定项目的菜单
Ctrl+Esc	打开“开始”菜单

续表

快捷键	快捷键描述
Alt	活动窗口中显示相应菜单
Alt+加下划线的字母	执行相应菜单命令
→	打开右侧的下一个菜单或者打开子菜单
←	打开左侧的下一个菜单或者关闭子菜单
Alt+↑	在 Windows 资源管理器中查看上一级文件夹
Esc	取消当前任务
Ctrl+Shift+Esc	打开任务管理器
插入 CD 时按住<Shift>键	阻止 CD 自动播放
F1	显示帮助和支持
F2	重命名选定项目
F3	搜索文件或文件夹
F4	显示地址栏列表
F5	刷新活动窗口
F6	在窗口或桌面上循环切换子菜单
F7	在网页中启用或禁止光标浏览
F8	Windows 启动选项
F10	激活活动程序中的菜单栏
F11	切换全屏（浏览器中快捷键）
F12	另存文档（Office中快捷键）
Windows徽标键	打开或关闭“开始”菜单
Windows徽标键+PauseBreak	显示“系统属性”对话框
Windows徽标键+D	显示桌面
Windows徽标键+M	最小化所有窗口
Windows徽标键+Shift+M	将最小化的窗口还原到桌面
Windows徽标键+E	打开计算机
Windows徽标键+F	搜索文件或文件夹（在WIN10系统下出现反馈中心界面）
Ctrl+Windows徽标键+F	搜索计算机（如果已连接到网络）
Windows徽标键+L	锁定计算机或切换用户
Windows徽标键+R	弹出“运行”对话框
Windows徽标键+T	循环切换任务栏上的程序
Windows徽标键+数字	启动锁定到任务栏中的由该数字所表示位置处的程序。如果该程序已在运行，则切换到该程序

续表

快捷键	快捷键描述
Shift+Windows徽标键+数字	启动锁定到任务栏中的由该数字所表示位置处的程序的新实例
Ctrl+Windows徽标键+数字	切换到锁定到任务栏中的由该数字所表示位置处的程序的最后一个活动窗口
Alt+Windows徽标键+数字	打开锁定到任务栏中的由该数字所表示位置处的程序的跳转列表
Ctrl+Windows徽标键+B	切换到在通知区域中显示消息的程序
Windows徽标键+空格键	预览桌面（在WIN10系统下显示为输入法切换）
Windows徽标键+↑	最大化窗口
Windows徽标键+←	将窗口最大化到屏幕的左侧
Windows徽标键+→	将窗口最大化到屏幕的右侧
Windows徽标键+↓	最小化窗口
Windows徽标键+Home	最小化除活动窗口之外的所有窗口
Windows徽标键+Shift+↑	将窗口拉伸到屏幕的顶部和底部
Windows徽标键+P	选择演示显示模式
Windows徽标键+U	打开轻松访问中心
Ctrl+N	打开新窗口
Ctrl+Shift+N	新建文件夹
End	显示活动窗口的底部
Home	显示活动窗口的顶部
Ctrl+F6	切换至下一个文档窗口
Ctrl+Shift+F6	切换至上一个文档窗口
Ctrl+F10	最大化文档窗口
PrtSc	截取整个屏幕
Alt + PrtSc	截取当前窗口
对话框	
Ctrl+Tab	切换至对话框中的下一选项卡
Ctrl+Shift+Tab	切换至对话框中的上一选项卡
Tab	移至下一选项或选项组
Shift+Tab	移至上一选项或选项组，鼠标指针在所选列表中的选项间移动
Spacebar	执行所选按钮的指定操作；勾选或取消勾选复选框，字母在所选列表中，移动到以输入字母开始的下一选项

续表

快捷键	快捷键描述
Alt+↓	（选中列表时） 打开所选列表
Esc	（选中列表时） 关闭所选列表
Enter	执行对话框中默认按钮的指定操作
Esc	取消命令并关闭对话框
Ctrl+Tab	在选项卡上向前移动
Ctrl+Shift+Tab	在选项卡上向后移动
Tab	在选项内向前移动
Shift+Tab	在选项内向后移动
Enter	对于许多选择命令代替单击
方向键	如果活动选项是一组选项按钮，则选择某个按钮
Backspace	如果在“另存为”或“打开”对话框中选中了某个文件夹，则打开上一级文件夹
←（左方向键）	折叠当前展开的选中文件夹或选中上层文件夹
Alt+Enter	弹出选中项目的属性对话框
Alt+P	显示预览窗格
Alt+←	切换到前一次打开的文件夹
→（右方向键）	显示（展开）当前选中项目或选中第1个子文件夹
Alt+→	切换到下一次后打开的文件夹
Alt+↑	打开上层文件夹
Ctrl+鼠标滚轮	改变文件和文件夹图标的大小和外观
Alt+D	选中地址栏（定位到地址栏）
Ctrl+E	选中搜索框（定位到搜索框）

2. Word 快捷键

快捷键	快捷键描述
设置字符格式和段落格式	
Ctrl+Shift+F	改变字体
Ctrl+Shift+P	改变字号
Ctrl+Shift+>	增大字号
Ctrl+Shift+<	减小字号
Ctrl+]	逐磅增大字号
Ctrl+[	逐磅减小字号

续表

快捷键	快捷键描述
Ctrl+D	改变字符格式
Shift+F3	字母全小写、首字母大写、全大写三者切换
Ctrl+Shift+A	将所选字母设为全大写
Ctrl+B	应用加粗格式
Ctrl+U	应用下划线格式
Ctrl+Shift+W	只给字、词加下划线，不给空格加下划线
Ctrl+Shift+H	应用隐藏文字格式
Ctrl+I	应用倾斜格式
Ctrl+Shift+K	将字母变为小型大写字母
Ctrl+=（等号）	应用下标格式
Ctrl+Shift+=（等号）	应用上标格式
Ctrl+Shift+Z	取消人工设置的字符格式
Ctrl+Shift+Q	将所选部分设为Symbol字体
Ctrl+Shift+*（星号）	显示非打印字符
Shift+F1	显示所选文字的格式
Ctrl+Shift+C	复制格式
Ctrl+Shift+V	粘贴格式
Ctrl+1	单倍行距
Ctrl+2	2倍行距
Ctrl+5	1.5 倍行距
Ctrl+0	在段前添加一行间距
Ctrl+E	段落居中
Ctrl+J	两端对齐
Ctrl+L	左对齐
Ctrl+R	右对齐
Ctrl+Shift+D	添加双下划线
Ctrl+M	创建左侧段落缩进
Ctrl+Shift+M	减少左侧段落缩进
Ctrl+T	创建悬挂缩进
Ctrl+Shift+T	减小悬挂缩进量
Ctrl+Q	取消段落格式

续表

快捷键	快捷键描述
Ctrl+Shift+S	应用样式
Alt+Ctrl+K	启动“自动套用格式”
Ctrl+Shift+N	应用“正文”样式
Alt+Ctrl+1	应用“标题1”样式
Alt+Ctrl+2	应用“标题2”样式
Alt+Ctrl+3	应用“标题3”样式
Ctrl+Shift+L	应用“列表”样式
Backspace	删除左侧的一个字符
Ctrl+Backspace	删除左侧的一个单词
Delete	删除右侧的一个字符
Ctrl+Delete	删除右侧的一个单词
Ctrl+X	将所选文字剪切到“剪贴板”
Ctrl+Z	撤销上一步操作
Ctrl+C	复制文字或图形
Ctrl+V	粘贴“剪贴板”的内容
插入特殊字符	
Ctrl+F9	域
Shift+Enter	换行符（软回车）
Ctrl+Enter	分页符
Ctrl+Shift+Enter	列分隔符（分栏符）
Ctrl+ -	可选连字符
Ctrl+Shift+ -	不间断连字符
Ctrl+Shift+空格	度数符号
Alt+Ctrl+C	版权符号
Alt+Ctrl+R	注册商标符号
Alt+Ctrl+T	商标符号
Alt+Ctrl+ .（句点）	省略号
选中文本	
Shift+→	右侧的一个字符
Shift+←	左侧的一个字符
Ctrl+Shift+→	向右选中一个词语或单词

续表

快捷键	快捷键描述
Ctrl+Shift+←	向左选中一个词语或单词
Shift+End	从光标处选至行尾
Shift+Home	从光标处选至行首
Shift+↓	从光标处选至下一行
Shift+↑	从光标处选至上一行
Ctrl+Shift+↓	从光标处选至段尾
Ctrl+Shift+↑	从光标处选至段首
Ctrl+Shift+Home	从光标处选至文档开始处
Ctrl+Shift+End	从光标处选至文档结尾处
Alt+Ctrl+Shift+Page Down	从光标处选至本页面结尾
Ctrl+A	包含整篇文档
Ctrl+Shift+F8然后按方向键	选择文本块（按<Esc>键取消选定模式）
F8+方向键或单击具体位置	选择文档到某个具体位置（按<Esc>键取消选定模式）
选中表格中的文本	
Tab	选中下一单元格的内容（先右后下）
Shift+Tab	选中上一单元格的内容（先左后上）
按住<Shift>键并重复按任意方向键	将所选内容扩展到相邻单元格
Ctrl+Shift+F8然后按方向键	扩展所选内容（或块）（按<Esc>键取消选定模式）
Shift+F8	缩小所选内容至上一步选定区
Alt+数字键盘上的5（Num Lock键需处于关闭状态）	选中整张表格
Alt+↑（↓）或Ctrl+←（→）	依次移动光标点
Alt+Home	将光标移到一行中的第1个单元格
Alt+End	将光标移到一行中的最后一个单元格
Alt+Page Up	将光标移到一列中的第1个单元格
Alt+Page Down	将光标移到一列中的最后一个单元格
↑	将光标移到上一行
↓	将光标移到下一行
文档大纲模式下的快捷键	
Alt+Shift+←	提升段落级别

续表

快捷键	快捷键描述
Alt+Shift+→	降低段落级别
Ctrl+Shift+N	降级为正文
Alt+Shift+A	扩展或折叠所有文本或标题
Alt+Shift+L	只显示首行正文或显示全部正文
Alt+Shift+1	显示所有具有“标题1”样式的标题
Alt+Shift+N	显示从“标题1”到“标题N”的（指标题级别）所有标题
其他	
Alt+Ctrl+S	拆分文档窗口
Alt+Shift+C	撤销拆分文档窗口
Alt+Ctrl+Z	返回至页、书签、脚注、表格、批注、图形或其他位置
Alt+Ctrl+Home	出现各种方式浏览文档选项界面
Alt+Ctrl+P	切换到页面视图
Alt+Ctrl+O	切换到大纲视图
Alt+Ctrl+N	切换到普通视图
Alt+Ctrl+M	插入批注
Ctrl+Shift+E	打开或关闭标记修订功能
Alt+Shift+O	标记目录项
Alt+Shift+I	标记引文
Alt+Shift+X	标记索引项
Alt+Ctrl+F	插入脚注
Ctrl+F9	插入空域
Alt+Shift+D	插入Date域
Alt+Ctrl+L	插入Listnum域
Alt+Shift+P	插入Page域
Alt+Shift+T	插入Time域
F9	更新所选域
Ctrl+Shift+F9	解除域的链接
Shift+F9	在域代码和其结果之间进行切换
Alt+F9	在所有的域代码及其结果间进行切换
F11	定位至下一域
Shift+F11	定位至前一域

续表

快捷键	快捷键描述
Ctrl+F11	锁定域
Ctrl+Shift+F11	解除对域的锁定
Alt+Shift+ ↑	上移所选段落
Alt+Shift+ ↓	下移所选段落
移动插入点	
←	左移一个字符
→	右移一个字符
Ctrl+←	左移一个单词
Ctrl+→	右移一个单词
Ctrl+ ↑	上移一段
Ctrl+ ↓	下移一段
↑	上移一行
↓	下移一行
End	移至行尾
Home	移至行首
Alt+Ctrl+Page Up	移至窗口顶端
Alt+Ctrl+Page Down	移至窗口结尾
Page Up	上移一屏（滚动）
Page Down	下移一屏（滚动）
Ctrl+End	移至文档结尾处
Ctrl+Home	移至文档开始处
打印和预览文档	
Ctrl+P	打印文档
Alt+Ctrl+I	预览页上出现放大图标
Page Up或Page Down	在缩小显示比例时逐页翻阅预览页
Ctrl+Home	在缩小显示比例时移至第1张预览页
Ctrl+End	在缩小显示比例时移至最后一张预览页

关于注册估值分析师（CVA）认证考试

CVA 考试简介

注册估值分析师 (Chartered Valuation Analyst, CVA) 认证考试是由注册估值分析师协会 (CVA Institution) 组织考核并提供资质认证的一门考试，旨在提高投资估值领域从业人员的实际分析与操作技能。本门考试从专业实务及实际估值建模等专业知识和岗位技能进行考核，主要涉及企业价值评估及项目投资决策。考试分为实务基础知识和 Excel 案例建模两个科目，两科目的内容包括：会计与财务分析、公司金融、企业估值方法、私募股权投资与并购分析、项目投资决策、信用分析、财务估值建模七个知识模块。考生可通过针对各科重点，学习掌握中外机构普遍使用的财务分析和企业估值方法，演练企业财务预测与估值建模、项目投资决策建模、上市公司估值建模、并购与私募股权投资估值建模等实际分析操作案例，快速掌握投资估值基础知识和高效规范的建模技巧。

♦ **科目一　实务基础知识**——是专业综合知识考试，主要考查投资估值领域的理论与实践知识及岗位综合能力，考试范围包括会计与财务分析、公司金融、企业估值方法、私募股权投资与并购分析、项目投资决策、信用分析这 6 部分内容。本科目由 120 道单项选择题组成，考试时长为 3 小时。

♦ **科目二　Excel 案例建模**——是财务估值建模与分析考试，要求考生根据实际案例中企业历史财务数据和假设条件，运用 Excel 搭建出标准、可靠、实用、高效的财务模型，完成企业未来财务报表预测，企业估值和相应的敏感性分析。本科目为 Excel 财务建模形式，考试时长为 3 小时。

职业发展方向

CVA 资格获得者具备企业并购、项目投资决策等投资岗位实务知识、技能和高效规范的建模技巧，能够掌握中外机构普遍使用的财务分析和企业估值方法，并可以熟练进行企业财务预测与估值建模、项目投资决策建模、上市公司估值建模、并购与股权投资估值建模等实际分析操作。

CVA 注册估值分析师的持证人可胜任企业集团投资发展部、并购基金、产业投资基金、私募股权投资、财务顾问、券商投行部门、银行信贷审批等金融投资相关机构的核心岗位工作。

证书优势

岗位实操分析能力优势——CVA 考试内容紧密联系实际案例，侧重于提高从业人员的实务技能并迅速应用到实际工作中，使 CVA 持证人达到高效、系统和专业的职业水平。

标准规范化的职业素质优势——CVA 资格认证旨在推动投融资估值行业的标准化与规范化，提高执业人员的从业水平。CVA 持证人在工作流程与方法中能够遵循标准化体系，提高效率与正确率。

国际同步知识体系优势——CVA 考试采用的教材均为 CVA 协会精选并引进出版的国外最实用的优秀教材。CVA 持证人将国际先进的知识体系与国内实践应用相结合，推行高效标准的建模方法。

配套专业实务型课程——CVA 协会联合国内一流金融教育机构开展注册估值分析师的培训课程，邀请行业内资深专家进行现场或视频授课。课程内容侧重行业实务和技能实操，结合当前典型案例，选用 CVA 协会引进的国外优秀教材，帮助学员快速实现职业化、专业化和国际化，满足中国企业“走出去”进行海外并购的人才急需。

考试专业内容

会计与财务分析

财务报表分析，是通过收集、整理企业财务会计报告中的有关数据，并结合其他有关补充信息，对企业的财务状况、经营成果和现金流量情况进行综合比较和评价，为财务会计报告使用者提供管理决策和控制依据的一项管理工作。本部分主要考核如何通过对企业会计报表的定量分析来判断企业的偿债能力、营运能力、盈利能力及其他方面的状况，内容涵盖利润的质量分析、资产的质量分析和现金流量表分析等。会计与财务分析能力是估值与并购专业人员的重要的基本执业技能之一。

公司金融

公司金融用于考察公司如何有效地利用各种融资渠道，获得最低成本的资金来源，形成最佳资本结构，还包括企业投资、利润分配、运营资金管理及财务分析等方面。本部分主要考查如何利用各种分析工具来管理公司的财务，例如使用现金流折现法(DCF)来为投资计划作出评估，同时考察有关资本成本、资本资产定价模型等基本知识。

企业估值方法

企业的资产及其获利能力决定了企业的内在价值，因此企业估值是投融资、并购交易的重要前提，也是非常专业而复杂的问题。本部分主要考核企业估值中最常用的估值方法及不同估值方法的综合应用，诸如 P/E,EV/EBITDA 等估值乘数的实际应用，以及可比公司、可比交易、现金流折现模型等估值方法的应用。

私募股权投资与并购分析

并购与私募股权投资中的定量分析技术在财务结构设计、目标企业估值、风险收益评估的应用已经愈加成为并购以及私募股权专业投资人员做必须掌握的核心技术，同时也是各类投资者解读并购交易及分析并购双方企业价值所必须掌握的分析技能。本部分主要考核私募股权投资和企业并购的基本分析方法，独立完成企业并购分析，如私募股权投资常识、合并报表假设模拟，可变价格分析、贡献率分析、相对 PE 分析、所有权分析、信用分析、增厚 / 稀释分析等常见并购分析方法。

项目投资决策

项目投资决策是企业所有决策中最为关键、最为重要的决策，就是企业对某一项目（包括有形、无形资产、技术、经营权等）投资前进行的分析、研究和方案选择。本部分主要考查项目投资决策的程序、影响因素和投资评价指标。投资评价指标是指考虑时间价值因素的指标，主要包括净现值、动态投资回收期、内部收益率等。

信用分析

信用分析是对债务人的道德品格、资本实力、还款能力、担保及环境条件等进行系统分析，以确定是否给与贷款及相应的贷款条件。本部分主要考查常用信用分析的基本方法及常用的信用比率。

财务估值建模

本部分主要在 Excel 案例建模科目考试中进行考查。包括涉及 EXCEL 常用函数及建模最佳惯例，使用现金流折现方法的 EXCEL 财务模型构建，要求考生根据企业历史财务数据，对企业未来财务数据进行预测，计算自由现金流、资本成本、企业价值及股权价值，掌握敏感性分析的使用方法；并需要考生掌握利润表、资产负债表、现金流量表、流动资金估算表、折旧计算表、贷款偿还表等有关科目及报表勾稽关系。

考试安排

CVA 考试每年于 4 月、11 月的第三个周日举行，具体考试时间安排及考前报名，请访问 CVA 协会官方网站

CVA 协会简介

注册估值分析师协会 (Chartered Valuation Analyst Institute) 是全球性及非营利性的专业机构，总部设于香港，致力于建立全球金融投资估值的行业标准，负责在亚太地区主理 CVA 考试资格认证、企业人才内训、第三方估值服务、研究出版年度行业估值报告以及进行 CVA 协会事务运营和会员管理。

联系方式

电话：4006-777-630 E-mail: contactus@cvainstitute.org

新浪微博：注册估值分析师协会

微信公众号：CVAinstitute